人工格子の基礎

Fundamentals of Artificial Lattices

監修／権田 俊一

シーエムシー出版

は　じ　め　に

　最近，『人工格子』という言葉が使われるようになった。これは，従来の人工鉱物，人工結晶という言葉とはニュアンスの異なるものである。人工格子とは，「この元素の原子は，この位置に」というように原子を一つ一つ積みあげるようにつくった特種な格子構造を持つ物質を意味している。二つの異なる物質の極薄膜を交互に積層したものはその典型的な例であろう。
　このような物質は，従来予想もしなかった新しい興味ある現象を示すと共に，実際の素子への応用も可能なことがわかってきた。こうして"人工格子"は今や新しい研究開発分野を切り拓きつつある。同時にそれは，「新しい物質系の創造」，「必要な特性を持つ材料の設計」という魅力ある展望をも示すに至って，今や多くの研究者の関心を集めている。
　しかし，従来は同じような構造をとり扱いながら，材料が違うと研究者が異なり，名称も半導体分野では「超格子」と呼ぶなど，統一的な立場から人工格子を考えることがほとんど行われなかったのが現状である。
　そこで人工格子の研究に携わっているさまざまな分野の専門家の方々にそれぞれの立場から執筆していただき，人工格子を総括的に眺めることで，人工格子に対するより深い認識と新しい応用の可能性を探ることを意図して企画したものが本書である。
　幸いにして執筆者や出版社の方々のご努力で特色のある本ができ上がったと思う。人工格子に関心のある方々に活用して頂ければこの上ない喜びである。

1985年3月

　　　　　　　　　　　　　　　　　　　　　　　　　　　　　　　　　　権田俊一

　　　　　　　　　普及版の刊行にあたって

　出版社の方針で，「人工格子」の普及版を出すことになった。だいぶ前につくった本なので内容が古くなっているのではないか，ということが気になった。しかし，読み返してみると基本的なことに重点を置いて書いてあるので，現在読んでも充分読み応えのある本になっている。逆に，現在は多くのデータに埋もれてしまい，わかりにくくなっている基本概念がはっきりするという利点も感じられる。
　また，材料も半導体のみならず，磁性，金属，有機など種々の材料について，その道の第一人者が書いていて豪華な顔ぶれになっている。いまこれだけの人たちに，このような小冊子の原稿を書いて貰うのはむずかしいかもしれない。
　これらの点から，「人工格子」の普及版が発行されて，より多くの人たちに読んで頂ける機会ができたことをうれしく思っている。

2003年1月

　　　　　　　　　　　　　　　　　　　　　　　　　　　　　　　　　　権田俊一

―――― 執筆者一覧（執筆順）――――

権田　俊一	大阪大学　産業科学研究所	
	（現）福井工業大学　宇宙通信工学科	
八百　隆文	電子技術総合研究所　基礎部	
	（現）東北大学　金属材料研究所	
佐野　直克	関西学院大学　理学部	
	（現）関西学院大学　理工学部	
金子　邦雄	ソニー㈱　中央研究所	
柳瀬　知夫	日本電気㈱　光エレクトロニクス研究所	
	（現）ＮＥＣビューテクノロジー㈱　知的財産部	
井上　正崇	大阪工業大学　工学部	
今井　元	㈱富士通研究所　厚木研究所	
	（現）㈱富士通研究所　フォト・エレクトロニクス研究所	
広瀬　全孝	広島大学　工学部	
	（現）（独）産業技術総合研究所　次世代半導体研究センター	
宮崎　誠一	広島大学　工学部	
	（現）広島大学　大学院　先端物質科学研究科	
新庄　輝也	京都大学　化学研究所	
山本　良一	東京大学　工学部	
	（現）東京大学　国際・産学共同研究センター	
齋藤　充喜	電子技術総合研究所　基礎部	
内田　慎一	東京大学　工学部	

（執筆者の所属は、注記以外は1985年当時のものです）

目　　次

第1章　総　　論　　　権田俊一

1. 人工格子とは ………………………… 1
2. どんな材料を用いるか ……………… 2
3. 人工格子のつくり方 ………………… 4
4. どんな性質が期待されるか ………… 8
   4.1　電気的性質 ……………………… 8
   4.2　光学的性質 ……………………… 9
   4.3　磁気的性質 ……………………… 10
5. 人工格子の研究の意義 ……………… 10
6. 今後の展開 …………………………… 12

第2章　半導体人工格子

1. 半導体人工格子の設計と物性
   　　　　　　　　　八百隆文 … 14
   1.1　はじめに ………………………… 14
   1.2　超格子のエネルギー帯構造 …… 15
   　　1.2.1　ヘテロ接合界面 ………… 15
   　　1.2.2　量子井戸 ………………… 17
   　　1.2.3　超格子状態の形成 ……… 20
   1.3　半導体人工格子の設計 ………… 22
   　　1.3.1　層厚による人工格子の分類 … 22
   　　1.3.2　半導体超格子の分類 …… 23
   　　1.3.3　歪格子 …………………… 26
   　　1.3.4　有効質量超格子 ………… 28
   1.4　人工格子の物性 ………………… 29
   　　1.4.1　周期が光の媒質内波長
   　　　　　（λg）と同程度の場合 …… 29
   　　1.4.2　周期が電子波長と同程度の
   　　　　　場合 ………………………… 29
   　　1.4.3　単原子層超格子 ………… 35
   　　1.4.4　歪超格子 ………………… 38
   　　1.4.5　不純物の選択ドーピング … 39
   　　1.4.6　ドーピング超格子 ……… 40
   　　1.4.7　超格子各層の配列の順序 … 41
   1.5　おわりに ………………………… 41
2. 半導体人工格子の作製技術 ………… 44
   2.1　MBE法　　　佐野直克 … 44
   　　2.1.1　はじめに ………………… 44
   　　2.1.2　MBE ……………………… 45
   　　2.1.3　半導体人工格子の作製方法 … 46
   　　2.1.4　単分子層制御エピタキシー … 50
   　　2.1.5　おわりに ………………… 58
   2.2　MOCVD（有機金属気相成長）
   　　　法　　　　　金子邦雄 … 60
   　　2.2.1　はじめに ………………… 60
   　　2.2.2　MOCVD法による半導体人
   　　　　　工格子の作製 ……………… 62
   　　2.2.3　MOCVD法で作製した人工

I

　　　　格子の評価……………………… 66
　2.2.4　おわりに……………………… 78
 2.3　VPE（気相エピタキシー）法
　　　　　　　　　　　　柳瀬知夫… 81
　2.3.1　はじめに……………………… 81
　2.3.2　VPEの分類…………………… 81
　2.3.3　VPEの特徴…………………… 83
　2.3.4　VPEによって形成されるヘ
　　　　テロ界面の急峻性……………… 86
　2.3.5　VPEによる人工格子の製
　　　　作…………………………………… 87
　2.3.6　今後の展望……………………… 96

 3.　半導体人工格子の応用……………… 100
　3.1　電子素子への応用　井上正崇… 100
　3.1.1　はじめに……………………… 100
　3.1.2　ヘテロ接合を用いた高速トラ
　　　　ンジスタ………………………… 100
　3.1.3　半導体人工格子を用いた新機
　　　　能素子…………………………… 112
　3.2　光素子への応用　　今井　元… 128
　3.2.1　はじめに……………………… 128
　3.2.2　半導体レーザへの応用……… 129
　3.2.3　受光素子への応用…………… 137
　3.2.4　その他の応用………………… 139

第3章　アモルファス半導体人工格子　　広瀬全孝，宮崎誠一

1. はじめに……………………………… 143
2. アモルファス半導体人工超格子の製作… 144
3. アモルファス半導体人工超格子の構造… 145
4. 光学的特性…………………………… 146
5. 電気伝導……………………………… 152
6. アモルファス半導体人工超格子のデバ
　イス応用……………………………… 153
7. おわりに……………………………… 155

第4章　磁性人工格子　　新庄輝也

1. はじめに……………………………… 157
2. 人工格子の生成……………………… 158
3. Fe-V人工格子……………………… 159
4. Fe-Mg人工格子…………………… 164
5. その他の人工格子の報告例………… 167
6. おわりに……………………………… 168

第5章　金属人工格子　　山本良一

1. はじめに……………………………… 171
2. 擬二次元ジョセフソン結合超伝導体
　の臨界磁場…………………………… 172
3. その他の研究………………………… 173

第6章　有機人工格子　　　斎藤充喜

1. はじめに………………………… 176
2. 水面上の単分子膜……………… 177
3. ＬＢ法による累積膜の形成…… 181
4. その他の単分子多層膜形成法… 186
   - 4.1 水平付着法………………… 186
   - 4.2 液相吸着法………………… 186
   - 4.3 蒸着法……………………… 187
5. 有機人工格子の応用…………… 188

第7章　その他の人工格子（インターカレーション）　　　内田慎一

1. はじめに………………………… 191
2. グラファイト・インターカレーション化合物………………………… 192
   - 2.1 グラファイト……………… 192
   - 2.2 挿入物質（インターカラント）… 193
   - 2.3 ステージ構造……………… 193
   - 2.4 合成法……………………… 195
     - 2.4.1 蒸気反応法（two-bulb法）… 195
     - 2.4.2 混合法………………… 195
     - 2.4.3 加圧法………………… 195
     - 2.4.4 電気化学法…………… 195
     - 2.4.5 アクセプター型ＧＩＣの合成… 195
   - 2.5 電荷移動…………………… 196
   - 2.6 ＧＩＣの超伝導と磁性…… 197
   - 2.7 応　　用…………………… 198
     - 2.7.1 電池への応用………… 198
     - 2.7.2 水素の貯蔵…………… 199
     - 2.7.3 その他の応用………… 199
3. その他のインターカレーション化合物………………………………… 199
   - 3.1 遷移金属ジカルコゲナイド… 199
   - 3.2 電荷密度波………………… 200
   - 3.3 MX_2 インターカレーション化合物……………………………… 201
   - 3.4 １次元的インターカレーション化合物…………………………… 202
     - 3.4.1 モリブデン・ブロンズ… 202
     - 3.4.2 転位（dislocation）に沿っての伝導…………… 202
4. おわりに………………………… 202

第1章 総　論

権田俊一*

1. 人工格子とは

　最近，人工格子とか超格子という言葉がよく使われるようになってきた[1]。これは従来の人工鉱物，人工結晶という言葉とはニュアンスの異なるものである。人工格子は「この元素の原子は，この位置に」というように原子を一つ一つ積みあげるようにつくった特殊な物質を意味している。AとBという異なる物質を何原子層かずつ交互に積み上げた極薄膜多層構造はその典型的な例である。

　超格子という言葉はもともとは結晶表面にみられる原子格子の間隔より大きい周期をもつパターンのような表面構造を指すのも用いられたが，Esakiらの超格子素子の提案をきっかけに，半導体分野で極薄膜周期構造を指すのに主として用いられるようになった。多層構造の層の厚さについては，電子の量子力学的波長と同程度あるいは以下の厚さをもつものを特に超格子と呼ぶことも多い。

　人工格子の構造についてはいろいろなものが考えられる。図1.1.1 (a)に示すように一方向のみに周期構造をもつもの（一次元人工格子）のほか図1.1.1 (b)，(c)に示すように二方向（二次元），三方向（三次元）に周期構造をもつものもあろう。一次元人工格子においても，もっとも単純なものは二つの物質AとBがそれぞれある定まった厚さで交互に並ぶものであるが，

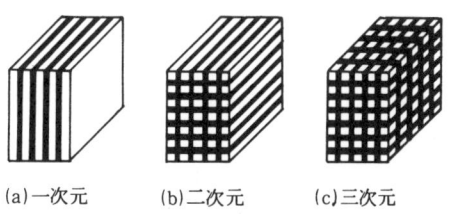

(a)一次元　　(b)二次元　　(c)三次元

図1.1.1　人工格子の構造

AあるいはBの層厚を何層かの間で変化させ，二つの周期を重畳したものや，Aの層内でその組成を徐々に変化させたものも考えられている。物質の種類を2種類から3種類に拡張することもできよう。

　また層厚を薄くした極限としては図1.1.2に示すような単原子（分子）層（モノレヤー）ごとに物質が変わる人工格子がある。合金あるいは混晶と呼ばれる物質ではAlとGaはⅢ族の格子位置には入るが，その入り方はランダムである。人工格子ではその入り方に秩序をもたせており，これは

---

*　Shunichi GONDA　　大阪大学　産業科学研究所

第1章 総　　論

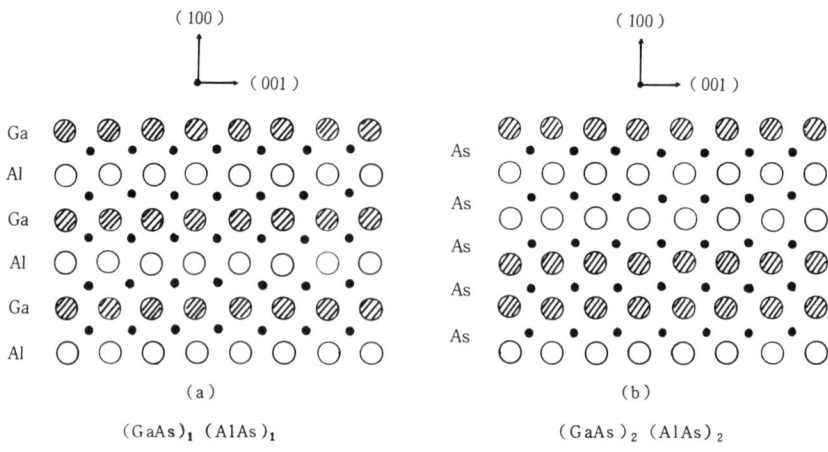

図1.1.2　単分子層人工格子(a)と二分子層人工格子(b)

新しい種類の物質ということができる。最近では図1.1.3に示すようなサブモノレヤー人工格子も研究されている[2]。

以上のように，人工格子は従来にない物質をつくることになり，新しい特性，新しい機能をもつ材料が開発できることが期待され，研究が活発になりつつある[1]。

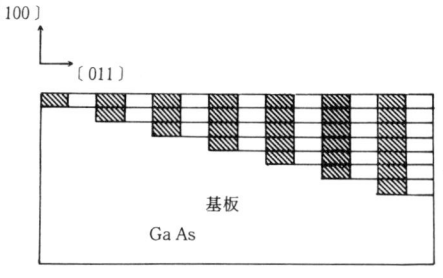

図1.1.3　サブモノレヤー人工格子

2.　どんな材料を用いるか

人工格子を構成する各層の物質（材料）としてはいろいろなものが考えられる。表1.2.1に組み合せの例を示した。第1群は材料の電気伝導度あるいはバンドギャップによって分類したものである。この中では半導体と半導体の組み合わせがもっともよく研究されている[3]。この具体例は第2章で示されるが，III V族化合物半導体の組み合わせではGaAs−$Al_xGa_{1-x}As$など十数種類，IV族とIII V族ではGe−GaAsなど数種類，IV族とIV族では$Si−Si_{1-x}Ge_x$，II VI族とII VI族ではCdTe−HgTeなど数種類，IV VI族とIV VI族ではPbTe−$Pb_{1-x}Ge_xTe$などの人工格子が作製さ

2. どんな材料を用いるか

れている。このほか母体となる材料はGaAsなど一種類だが，これにn型とp型の不純物を交互に添加したドーピング超格子と呼ばれる人工格子も研究されている。

金属同志の人工格子も研究が活発になっている。Nb-Cu，Fe-V，Fe-Mgというように単元素金属同志の人工格子が多いが，いろいろな組み合わせの人工格子が一通りつくられると二元系の金属も用いられるようになろう。金属の人工格子に関しては第4章，第5章で述べられている。絶縁体同志の人工格子は現在のところあまり報告例がないが，光学的性質を利用するなどすれば興味ある組み合わせはあるだろう。

バンドギャップが非常に違うものの組み合わせとして，半導体と金属というのがある。結晶半導体を構成要素とする場合は，その上に金属も結晶でつけられないと，金属の上に結晶半導体をつくりにくい。これはそう簡単ではなく組み合わせも限られるので実際にはほとんど報告例がないが，Siの上に単結

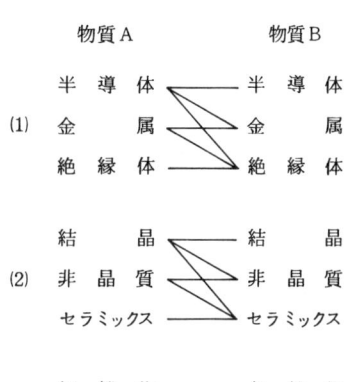

表 1.2.1 人工格子に用いる材料例

晶のシリサイドたとえば$NiSi_2$や$CoSi_2$の成長が可能になってきたので，Siとシリサイドの人工格子は研究ができよう。半導体と絶縁体の組み合わせも同様な意味で作製がむずかしいが，Siの上にCaF_2などのフッ化物単結晶をつけることが可能になってきたのでこの組み合わせの人工格子は研究が可能である。またGaNとAlN（絶縁体）の人工格子も試みられている。金属と絶縁体の組み合わせについてはこれからの研究に待つところが多い。

表1.2.1の第2群は原子の並び方，構造に関連して分類した組み合わせである。現在まで研究されている人工格子の多くは結晶同志の組み合わせで，特に半導体人工格子は結晶同志のものが大部分であった。これは半導体の研究がまず結晶を中心に行われたという歴史的な経緯によるところも多いが，最近では非晶質材料の研究が進展し，これに伴い非晶質を組み合わせた人工格子もつくられるようになった。これについては第3章で詳しく述べられるが，材料としてはa-Si:Hとa-Ge:Hのように半導体同志のものやa-Si:Hとa-$Si_{1-x}O_x$:Hのように半導体と絶縁体と組み合わせた人工格子も試みられている。他の組み合わせについては今後の問題であろう。

表1.2.1の第3群は無機物と有機物という立場からみたものである。無機物同志は今まで述べたように多くの研究があるが，無機物と有機物の研究は例が少ない。興味ある例としては，無機物の

第1章 総論

遷移金属カルコゲナイドに有機物のピリジンを層間挿入したものが報告されている。また金属の間にビニールステアレートの単分子層をはさむというような萌芽の研究がある。有機薄膜同志の人工格子は報告例は少ないが、関心は高いので有機薄膜の作製法の進歩と相まって、今後研究が進むものと思われる。有機人工格子については第6章を参照されたい。

表1.2.1の第4群は磁性に注目したもの、第5群は超伝導性に注目した組み合わせで研究が活発化しつつあるものである。これらは第4章、第5章で取り扱われる。

このほかに多くの組み合わせが考えられる。また単原子（分子）層人工格子では以上のような分類がしにくく、どんな元素をもってくるかということになろう。いずれにしてもこれらの人工格子はどんな性質を示すかをある程度予測し、このなかから興味あるものを選んで研究を進めていくことになろう。

3. 人工格子のつくり方

人工格子をつくるときに問題になることを図1.3.1にまとめてある。主なものは膜厚制御，界面急峻性（拡散層の大きさ），界面平坦性，界面欠陥や不純物偏析，全体の結晶性などである。

人工格子は薄膜の集合体であるから薄い膜をつくる方法はほとんどすべて使えるはずである[4), 5)]。ただ物質によって，適，不適があるので作製法は選ばないといけない。人工格子のつくり方は，表1.3.1に示すように，堆積法と挿入法に大別できる。堆積法は読んで字のごとく，原子を順次積み上げてゆく方法であり，挿入法は母体材料に別の材料を薄く挿入する方法である。

人工格子の作製法のなかでもっとも利用されているのは気相法である。気相法

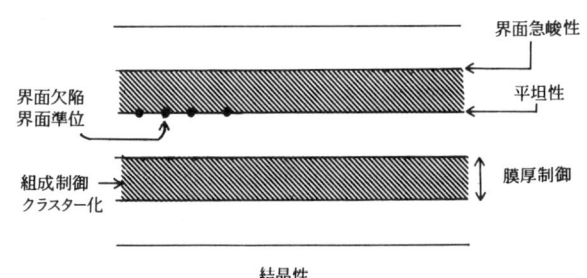

図1.3.1 人工格子作製上の問題点

表1.3.1 人工格子の作製法

	気相法	真空蒸着法
堆積法		MBE法
		スパッタ法
		イオン線法
		原子(分子)層エピタキシー法
		プラズマCVD法
		MOCVD法
		光CVD法
		VPE法
	液相法	
	ラングミュア法（LB法）	
挿入法	層間挿入法	
	イオン注入法	

3. 人工格子のつくり方

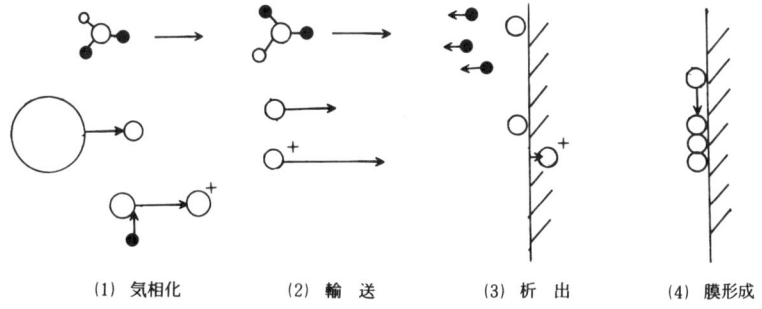

(1) 気相化　　(2) 輸 送　　(3) 析 出　　(4) 膜形成

図 1.3.2　気相堆積法の素過程

による堆積は上の素過程の組み合わせによって行われる（図1.3.2）。

(1) 原材料の気相化
  a．真空中で分子，原子，イオンなどにする。これには蒸発，昇華，スパッタ，イオン化がある。
  b．化合物にして気相化する。
(2) 基板までの粒子の輸送
  a．分子等の飛行（蒸着，スパッタ，イオン線法）
  b．拡散（気相反応，熱分解，重合）
(3) 基板上での析出
  a．凝縮（蒸着，気相反応，熱分解）
  b．打込み（スパッタ，イオン線法）
(4) 膜形成
  a．自己拡散
  b．コアレッセンス

　人工格子の作製においては輸送の過程でどの粒子を輸送するか，それをいかに速く切り換えるかが界面急峻性をつくるのに重要になる。界面の平坦性やサブモノレヤー人工格子に対しては膜形成の過程が重要である。
　これらの素過程を組み合わせ，その特徴をとって名前をつけた各方法が表1.3.1の右側に列挙してある。
　真空蒸着法は気相化に蒸発あるいは昇華を用い，蒸発物質を基板に凝縮させるもので汎用性に富

5

み種々の材料の人工格子の作製に用いられる。MBE法（Molecular Beam Epitaxy, 分子線エピタキシー法）は真空蒸着法の特殊な場合である[6]が，主として半導体の人工格子の作製に使われ，場合によってはシリサイド膜やフッ化物膜の作製にも用いられる。スパッタ法は高融点物質でも容易に薄膜化できるので高融点金属などで構成される人工格子の作製等に利用されている。イオン線法では，クラスタ・イオン法によりCdTe-PbTeなどの多層構造の作製が試みられている。

原子層エピタキシー法は構成元素あるいはその気相化合物を交互に基板上に供給して目的とする化合物を作製する方法である[7]。ZnSの作製を例にとると，まず$ZnCl_2$を基板上に供給して単層の$ZnCl_2$膜をつくる。気体の$ZnCl_2$を排気した後H_2Sを供給し，$ZnCl_2$のClとH_2SのHを反応させZnS層をつくる。あとはこのプロセスを繰り返す。この方法では原料の供給回数を数えることにより原子層の数を知ることができる。供給する材料の組成を変えることにより人工格子も作製できるはずである。現状は構成元素を交互に供給する方法でCdTe-CdMnTe等の人工格子がつくられている程度で，ほんとうの利用はこれからである。

プラズマCVD法は薄膜の構成元素を含む気相化合物を真空槽内に導入し，高周波で励起されたガスプラズマにより気相反応をおこさせて基板上に薄膜を堆積させる方法である。a-Si:Hなどの非晶質材料を用いた人工格子は主としてこの方法でつくられている。

CVD（Chemical Vapor Deposition, 化学気相堆積法）は薄膜が形成される際に何らかの意味で化学反応を伴う薄膜作製法である。気相化には材料の構成元素と他の物質を関与させて気相の化合物とし，この化合物を基板まで輸送し，反応あるいは熱分解で基板上に析出させる。気相化合物として有機金属（metalorganics），たとえば$(CH_3)_3Ga$などを用いる方法をMOCVD法と呼ぶ。第2章2節で述べられているように，この方法でⅢV族やⅡⅥ族の化合物半導体が作製されているが，最近では気体の切替速度，流速を速くすることにより膜厚制御精度が向上し，単分子層人工格子も作製されている。光CVDは析出過程で光を用いるものであるが，人工格子への応用はこれからである。

VPE（Vapor Phase Epitaxy, 気相エピタキシー）法は気相化合物としてクロライドやハライドなどを用いる方法である。この方法では初めよい人工格子ができなかったが，最近では第2章3節に示すように品質のよいものがつくられている。

液相法による薄膜結晶の作製ではLPE（Liquid Phase Epitaxy, 液相エピタキシー）が主たるものであるが，極薄膜の厚さを十分な精度で制御してつくることがむずかしく，極薄膜を用いる人工格子の作製に用いた例は少ない。

ラングミュア法（またはラングミュア・ブロジェット法，LB法）は，親水基という水になじむ原子団と疎水基という水になじまない原子団を併せもつ分子を水上に浮かべ，気水界面にできる単分子層を水面上から固体表面へ移しとる方法である[8]。成膜分子としては多種多様な有機物質が用いられている。この方法で人工格子をつくる研究は緒についたばかりといえるが，今後分子エレ

3. 人工格子のつくり方

クトロニクスの研究にも関連して関心がもたれよう。

以上は順次素材を積み上げることによって人工格子をつくる方法であるが，母体にあとから異物質を挿入して人工格子をつくる方法も考えられる。層間挿入法（インターカレーション）はその典型的な例で，第7章で詳述されているように，グラファイトや遷移金属カルコゲナイドのように層状構造をもつ物質に熱拡散などの方法によりK（カリウム）やピリジンのような異物質を挿入する方法である。この方法や層間挿入物質は従来人工格子という観点から議論されることは少なかったが，構造上はまさに人工格子であり，統一的に考えておくことは必要であろう。

もう一つの挿入法はイオン注入法である。これは母体材料にエネルギーを順次変えつつイオンを照射して打ち込み，イオン成分の層を順次つくる方法である。この方法は界面の急峻性がそうよくないことや，母体が損傷をうけるため熱処理が必要なことなどから現在は人工格子の作製には使われていない。しかし二次元人工格子や特殊な人工格子の作製には使える可能性がある。

＜評価法＞

さて以上のような方法で人工格子をつくった場合，意図した人工格子がきちんとできているか否かを評価することが必要である。

評価法の一つとしてX線回折が用いられる。人工格子（多層膜）のX線回折スペクトルでは，基本格子によるブラッグピークのまわりにサテライトピークが観測される。サテライトピークの位置は人工格子の周期と対応しており，このピークの強度を積分してフーリエ変換することにより組成の分布を知ることができる。

電子線を用いる評価法としては電子回折と電子顕微鏡によるものがある。最近は透過電子顕微鏡（TEM）を用いて人工格子の断面の格子像を観察することがさかんになってきた。試料作成の手間はかかるものの，原子の並び方を観察することができるので，界面の急峻性，平坦性，乱れなどがよくわかる。

組成の分布を観測するために，オージェ電子分光（AES）あるいは2次イオン質量分析（SIMS）が用いられる。これは試料表面をスパッタエッチで掘りながら，オージェ電子あるいは2次イオンを検出して深さ方向の組成分布を知るものである。比較的厚い層から成る人工格子ではこの方法は有効であるが，厚さが10Å程度以下になると測定はむずかしくなる。

このほか，ラザフォード後方散乱（RBS），フォトルミネッセンス，ラマン効果，NMR，メスバウア分光法など対象に応じて種々の方法が用いられる。極微細構造が対象だけに人工格子の評価はそう簡単ではなく，評価法の研究も必要とされている。

第1章 総　　論

4. どんな性質が期待されるか

　人工格子の性質を考えるとき，構造的にどれに注目するかで，図1.4.1に示すように次の4点が興味ある対象となる。

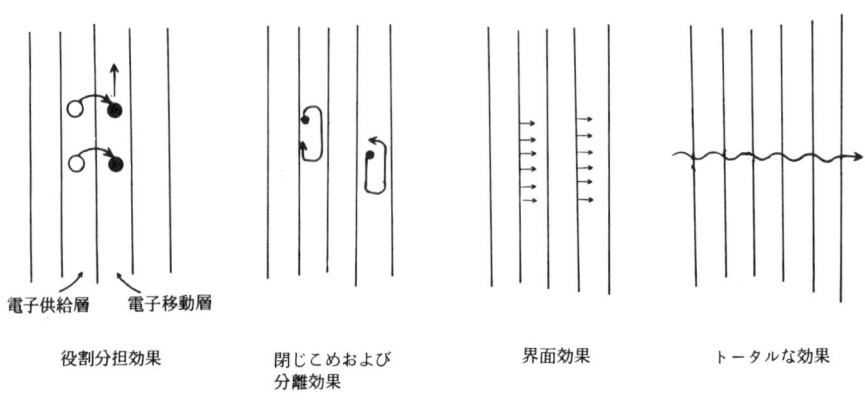

図1.4.1　人工格子で利用される効果

(1)　一つの層には甲という役割を，他の層には乙という役割を演じさせるという"役割分担効果"。
(2)　薄い層の中に電子や正孔などのキャリアを閉じ込める"閉じこめ効果"，あるいは電子と正孔を一つの層を境にしてくだてる"分離効果"など活動領域を制限する効果。
(3)　バルクの中とは異なる各層の界面がある役割をもつとき，多数の界面をつくって効果を増加させる"界面効果"。
(4)　異種物質層が周期に並んでいるためにトータルとして表われる効果。

　もちろん，これらの効果が複合して表われる場合もたくさん考えられる。人工格子の諸性質にはこれらの効果がさまざまな形で反映される。

4.1 電気的性質

　A層にのみ不純物を添加し，そこからB層に電子を供給するいわゆる変調ドーピングによりB層の電子は不純物散乱を受けずに高速で走ることができる。これは電子の供給層と移動層をわけた役割分担の典型的な例である。
　GaAsとAlAsの組み合わせでは電子構造は図1.4.2のようになり，電子からみるとGaAs層がポテンシャルの低いところで界面のところに高い障壁があるということになる。このため電子はGaAs層に閉じこめられ，界面に垂直な方向の運動を制限されて二次元的な振舞を示す。これは閉

じこめ効果の一例である。

障壁をへだてて電子と正孔を配置すると電子と正孔は別の層にありながらも互いにクーロン力でひき合い，条件によっては超伝導状態になるという提案がある。これは分離効果の一例である。

界面のところでは，バンドの急激な不連続，界面準位の形成，急勾配の電界やストレスなどが生ずる。ポテンシャルの断崖から電子を放り出すことによりエネルギーの高い熱い

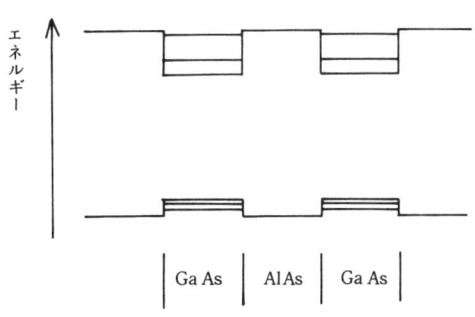

図 1.4.2　人工格子でつくられるポテンシャルの井戸

電子をつくることができる。これは電子の運動における一種の界面効果である。

障壁になっている層が薄い場合は，電子は障壁をトンネル効果で通り抜け，障壁に垂直な方向にも動けるようになる。この場合は格子の周期より大きな周期のポテンシャルの中を動くことになり，ブリルワン帯の端に達してブラッグ反射をおこす可能性がでてくる。このときは電流は周波数Ωでブロッホ振動することが期待される。また固体中の種々の振動の周波数がΩと一致するとさまざまな共鳴効果が期待される。これはトータルな効果である。

またGaAsとAlAsのような物質が単層で交互に並んだときは，$Al_{0.5}Ga_{0.5}As$ 混晶とは異なる電子エネルギー構造が実現される。

このような電気的性質にもたらす効果は，役割分担効果による高電子移動度トランジスタのような電子素子などに応用されている。

4.2　光学的性質

電子が薄い層に閉じこめられ，この層の厚さが電子の量子力学的波長より小さいときは，電子のエネルギーは離散的な量子力学的準位をとる。価電子帯，伝導帯とも離散的な準位ができ，電子遷移はこの準位間で行われる。このため光吸収スペクトルにはこの準位間原子遷移に対応したピークが観測される。

発光は逆にこの準位間の電子遷移により行われる。この準位を利用することにより半導体レーザでは発振のしきい値をさげることができる。

屈折率 n については $n = n_1 + n_2 I$ (I は光強度) という形の非線型性が期待される。このような非線型線をもつ人工格子を用いてファブリペロ・エタロン媒体とした光双安定素子が室温で実現される。光双安定素子というのは透過光の強度が入射光の強度に対しヒステリシスを示し，透過率に

9

第1章 総　　論

二つの安定な状態をもつものを指し，光ディジタル演算への応用が期待されているものである。

　層の厚さが電子波長より大きい場合（これを古典的人工格子ということがある），たとえば層厚を $\lambda/4$（λ は光波長）ずつにすればきわめて反射率の高い（ほぼ100％）そして波長選択性の高い材料をつくることができ，ミラーに利用できる。これはトータルな効果の応用である。

4.3　磁気的性質

　A層が強磁性体，B層が非磁性体の場合は，B層の厚さが10Å以上あれば磁気的相互作用はB層により分断され，A層は独立した磁性薄膜として振舞うと考えてよい。飽和磁化やキュリー点はA層（強磁性体）の厚さに依存し，サイズ効果が全体の磁性を支配する。A層の厚さを薄くしていくと，たとえばFe薄膜では10Å以下になると室温では強磁性秩序を保てなくなり，磁化は熱振動し，超常磁性と同様の現象を示す。

　界面効果は磁性体の場合に興味ある現象を与える。たとえば，界面のFe原子の磁気モーメントは接する非磁性物質に依存し，増加したり減少したりする。人工格子を用いて磁化を大きくしたり，磁気異方性を制御することも考えられる。これらについては第4章を参照されたい。

　グラファイトは磁性としては弱いものであるが，これにスピンをもった遷移金属や希土類原子を層間挿入すると挿入物質の種類により強磁性体が実現したり，反強磁性が実現したりする。

　またTaS$_2$は転移温度が0.7Kの超伝導体であるが，これに有機物質のピリジンを挿入するとT_cは3.5Kと著しく上昇する。この効果はTaS$_2$の電荷密度波をピリジンの挿入によって抑圧したために生ずるもので，分離効果の一種である。これらについては第7章を参照されたい。

　さて以上のように人工格子ではいろいろな性質にその効果が反映している。いろいろな組み合わせについて考察すると興味ある，そして有効な性質を見出すことができよう。

　図1.4.3に人工格子の応用の可能性の樹を示した。これは坂本氏の解説の図を一部手直ししたものである[9]。

5.　人工格子の研究の意義

　人工格子の研究は次のような点で意義があると考えられる。

　第1に，人工格子は従来の人工結晶や人工鉱物と異なり，熱平衡状態ではできない原子サイズオーダの極微細な構造を人工的に制御してつくるという意味で，従来の材料にはない新しいジャンルの材料をつくり出している。

　第2に，必要な特性を得るために，適当な元素を選び出し，その組み合わせや，組成，膜厚，不純物量をパラメータとして材料をつくるので，材料を設計するという考え方で材料をつくることになる。したがって本来なかなかむずかしい一般的な意味での材料設計の研究を進める上で先導的な

5. 人口格子の研究の意義

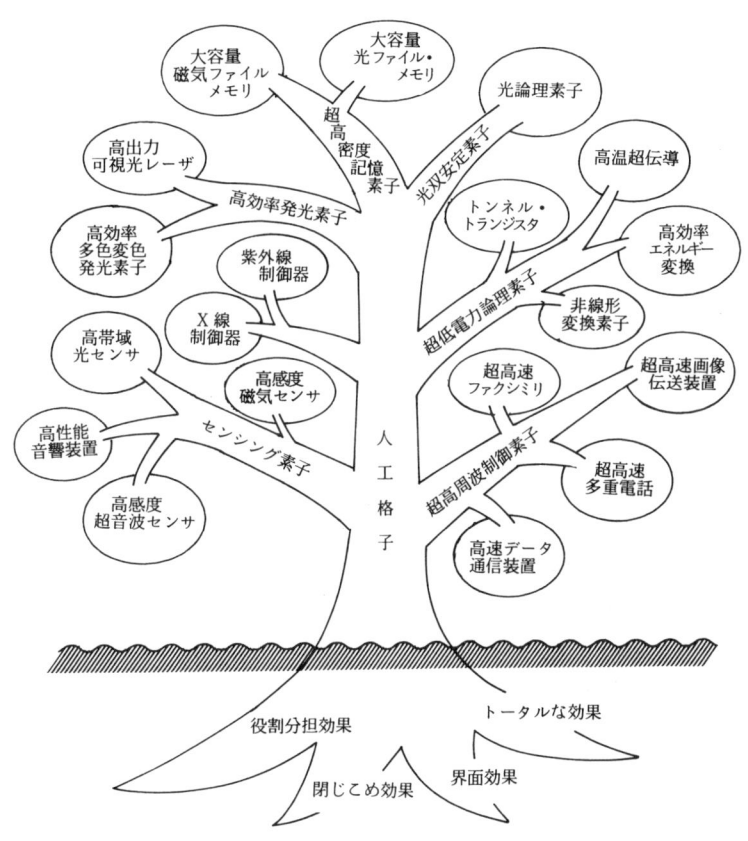

図 1.4.3 人工格子の応用の可能性

役割を果たすことができる。

　第3に，多くの元素の組み合わせや，層厚などを変えて人工格子をつくり，各種の性質を調べることにより，新しい現象や効果を見出せる可能性があり，物性の新領域の開拓を期待することができる。たとえば1984年夏に行われた半導体物理国際会議では従来のバルク関係の仕事に変わって半導体人工格子（超格子）に関する仕事の報告が大きなウェイトを占めた。このことからもその期待の大きさがうかがえる。

　第4に，応用面に関しては人工格子の研究は今までにも超高速の電子素子や，高性能の半導体レ

11

ーザの開発につながったが，新しい現象，効果の発見やその物性の理解により，今後も有効な応用が開拓できる可能性がきわめて高い。

6. 今後の展開

人工格子の研究は今後どう展開されるだろうか。いろいろな材料を組み合わせて人工格子構造をつくった場合どういう性質が期待されるか，その見通しをつける研究が進められるだろう。つまり材料設計手法の研究が一つの方向であろう。これにはバンド計算の手法など理論面の充実も必要である。さらに最近発展しつつある計算物理学（computer physics）の援用も必要であろう。

いろいろな材料の組み合わせで所望の人工格子をつくれるようにする研究が進められるだろう。これにはファイン・コントロールの可能な作製技術（ファイン・エピタキシーやハイパーファイン技術）の開発が必要であろう。またサブモノレヤー人工格子はある程度つくれるようになったが，二次元，三次元人工格子の作製にはひとひねりした新しい発想が必要であろう。

今まであまり研究の進んでいない物質の組み合わせ，たとえば半導体と金属，金属と絶縁体などでも研究が進められよう。これらの人工格子の諸性質の実験的研究が行われ，データの蓄積が増すだろう。

人工格子の信頼性の研究も重要である。人工格子は非熱平衡状態でつくられることが多い準平衡にある物質であるから，構造が変化する可能性をもっている。たとえば高温にしたり，特定の不純物をあとから入れたりすると秩序ある原子配置がくずれて混合物になる場合がある。この信頼性に関する問題は今後の研究の展開に待つところが大きい。

人工格子がいかに応用できるかはもっとも重要な問題であろう。電子・光素子材料のみでなく，磁性材料，超伝導材料，機能性有機材料などいろいろな材料に，エレクトロニクスからメカニクスその他のさまざまな分野に広く利用されるようになることを期待したい。人工格子はそのポテンシャルをもっていると思われる。

文　　献

1) International Conference on Superlattices, Microstructures and Microdevices, Champaign 1984
2) P. M. Petroff, A. C. Gossard, W. Wiegmann, *Appl. Phys. Lett.*, **45**, 620 (1984)
3) 日本物理学会編，半導体超格子の物理と応用（培風館，1984）
4) 日本学術振興会薄膜第131委員会編，薄膜ハンドブック，オーム社，(1984年)

文　献

5) 権田俊一監修,薄膜の作製・評価とその応用技術ハンドブック,フジテクノシステム(1984年)
6) 高橋清編著,分子線エピタキシー技術,工業調査会 (1984年)
7) T. Suntola, Extended Abstracts of the 16 th (1984 International) Conference on Solid State Devices and Materials, Kobe 1984 p.647
8) 杉道夫ら,応用物理, **52**, 567 (1983)
9) 坂本統徳,エレクトロニクス, **27** (7), 681 (1982)

第2章　半導体人工格子

1. 半導体人工格子の設計と物性

八百隆文*

1.1　はじめに

　半導体人工格子の最も基本的な構造は,「超格子」である。その概念は1970年に L. Esaki と R. Tsu によって,「人工超格子(man-made Superlattice)として, 初めて提唱された[1]。これは, 2種類の半導体を, 電子の de Broigle 波長程度の層厚の周期で積層した多層薄膜である。このような半導体材料は自然界に存在しない。結晶の成長を単原子層レベルで制御し得る分子線エピタキシ(MBE ── Molecular Beam Epitaxy)や有機金属気相法(MOCVD ── Metal-organic Chemical Vapor Deposition)などの結晶成長技術の進歩によって, 初めて可能になった。特に注目すべきことは, 超格子の構造パラメータを変化させることによって超格子構造を構成する個々の物質本来の物性とは異なった新しい材料物性を実現し, 制御することが可能となった点である。それゆえ超格子構造は, 基礎応用の両面にわたってきわめて興味ある研究対象となっている。

　1980年代に入り, 超格子構造を用いた新しいオプトエレクトロニクス素子(量子井戸レーザや超格子光検知器など)や超高速電子デバイス(ヘテロ接合を用いたFETなど)が作製され, 電子デバイス研究にインパクトを与えてきた。これは, 超格子構造が新しい電子デバイス材料を提供してきたためと考えられる。構造パラメータを変えることによって超格子の材料物性を制御し得ることから, 超格子構造は, 新しい電子材料開発の重要な方法論を与える。最近, 超格子構造を材料開発の立場から「人工格子」や「ハイブリッド素材」と呼ぶことがある。本書でも, その立場から「半導体人工格子」を扱う。半導体人工格子は広大な材料開発の舞台を与えてくれるものと期待される。

　表2.1.1にこれまで作製されてきた主な半導体人工格子を示す[2]。Ⅲ-Ⅴ族, Ⅱ-Ⅵ族, Ⅳ-Ⅳ族, Ⅳ-Ⅵ族と多くの半導体材料について作製されてきたが, この中で物性的にもよく調べられており, 最も材料開発が進められたのが, GaAs-AlGaAs系材料である。この他に, InAs-GaSb系, InGaAs-GaAs系なども比較的報告が多い。現在, この他にも種々の材料系で活発な研究開発が進められている。

　ここでは, 超薄膜多層化技術による新しい材料開発という立場から, まず, 半導体人工格子設計

---

*　Takafumi　YAO　電子技術総合研究所

1. 半導体人工格子の設計と物性

表2.1.1　半導体人工格子（L. L. Chang による[2]）

Systems	Techniques	Remarks
GaAs-GaAlAs (AlAs)	MBE, MOCVD, LPE	Extensively studied
InAs (InGaAs)-GaSb (GaSbAs)	MBE	Extensively studied
GaSb-AlSb	MBE	Metallurgical and optical properties
InAs-AlSb	MBE	Optical and magnetoproperties
GaAs (GaP)-GaAsP	MOCVD, CVD	Strained superlattice, luminescence
GaAs-InAs (InGaAs)	MBE, MOCVD	Matallurgical and light-emitting properties
InP-InGaAs	MOCVD	Magnetoproperties
InP-InGaAsP	LPE	Light-emitting properties
InSb-GaSb	Sputtering	Ordered structure, interdiffusion
GaP-AlP		Theoretical indirect-direct gap
Ge-GaAs (GaAlAs)	MBE	Metallurgical properties, defects
Si-SiGe	MBE, CVD	Dislocations, mobility enhancement
CdTe-HgTe	MBE	Zero-finite gap, metallurgical profiling
PbTe-PbSnTe	Hot-wall	Interdiffusion, magnetotransport
PbTe-PbGeTe	MBE	Dislocations, Auger profiling
InAs-GaSb-Als	MBE	Polytype superlattice and heterostructure
GaAs(n)-GaAs(p)	MBE	Doping superlattice, tunable gap

の考え方を述べ，次に，構造パラメータ，特に組成と層厚によって，人工格子の物性がどのように変化するかを記す。

1.2 超格子のエネルギー帯構造

1.2.1 ヘテロ接合界面

超格子を形成する基本は，ヘテロ接合である。ヘテロ接合の形成で重要な定数は，格子定数と熱膨脹係数である。この整合が取れない場合には，膜内に歪が発生する。はなはだしい場合にはミスフィット転位やクラックが生じる。歪により膜内に弾性応力が発生した場合には，エネルギー帯の考察で変形ポテンシャルを考慮しなければならない。しかし不整合の影響が小さく，かつ界面準位密度の小さい場合には，ヘテロ接合界面でのエネルギー帯構造を決めるパラメータは，禁制帯幅（E_g），フェルミ準位（E_F），および真

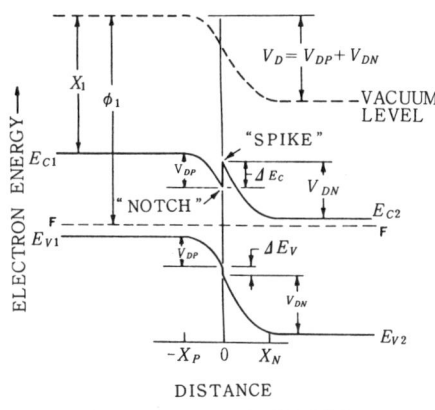

図2.1.1　p-GaAs／n-AlGaAsヘテロ接合のエネルギー帯構造（H. C. Casey, Jr. and M. B. Pamish による[3]）

第2章 半導体人工格子

空準位と伝導帯の底とのエネルギー差,すなわち,電子親和力(χ)である。ここで,p-GaAsとn-Al$_x$Ga$_{1-x}$As のヘテロ接合のエネルギー帯構造を求めてみよう。熱平衡状態では,模式的に図2.1.1のようである[3]。p-GaAsとn-Al$_x$Ga$_{1-x}$Asのフェルミ準位を等しくするために,作り付け電位(built-in potential)V_Dが生じる。p側の作り付け電位をV_{DP}, n側をV_{Dn}とすると[4],

$$V_D = V_{DP} + V_{Dn} = \Phi_P - \Phi_N \tag{1}$$

ただし,Φ_P, Φ_N はp側およびn側の仕事関数である。空乏層の厚さx_P, x_N は電荷保存則から,

$$\frac{x_P}{x_N} = \frac{N_D}{N_A} \tag{2}$$

また,Poissonの方程式から

$$V_{DP} = \frac{q^2 N_A x_P^2}{2\,\varepsilon_{GaAs}} \tag{3}$$

$$V_{DN} = \frac{q^2 N_D x_D^2}{2\,\varepsilon_{AlGaAs}} \tag{4}$$

となる。ただし,ε は誘電率である。(2)式,(3)式,(4)式から,

$$\frac{V_{DP}}{V_{DN}} = \frac{N_D}{N_A} \frac{\varepsilon_{AlGaAs}}{\varepsilon_{GaAs}} \tag{5}$$

(1)と(5)からV_{DP}, V_{DN} が求まり,(3)式,(4)式を使って,x_P, x_N が求まる。ドーピング超格子の作製に用いられる10^{18} cm^{-3} 程度にドーピングしたGaAsホモ接合の場合,$x_P \sim x_N \sim 400$ Åとなる。

一方,ヘテロ接合界面における伝導帯の底のエネルギー差(band off-set)ΔE_cは,

$$\Delta E_c = \chi_{GaAs} - \chi_{AlGaAs} \tag{6}$$

となり,GaAs側の伝導帯が凹む。価電子帯の項のband off-set ΔE_Vは,

$$\Delta E_V = (E_g(AlGaAs) - E_g(GaAs)) - (\chi_{GaAs} - \chi_{AlGaAs}) \tag{7}$$

となり,GaAs側に正孔がたまりやすい構造となる。ΔE_cおよびΔE_V は,フェルミ準位,したがって,ドーピング濃度に依存しない。

表2.1.2に,ヘテロ接合の形成に用いられるいくつかの半導体の特性を示す[4]。格子不整の大きいヘテロ接合では,dangling bond が界面に発生し,界面部分でのエネルギー帯の曲げを生じさせたり,界面領域に過剰少数キャリヤの再結合中心を発生することがある。良好なヘテロ接合を作製するためには,

1) 結晶構造が同じで,格子整合がとれていること。
2) 熱膨張係数がほぼ同じであること。
3) 結晶成長過程での組成のだれ(auto-doping)を抑制すること。

が必要となる[4]。1),2)の条件が満たされない場合には歪入りのヘテロ接合となり,ヘテロ接合の安定性に問題がある。図2.1.2に,格子整合のとれている半導体の電子親和力と禁制帯幅を示す[5]。

1. 半導体人工格子の設計と物性

表 2.1.2 主要な半導体の諸特性（A. G. Milnes and D. L. Feucht による[4]）

物 質	禁制帯幅 300K (eV)	遷移の型	移動度 300K ($cm^2 V^{-1} s^{-1}$) 電子	正孔	比誘電率	格子定数 a (Å)	300K における熱膨張係数 $\times 10^{-6}$ (°C^{-1})	電子親和力 (eV)	ドーパント p 型	n 型
Si	1.11	間接	1,350	480	12.0	5.431	2.33	4.01	B, Al, Ga	P, As, Sb
Ge	0.66	間接	3,600	1,800	16.0	5.658	5.75	4.13	B, Al, Ga, In	P, As, Sb
AlAs	2.15	間接	280	—	10.1	5.661	5.2	—	Zn, Cd	Se, Te
AlSb	1.6	間接	900	400	10.3	6.136	3.7	3.65	Zn, Cd	Se, Te
GaP	2.25	間接	300	150	8.4 (op)	5.451	5.3	4.3	Zn, Cd	Se, Te
GaAs	1.43	直接	5-8,000	300	11.5	5.654	5.8	4.07	Zn, Cd, Ge, Si	Si, Sn, Ge, Se, Te
GaSb	0.68	直接	5,000	1,000	14.8	6.095	6.9	4.06	Zn, Cd, Ge	Se, Te
InP	1.27	直接	4,500	100	12.1	5.869	4.5	4.38	Zn, Cd	Se, Te
InAs	0.36	直接	30,000	450	12.5	6.058	4.5 (5.3)	4.9	Zn, Cd	Se, Te, Sn
InSb	0.17	直接	80,000	450	15.9	6.479	4.9	4.59	Zn, Cd	Se, Te, Sn
ZnS (hex)	3.58	直接	120	—	8.3	3.814	6.2-6.5	3.9	—	Cl, Br, Al
ZnSe	2.67	直接	530	—	9.1	5.667	7.0	4.09	—	Br, Ca, Al
ZnTe	2.26	直接	530	130	10.1	6.103	8.2	3.5	Cu, Ag, P	—
CdS (hex)	2.42	直接	340	—	9.0-10.3	4.137	4.0	4.5	—	Cl, Br, I, Al, Ga, In
CdSe (hex)	1.7	直接	600	—	9.3-10.6	4.298	4.8	4.95	—	Cl, Br, I
CdTe	1.44	直接	700	65	9.6	6.477	—	4.28	Li, Sb P	I
SiC (hex)	2.75-3.1	間接	60-120	10-20	10.2	3.082	5.7	—	Al	N
PbTe	0.29	間接	2,500	1,000	17.5 (op)	6.52	—	—	Te, Na K	Pb, Cl, Br

図の実線の上端の差が ΔE_c, 下端の差が ΔE_v である。

1.2.2 量子井戸

(1) 超薄膜内の電子状態

z 方向の厚さ L_z が電子のド・ブロイ波長（$\lambda_e = h/p$）程度で, x, y 方向の大きさ L_x, L_y は十分大きい（$L_x, L_y \gg L_z$）ような超薄膜内の電子は, x, y 方向には自由電子として振舞うが, z 方向には, 電子は膜内に閉じ込められた2次元電子状態となる。z 方向のポテンシャル障壁は, 図 2.1.3 のような井戸型ポテンシャルで表わ

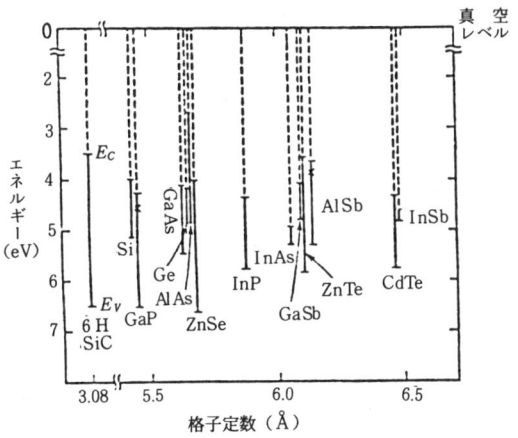

図 2.1.2 電子親和力（破線），禁制帯幅（実線）と格子定数（権田俊一氏による[5]）

され，電子の全エネルギーは

$$E = E_n + \frac{\hbar^2}{2m^*}(k_x^2 + k_y^2) \quad (8)$$

となる。ここでE_nは図2.1.3の井戸型ポテンシャルに対応するエネルギー固有値で，$V_0 \to \infty$の場合には，よく知られているように，

$$E_n = \frac{\hbar^2}{2m^*}\left(\frac{n\pi}{L_z}\right)^2 \quad (9)$$

で与えられる。したがってL_zの減少とともに基底状態のエネルギーは増加する。ここでnは量子数（$n=1$, 2, 3…）で，m^*は電子の有効質量である。2次元電子の状態密度 $g(E)$ は図2.1.4に示すように階段状となり[11]，次のように表わされる。

$$n(E) = \sum_{n=1}^{\infty} \frac{m^*}{\pi \hbar^2} \cdot H(E - E_n) \quad (10)$$

ただし，$H(x) = \begin{cases} 0 & x < 0 \\ 1 & x \geq 0 \end{cases}$

3次元電子の状態密度は，$n(E) \propto \sqrt{E}$と表わされるので（図2.1.4の破線），バンド端の状態密度は，2次元電子のほうが大きくなる。

(2) 量子井戸

GaAsをAl$_{0.3}$Ga$_{0.7}$Asではさんだ量子井戸のエネルギー構造を図2.1.3に示す[14]。GaAs-Al$_x$Ga$_{1-x}$As系では，band off-setは次のように表わされる[6]。

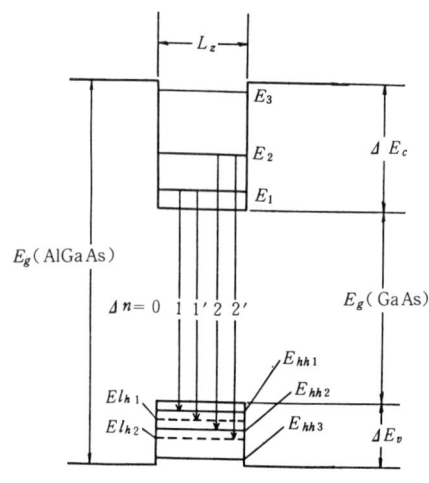

図2.1.3　Al$_x$Ga$_{1-x}$Asではさまれた GaAs 量子井戸のエネルギーダイヤグラム

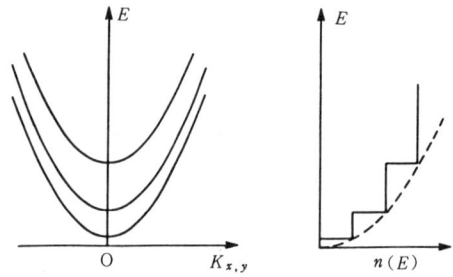

図2.1.4　k_x, k_y 面内の2次元電子のエネルギー帯と状態密度（R. Dingleによる[11]）

$$\Delta E_c = 0.57 \times \{E_g(\text{Al}_x\text{Ga}_{1-x}\text{As}) - E_g(\text{GaAs})\} \quad (11)$$

1. 半導体人工格子の設計と物性

$$\Delta E_V = 0.43 \times \{ E_g(\mathrm{Al}_X \mathrm{Ga}_{1-X} \mathrm{As}) - E_g(\mathrm{GaAs}) \} \quad (12)$$

電子のド・ブロイ波長は，室温で，$\lambda_e \sim 300$ Å である。したがってGaAs層厚L_zが$L_z \lesssim \lambda_e$の条件を満足すれば，2次元電子・正孔状態がGaAs量子井戸内に形成される。この場合には，量子井戸ポテンシャルV_0（$= \Delta E_c$ または ΔE_V）は有限となり，エネルギー固有値E_nは次の方程式の解として与えられる[8]。

$$\left(\frac{V_0 - E_n}{E_n} \right)^{\frac{1}{2}} = \tan\left\{ \left(\frac{m^* E_n L_z^2}{2\hbar^2} \right)^{\frac{1}{2}} \right\} \quad \text{for } n = \text{odd}$$
$$= -\cot\left\{ \left(\frac{m^* E_n L_z^2}{2\hbar^2} \right)^{\frac{1}{2}} \right\} \quad \text{for } n = \text{even} \quad (13)$$

このような量子井戸中のエネルギー準位をV_0またはL_zの関数として図2.1.5に示す[11]。V_0の減小とともにエネルギー固有値は減少するが，いかなるV_0の値に対しても，少なくとも1つの束縛状態が存在する。一方，L_zの減少とともに，E_nは増加する。

一方量子井戸の禁制帯幅は

$$E_g + E_e(1) + E_h(1) \quad (14)$$

で表わされ，$E_e(1) + E_h(1)$ だけ実効的な禁制帯幅が増加する。

(3) 光学遷移

GaAsとAl$_x$Ga$_{1-x}$Asの量子井戸では，電子・正孔いずれもGaAs層に閉じ込められる。このとき，光学遷移に対する選択則は，各量子数に対して，

$$n_e = n_h \equiv n \quad (15)$$

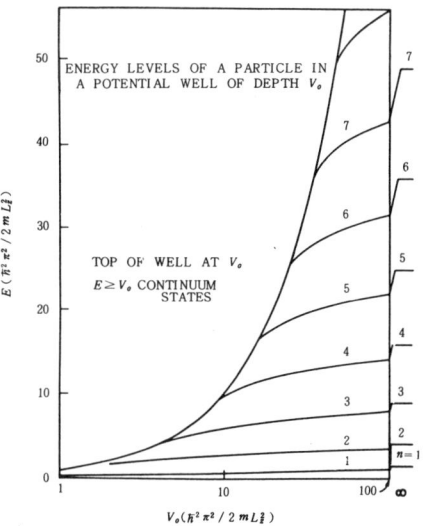

図2.1.5 量子井戸中の束縛エネルギー準位の井戸幅依存性（R. Dingeによる[11]）。

である[11]。ただし，n_e, n_hは電子，正孔の量子数である。光学遷移は，

$$h\nu_n = E_g(\mathrm{GaAs}) + E_e(n) + E_h(n) \quad (16)$$

のエネルギー値で起きる。図2.1.3に光学遷移の様子を模式的に示す。

GaAsのエネルギー帯構造を図2.1.6に示す[7]。価電子帯の項は $k=0$ でスピンを含めて4重に縮退しており（$J=\frac{3}{2}$ に対応），軽い正孔（lh）と重い正孔（hh）の2種類の正孔が存在する。量子井戸ではz方向の量子効果のために，4重に縮退した準位は2つに分裂し，$J_z=\pm\frac{3}{2}$（重い正孔）と $J_z=\pm\frac{1}{2}$（軽い正孔）の準位に対応する。図2.1.6に価電子帯のエネルギー状態も示す。したがって価電子帯と伝導帯の間の光学遷移は，伝導帯の電子→重い正孔（$e \rightarrow hh$）と電子→軽い正孔（$e \rightarrow eh$）の2種類が現われる。

1.2.3 超格子状態の形成

量子井戸を複数個作り，それらをお互いに接近させてゆくと，ある井戸から他の井戸に電子がトンネル効果で移ることが可能になる。量子力学的なトンネリングが可能となるためには，障壁層の厚さ L_B が電子波の減衰特性距離（$1/\alpha = \hbar/\sqrt{2m^*(V-E)} \sim \lambda_e$）と同程度以下でなければならない。この時，各井戸内のエネルギー固有値は相互作用のため独立ではなくなり E_n を中心としてあるエネルギー幅 ΔE_n の範囲の多数の準位に分割するようになる。

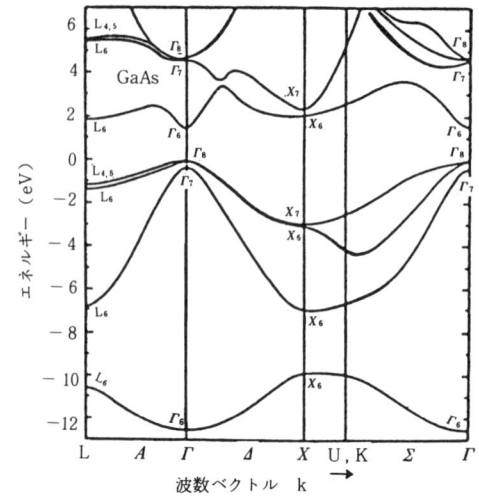

図2.1.6　GaAsのエネルギーバンド図（J.R.Chelikowsky and M.L.Cohenによる[7]）

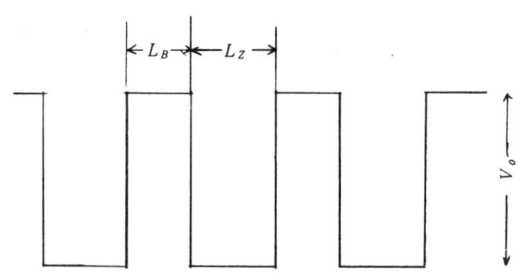

図2.1.7　超格子のポテンシャル

十分に多数の井戸を周期的に並べたものを超格子と呼ぶが，そのエネルギー状態はKronig-Pennyポテンシャルを用いた自由電子近似で十分記述できる。図2.1.7に示すように幅 L_z の井戸を障壁 L_B の間隔で周期的に並べたとすると，エネルギー固有値は，次の方程式の解で与えられる[9]。

1. 半導体人工格子の設計と物性

$$\frac{\alpha^2 - \beta^2}{2\alpha\beta} \cdot \sinh(\alpha L_b) \cdot \sin(\beta L_z) + \cosh(\alpha L_b) \cdot \cos(\beta L_z)$$

$$= \cos\{k_z(L_z + L_b)\} \qquad (17)$$

$$\text{for } 0 < E_z < V_0$$

$$-\frac{\beta^2 + \gamma^2}{2\beta\gamma} \cdot \sin(\beta L_z) \cdot \sin(\gamma L_b) + \cos(\beta L_z) \cdot \cos(\gamma L_b)$$

$$= \cos k_z(L_b + L_z) \qquad (18)$$

$$\text{for } V_0 \leq E_z$$

ただし、

$$\alpha = \frac{\sqrt{2m^*(V_0 - E_z)}}{\hbar} \qquad (19)$$

$$\beta = \frac{2m^* E_z}{\hbar} \qquad (20)$$

$$\gamma = \frac{\sqrt{2m^*(E_z - V_0)}}{\hbar} \qquad (21)$$

障壁の高さ $V_0 = 0.4$ eV とし、ポテンシャル井戸とその間隔を同時に減少させた場合の各準位の拡がり方を図2.1.8に示す[10]。ここでは平均有効質量を $0.1\ m_0$ として計算している。この図か

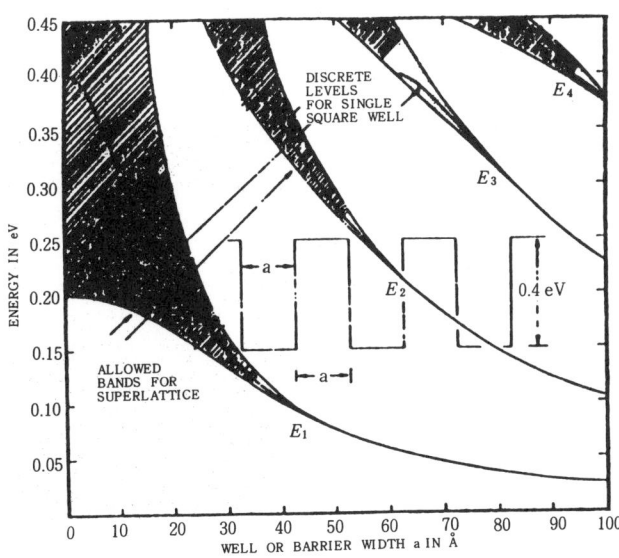

図2.1.8 超格子の量子準位の厚さ依存性。$m^* = 0.1\ m_0$, $V_0 = 0.4$ eV
(L. Esaki and L. L. Chang による[10])

らわかるように障壁の幅を増していくと電子を強く束縛するポテンシャルのため,電子の許容帯が狭くなり,E_1, E_2 …は単一の井戸型ポテンシャル中の量子準位に近づいてくる。

図2.1.9は超格子の分散関係を示す[10]。ここで注目すべきことは,1) $k_z \sim 0$ 付近で格子中の電子有効質量が自由電子に比して重くなっていること,2) $k_z = \pi/l$ においてエネルギーギャップが存在し,元のエネルギー帯はミニバンドに分割されること,3) $k_z \sim \pi/2l$ 付近で変曲点があり,$k_z > \pi/2l$ では負の有効質量効果があること,の諸点である。特に,3)の特徴によって,電子散乱時間内にミニバンドの端まで電子を運動させることにより,負性抵抗素子や,Bloch振動のような量子力学的効果が実現されることが期待できる。

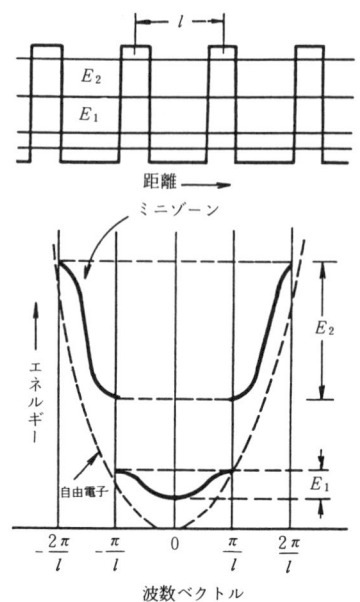

図2.1.9 周期 l の超格子のミニバンドの形成(L. Esaki and L. L. Chang による[10])

1.3 半導体人工格子の設計

写真2.1.1は,厚さ62nmのGaAs層と82nmのAl$_{0.5}$Ga$_{0.5}$As層を積層した人工格子の断面の走査電子顕微鏡写真である。このようなド・ブロイ波長 λ_e より大きい層厚では量子効果は現われない。むしろ,光の媒質内波長と同程度になり,光学的な多層膜としての効果が表われる。このように,膜厚のような構造パラメータによって,人工格子の物性が変わってくる。一方,他の重要な構造パラメータは超格子を構成する物質の組成であろう。

1.3.1 層厚による人工格子の分類

井戸の幅,障壁の厚さがともに媒質内の光の波長程度の場合,電子はバルク内と同様に3次元的な電子スペクトルを示し,井戸の中で連続

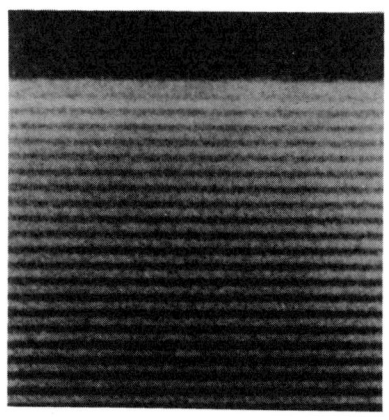

写真2.1.1 GaAs/Al$_{0.5}$Ga$_{0.5}$As人工格子のSEM写真

1. 半導体人工格子の設計と物性

的なエネルギースペクトルを示す。この人工格子の電子物性には，バルクの特性とヘテロ接合の特性が独立に寄与すると考えられる。電子デバイス作製で重要な MIS 構造もこの構造スケールである。一方，この人工格子は光学多層膜として働き，後述するように，光学的には興味ある特性を示す。

障壁の幅が電子波長 λ_e 以下になると，井戸内にある電子のトンネル効果が起こる。トンネル確率 T_t は WKB 近似によって

$$T_t \simeq \exp\left[-2\int_{x_1}^{x_2}|k(x)|\,dx\right] \quad (22)$$

と表わされる[12]。ここで $|k(x)|$ は障壁中の電子の波数ベクトルの絶対値で，次式で表わされる。

$$k(x) = \frac{\sqrt{2m^*(V_0-E)}}{\hbar} \quad (23)$$

$x_2 - x_1$ は障壁の厚さである。このスケールでは MOS 界面を用いたメモリー素子の作製で重要となる。

井戸の幅が電子波長より小さくなると量子効果が表われる。このような人工格子を超格子と呼んでいる。前項で述べたように，障壁層が厚い場合には，電子のエネルギーは量子化されて離散準位が形成されるが，トンネル効果が起こる程度に障壁が薄いとミニバンドが形成される。電子は擬二次元電子系を構成し，状態密度は，バルク結晶では放物線型であったものが階段型に変形し，バンド端の状態密度が増加する。

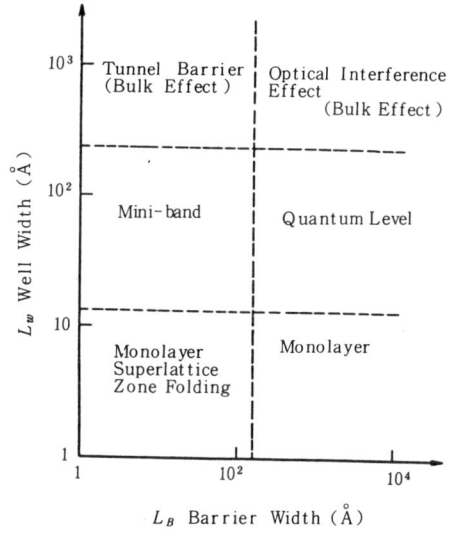

図 2.1.10 ポテンシャル井戸の幅，障壁の幅と観察される効果

井戸と障壁の厚さを数原子層から 1 原子層程度と，ほぼ格子定数と同程度にすると，バルクの電子構造を用いた Kronig-Penny 模型は使えなくなり，単位胞を大きく取ったバンド計算を行うことになる。電子状態は積層方向に異方性を持った 3 次元電子構造となり，ブリルアン帯の折り返し（zone folding）効果が現われるなど興味ある電子物性が期待される。

以上述べたことをまとめると，層厚に対する電子状態の変化は，図 2.1.10 のようになる。

1.3.2 半導体超格子の分類

半導体－半導体超格子構造は，ヘテロ接合によるものとホモ接合によるものに分類される。ヘテロ接合超格子構造のエネルギー帯構造には図 2.1.11(a)の GaAs/AlGaAs 系超格子に代表されるような正孔と電子が同一の層（この場合は GaAs 層）に局在するもの（このような超格子をタイプ

第2章 半導体人工格子

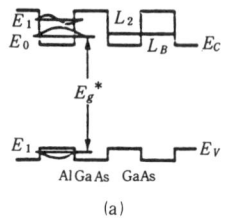
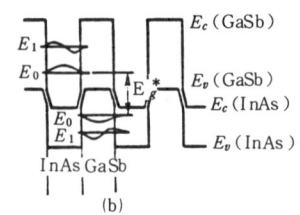
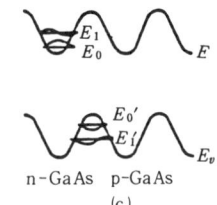

図2.1.11 各種の半導体超格子構造のバンド図（榊裕之氏による[13]）
(a) GaAs／AlGaAs系超格子
(b) InAs／GaSb系超格子
(c) n-GaAs／p-GaAs系超格子

Iの超格子と呼ぶ）と，図2.1.11(b)のInAs／GaSb系超格子に代表されるような電子と正孔が空間的に分離できるものがある（電子はGaSb層，正孔はInAs層）。後者のような超格子をタイプIIの超格子と呼ぶ。一方，ホモ接合超格子の代表的なものは図2.1.11(c)に示すドーピング超格子で，高濃度にドープしたn-GaAsとp-GaAsを積層したものがその代表例である[13]。この場合も電子と正孔が空間的に分離している。

GaAs／AlGaAs型超格子構造では，電子・正孔はほとんどGaAs内に閉じ込められ，擬2次元電子系を構成する。(6)，(7)式で，$\Delta E_c \cdot \Delta E_v > 0$ の条件が成立するとき，タイプIの超格子となる。その電子状態はKronig-Penny模型による計算とよい一致を示すことが知られている。この型の超格子の特徴として，(14)式で示したように，超格子周期の減少とともに実効禁制帯幅が増加すること，2次元電子の特徴である階段型状態密度関数のため，バンド端の状態密度が増すこと，などの諸点があげられる。これらの特徴によって

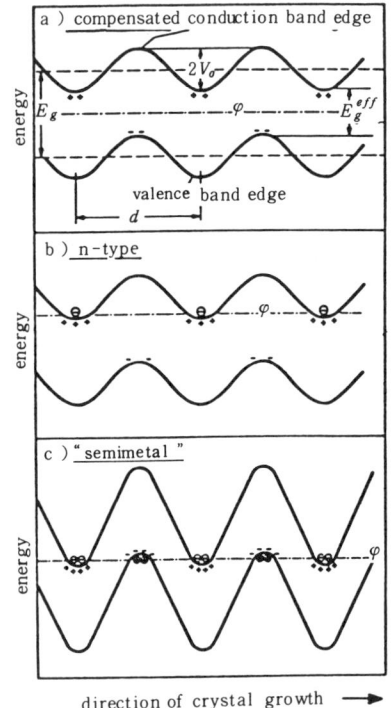

図2.1.12 ドーピング超格子のエネルギーバンド図
(a) 補償された場合（$N_D d_n = N_A d_p$）
(b) n型の場合（$N_D d_n > N_A d_p$）
(c) n-層，p-層に高濃度にドープした場合。
（G. H. Döhlerによる[16]）

1. 半導体人工格子の設計と物性

1) 超格子構造による半導体レーザ（量子井戸レーザ）の発振波長を制御できる。2) 半導体レーザの発振閾値電流の著しい低下が可能になる，3) 半導体レーザを高速変調した時のスペクトルの安定性が改善される，などの応用上の利点が明らかになってきた。

InAs／GaSb系超格子のようなTypeⅡ型の超格子では，(6)式，(7)式で，$\Delta E_c \cdot \Delta E_v < 0$ となる。特に，InAs／GaSb超格子のように，GaSbの伝導体とInAsの価電子帯がエネルギー的に交支している場合には，価電子帯の正孔と伝導帯の電子の波動関数の結合を考慮しなければならないため，単純なKronig-Penny模型は使えない。これに関してはAndoらの理論的な考察がある[15]。この系の特徴は，超格子の実効的禁制帯幅をバルクの禁制帯幅より小さくできるため長波長領域での発光・受光機能が実現できる可能性がある。

ドーピング超格子の構造パラメータは，超格子の層厚とドーピング濃度である。層厚はp-n接合の空乏層厚（(12)式のx_p, x_n）と同程度かそれ以上の厚さにする必要がある。図2.1.12に，ドーピング濃度によるエネルギー帯構造の変化を示す[16]。高濃度にドーピングした場合には，熱平衡状態で正孔と電子が共存する状態となり，実効的禁制帯幅E_g^*は$E_g^* \sim 0$となる。低濃度になると，電子または正孔のいずれかが存在し，$E_g^* > 0$となる。エネルギー帯構造は過剰少数キャリヤの注

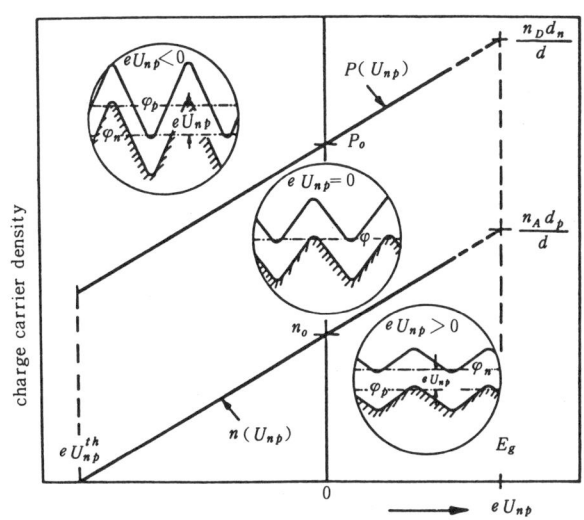

図2.1.13 半金属的なバンド構造のドーピング超格子に外部電界を印加したときのエネルギーバンドの変化（G. H. Döhlerによる[16]）

第2章 半導体人工格子

入や外部電界により変調でき，興味ある特性を示す。
図2.1.13に外部電界を印加した時のエネルギー帯構造の変化を示す。順バイアス条件で E_g^* が 0 から E_g まで変化できることがわかる[16]。

1.3.3 歪超格子

前述の GaAs, AlGaAs の組み合わせに見られるように，従来の超格子は格子不整が 0.5 % 以下の比較的格子定数の合った材料が用いられてきた。これは格子不整に伴うミスフィット転位の発生を防ぐためである。最近，GaAs, $GaAs_xP_{1-x}$ や GaAs, $In_xGa_{1-x}As$ の組み合わせのように格子不整が 1.5 % 程度の材料で超格子を作製することが試みられている。Mattews と Blakeslee は超格子中では格子不整が多層膜の一様な歪として緩和される可能性に着目し，格子不整 1.8 % の GaAs／$GaAs_{0.5}P_{0.5}$ 超格子でミスフィット転位の発生しない条件を求めた[17]。

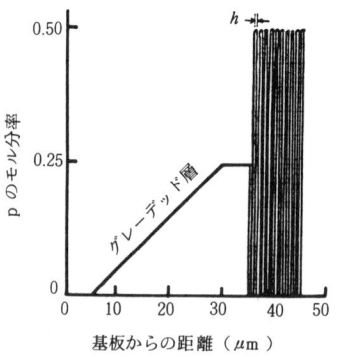

図2.1.14 基板から GaAs-GaAsP 歪超格子の成長層までの P の組成プロファイル （J.W.Mattews et al による[18]）

ミスフィット転位の発生は，転位線による応力と格子不整により生ずる応力のバランスがくずれ，格子不整応力が勝ったときに起こる。格子不整歪をもった多層膜中で，ミスフィット転位が発生する臨界膜厚を h_c とすると，次式で表わされる[17]。

$$h_c = \frac{b}{2\pi f} \cdot \frac{(1-\nu \cos^2 \alpha)}{(1+\nu)\cos \lambda} \cdot \left(\ln \frac{h_c}{b} + 1 \right) \qquad (24)$$

ここで ν はポアソン比，f は格子不整，α はバーガースベクトルと界面に横たわる転位のなす角，λ は転位のスリップ面と界面との交支線に垂直な面方向とバーガースベクトルとのなす角，b は歪場中で転位は曲がるが，そのハーフループの長さである。(001) 面に成長した GaAs／$GaAs_{0.5}P_{0.5}$ の場合 $h_{c\,max} \sim 250$ Å であり，実験結果の 350 Å と比較的良い一致を示す。

歪超格子の平均格子定数と基板結晶の格子定数の整合がとれない場合，ミスフィット転位が発生する可能性がある。これを防ぐ方法の一つに，基板結晶から所望の歪超格子の平均格子定数まで，graded 層を設けて格子定数を徐々に変化する方法がある。図2.1.14に GaAs-$GaAs_{0.5}P_{0.5}$ 歪超格子の作製に用いられた組成プロファイルを示す[18]。このような中間層の存在は重要で，歪超格子の作製では必ず用いられている。

歪超格子中の内部応力によって，エネルギー帯構造がどのように変調を受けるか考察しよう。たとえば GaAs／GaAsP (100) 超格子では，界面において格子整合をとるように格子が歪むため，GaAs 層は面に平行な方向に圧縮力を，GaAsP は張力を受け，面に垂直方向には，逆にそれぞれ

1. 半導体人工格子の設計と物性

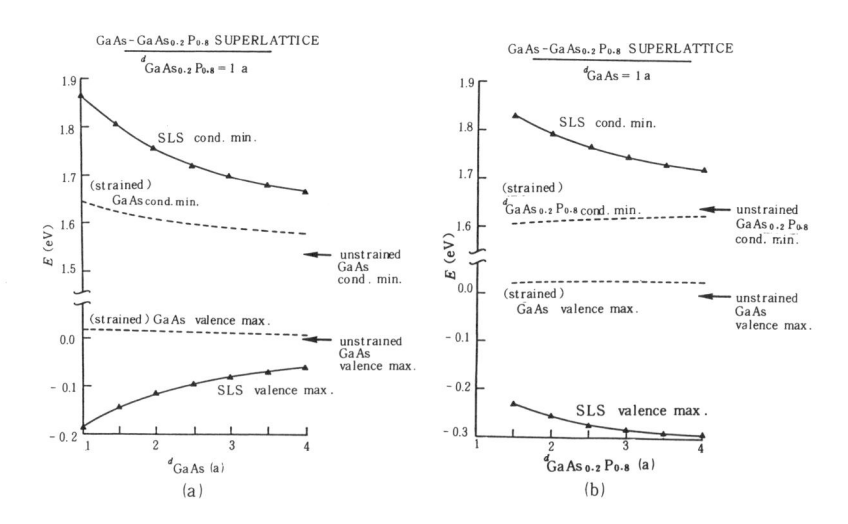

図 2.1.15 伝導体の底と価電子帯の項のエネルギーの GaAs 層厚（格定数の単位）と，GaAs$_{0.2}$P$_{0.8}$ 層厚依存性（G. C. Osbourn による[19]）

張力，圧縮力が働く。このとき，面に平行な方向の格子定数は[19]，

$$a^{11} = a_1 \cdot \left[1 + \frac{fG_2h_2}{G_1h_1 + G_2h_2} \right]$$
$$= a_2 \cdot \left[1 - \frac{fG_1h_1}{G_1h_1 + G_2h_2} \right] \quad (25)$$

と表わされる。a_1, a_2 は歪んでいない GaAs P と GaAs の格子定数，h_1, h_2 は GaAs P，GaAs の層厚，G_1, G_2 はゝり弾性定数（Shear moduli），f は格子不整である。

周期長が一定の場合，膜の厚さ比の増大とともに薄い方の膜に歪が大きく加わり，量子井戸幅に影響が出て量子準位は上下する。この歪を考慮に入れて，tight binding 法によって計算した，GaAs/GaAs P 歪超格子の伝導体の底のエネルギーと価電子帯の項のエネルギーを図 2.1.15(a), (b)に示す[19]。図 2.1.15(a)では，GaAs$_{0.2}$P$_{0.8}$ 層の厚さを 1 格子定数とし，GaAs 層厚を変化させているのに対して，図 2.1.15(b)では逆に GaAs 層厚を 1 格子定数とし，GaAs$_{0.2}$P$_{0.8}$ 層厚を変化させている。GaAs 層厚が GaAs$_{0.2}$P$_{0.8}$ 層厚より厚い場合は，電子・正孔はともに GaAs 層中に多く存在し，歪超格子のブリルアンゾーン中での Γ 点における直接遷移型となる。一方，GaAs$_{0.2}$P$_{0.8}$ の層厚が GaAs より大きい場合には，GaAs$_{0.2}$P$_{0.8}$ の (010)，(001) の伝導率のエネルギーは上昇し，(100) X の伝導帯のエネルギーが下がり伝導帯の底のエネルギーを決める。単位胞あたりの GaAs ＋ GaAs P 単分

第2章 半導体人工格子

子層の数が偶数の場合には伝導帯の底がΓ点となり直接遷移型，奇数の場合にはX谷が伝導体の底となり間接遷移型となることが理論的に指摘されている。

1.3.4 有効質量超格子

前項で扱った超格子は，電子親和力，禁制帯幅仕事関数などが層厚に対応して実空間で変調を受けたものであり，

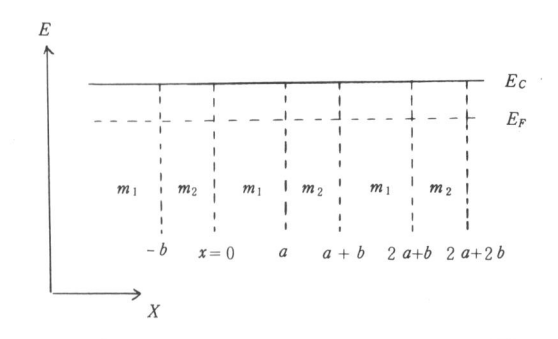

図2.1.16 有効質量超格子の模式図（A. Sasakiによる[20]）

その結果サブバンド構造が現われる。超格子効果の現われてくるパラメータとして，この他に有効質量が考えられる[20]。電子親和力と格子定数の整合のとれている組み合わせとして，$Al_{0.23}Ga_{0.3}In_{0.47}P/GaAs$, $Ga_{0.86}In_{0.14}P_{0.78}Sb_{0.22}/GaAs$, $Al_{0.5}In_{0.5}As_{0.49}Sb_{0.51}/GaSb$ がある。有効質量が実空間で変調を受けている超格子を有効質量超格子と呼ぶ。

有効質量超格子系は，Kronig-Penny模型によって計算できる。図2.1.16のように，有効質量m_1，m_2の半導体が層厚a, bで積層している場合を考えよう[20]。この時，分散関係は，次式より求まる[20]。

$$A\cos(\alpha a + \beta b) - B\cdot\cos(\alpha a - \beta b) = \cos[k(a+b)] \quad (26)$$

ここで，
$$\alpha = \frac{\sqrt{2m_1 E}}{\hbar}, \quad \beta = \frac{\sqrt{2m_2 E}}{\hbar}$$
$$A = \frac{[(m_2/m_1)^{\frac{1}{2}} + 1]^2}{4(m_2/m_1)^{\frac{1}{2}}}, \quad (27)$$
$$B = \frac{[(m_2/m_1)^{\frac{1}{2}} - 1]^2}{4(m_2/m_1)^{\frac{1}{2}}}$$

図2.1.17は$m_1 = 0.07 m_e$とした時のミニバンド間のエネルギーギャップと層厚の関係を示したものである。室温，77Kでの熱エネルギーは各25meVと6.4meVであるが，層厚を各々40Å以下，70Å以下とすることによって，実験的に十分とらえられる程度の

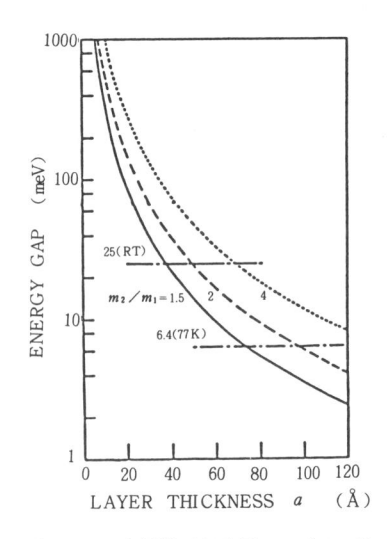

図2.1.17 有効質量超格子のサブバンドエネルギーギャップの層厚依存性
$a/b = (m_2/m_1)^{\frac{1}{2}}$で，$m_1 = 0.07 m_0$とした。（A. Sasaki[20]による）

エネルギーギャップを示す。

1.4 人工格子の物性

人工格子の各種の構造パラメータ（層厚，ドーピング）を変化させたときに現われる物性の特徴的なことは，1.3.1項で記した。本項では，より具体的に説明する。

1.4.1 周期が光の媒質内波長（λ_g）と同程度の場合

この超格子構造の電子物性には，バルク半導体の特性とヘテロ接合の特性が独立に寄与する。ドーピング超格子のp-n接合の空乏層の拡がりはλ_g程度となるため，構造的にはこの分類に入る。ドーピング超格子の物性については1.4.6項で述べる。

光学的には，各層からの光の反射波が干渉しあうため，半導体ヘテロ接合による選択反射膜や選択透過膜などの光学的多層膜が作製できる。たとえば，写真2.1.1で各層の厚みを$\lambda_g/4$とすると媒質内波長λ_gの光に対して選択反射膜となり，厚みが$\lambda_g/2$では選択透過膜となる。また，各層の厚みを$\lambda_g/4$付近の厚さで徐々に変化させる，つまり，チャーピングさせることによって，比較的バンド幅の広い反射膜が実現できる。$\lambda_g/2$付近でチャーピングさせると広帯域の透過膜となる。

図2.1.18は，60nm厚のGaAs層と86nm厚の$Al_{0.5}Ga_{0.5}As$層を重畳したGaAs／$Al_{0.5}Ga_{0.5}As$ 多層反射膜の絶対反射率特性である[21]。このヘテロ多層膜は波長1000nmの入射した光に対する選択反射膜である。 1000nmでの反射率は，重畳組数が5組では61%で半値幅220nm，10組では82%で半値幅125nm，20組では94%で半値幅は75nmと狭くなる。重畳回数の増加とともに，反射率が増加し半値幅が狭くなって波長選択性が増す。このような高い反射率を持った新しい機能の半導体レーザ（面発光半導体レーザ）が提案され，そのための光共振器もGaAs／AlGaAsヘテロ接合を用いて作製されている。最近，電流注入発振が観測されており[22]，今後・光双安定素子と組み合わせた光情報処理素子への応用が期待される。

1.4.2 周期が電子波長と同程度の場合

人工格子周期が電子波長と同程度以下となると，電子系は擬二次元系となり，その量子準位は量子井戸層厚L_zに強く依存する。図2.1.19はGaAs／AlAs 超格子構造におけるフォトルミネッセンス発光波長の量子井戸層の厚さL_z依存性を示す[23]。L_zの減少とともに発光波長は短波長側に移動しており，量子化の効果が現われている。図の破線はいわゆるKronig-Penny モデルで求めた理論曲線であるが実験との一致は良い。すなわち，この周期の超格子のエネルギー準位は，量子井戸層幅L_zを制御することによって，設計可能であることが言える。

超格子構造をとることによって半導体直接遷移型あるいは間接遷移型といったエネルギー帯構造も変調を受ける。

図2.1.6にGaAsのエネルギー帯構造を示すが，伝導帯の底は$k=0$のΓ点，その0.31eV上に

第2章 半導体人工格子

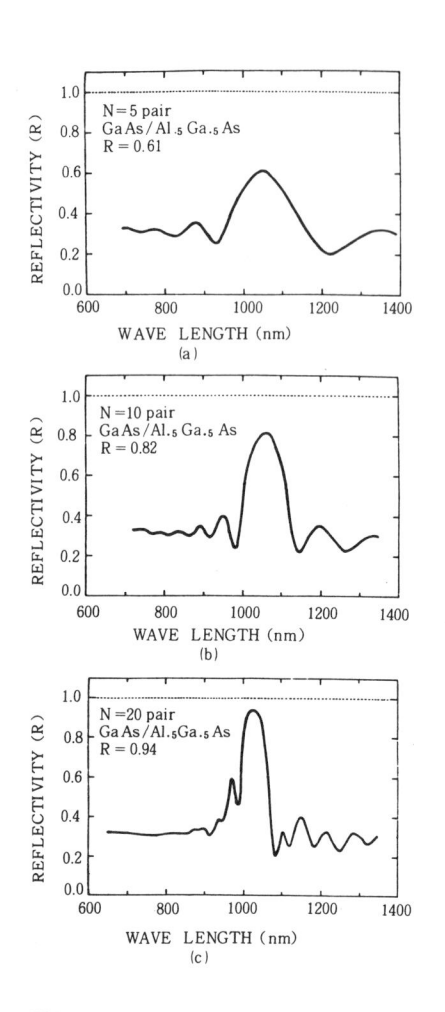

図2.1.18 GaAs/Al$_{0.5}$Ga$_{0.5}$As多層膜からの反射スペクトル
(a) 5組, (b)10組, (c)20組
(M. Ogura et alによる[21])

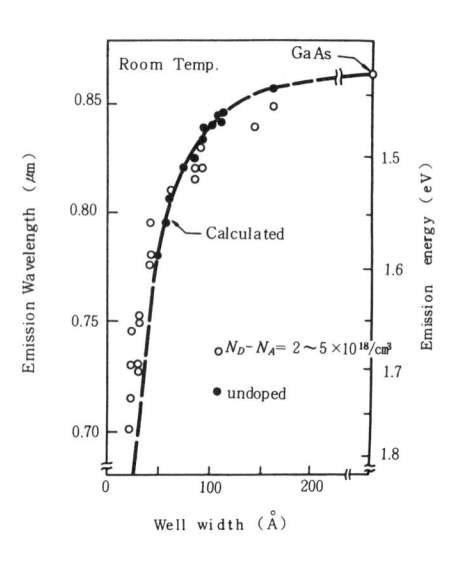

図2.1.19 GaAs/AlAs超格子からのフォトルミネッセンスピーク波長とL_zの関係
(T. Ishibashi et al.による[23])

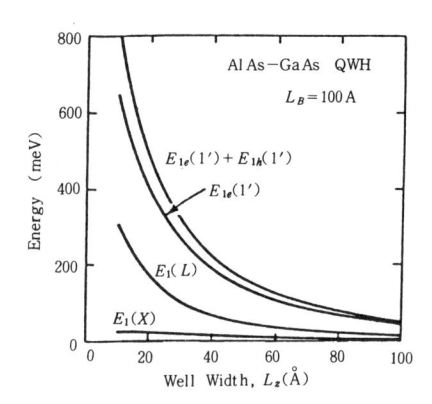

図2.1.20 GaAs/AlAs超格子の$n=1$量子準位のL_z依存性 (M.D. Camras et al.による[24])

1. 半導体人工格子の設計と物性

L 点, 0.52 eV 上に X 点がある。各点にある電子の有効質量は $m_e^*(\Gamma) = 0.0665\, m_0$, $m_e^*(L) = 0.201\, m_0$, $m_e^*\perp(X) = 0.410\, m_0$, $m_e^*\|(X) = 1.641\, m_0$ となり, (9)式からわかるように, L_z の減少に対して, 有効質量の小さい Γ 点のエネルギー準位は速く増加し, 有効質量の重い L 点, X 点のエネルギー準位の増加は小さい。図 2.1.20 は AlAs 障壁層厚 $L_B = 100$ Å とした GaAs-AlAs 超格子の $n=1$ エネルギー準位の L_z 依存性である[24]。Γ 点, L 点, X 点のエネルギー準位, $E_{1e}(\Gamma)$ $E_1(L)$, $E_1(X)$ および $E_{1e}(\Gamma) + E_{1L}(\Gamma)$ を示す。ただし, $E_{1L}(\Gamma)$ は重い正孔のエネルギー準位である。これより, $L_z = 14.5$ Å のとき, Γ 点と X 点が重なることがわかり, $L_z < 14.5$ Å では間接遷移型となることが予想される。

このような考察から, 量子井戸レーザによる短波長化の限界が明らかになる。図 2.1.21 は, $Al_xGa_{1-x}As/AlAs$ 超格子の直接遷移 – 間接遷移領域での $n=1$ 電子エネルギー準位 $E_1(e)$ と電子-正孔遷移エネルギー $E_1(e \to h)$ を表わす[24]。バルク $Al_xGa_{1-x}As$ の Γ, X, L 点のエネルギー準位のシフトも示すが, 量子井戸構造とすることによって, 直接遷移 – 間接遷移のエネルギーが増加し, 短波長化に有利となる。

図 2.1.22 は, GaAs 層 10 Å, $Al_{0.75}$

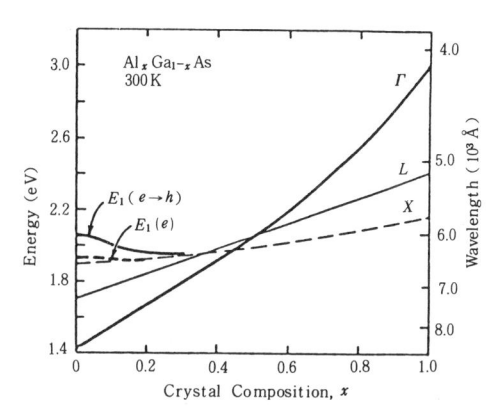

図 2.1.21　$Al_xGa_{1-x}As/AlAs$ 超格子中の電子の cross-over における n = 1 量子準位
(M. D. Camras et al. による[24])

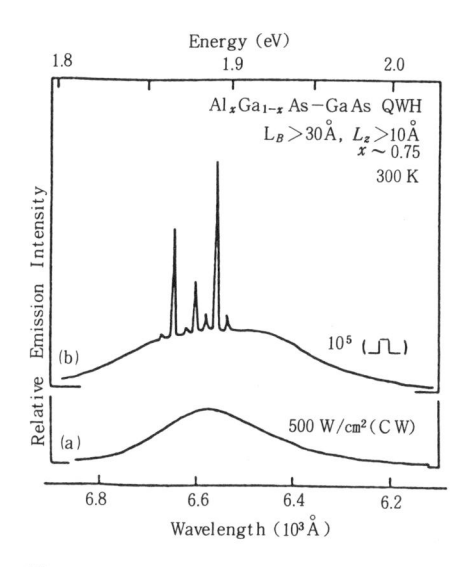

図 2.1.22　$GaAs/Al_{0.75}Ga_{0.25}As$ 超格子からのレーザ発振スペクトル
(M. D. Camras et al. による[24])

第2章　半導体人工格子

Ga$_{0.25}$As 30Åを20組積層した多重量子井戸からのレーザ発振スペクトル（光励起）を示す。6500Å（1.91 eV）でのレーザ発振が観測されている[24]。この発振波長はAl$_x$Ga$_{1-x}$Asのレーザ発振波長より短波長化されている。フォトルミネッセンスが6400Å付近から減少しているため，短波長化の限界は6400Å付近と考えられる。

　直接遷移−間接遷移の変化（バンド交叉効果と呼ぶ）は，実験的には，GaSb/AlSb超格子で検証された。GaSb の伝導体の底はΓ点にあるが，L点はΓ点よりわずかに80 meV しか離れていない。Γ点，L点の有効質量はそれぞれ 0.047 m_0，0.17 m_0であり，L点が重い。そのため容易にバンド交叉効果が起こり得る。図2.1.23はGaSb/AlSb 超格子のΓ電子とL電子の量子準位のGaSb層厚L_z依存性とフォトルミネッセンスの発光エネルギー（○印）を示す[25]。バンド交叉はL_z〜63Åで起こるが，発光は常にΓ点電子の量子準位から生ずる。しかし，L_zが小さくなるとともに，バンド交叉効果によって励起された電子のうちの大部分がL点の量子準位に落ちつき発光再結合に寄与しなくなるため，発光強度は急速に減少する。

　超格子の電気的特性を議論する場合，不純物状態に関する理解が重要となる。超格子幅の狭い不純物に束縛された電子・正孔の束縛エネルギーはバルク結

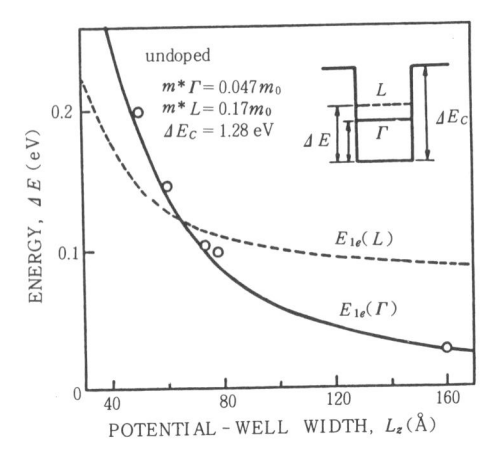

図2.1.23　GaSb/AlSb 超格子のΓ電子とL電子の量子準位のL_z依存性とフォトルミネッセンスのピークエネルギー（M. Naganuma et al.[25]による）

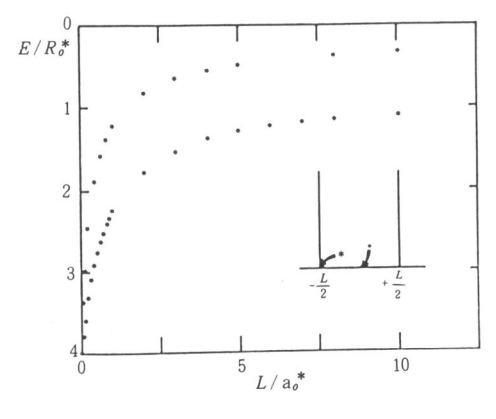

図2.1.24　幅Lの量子井戸幅の不純物の束縛エネルギー（G. Bastardによる[26]）

晶での水素原子モデルとは異なる。

Bastardによると，無限に高いポテンシャル障壁に囲まれた量子井戸に閉じ込められた電子のクーロンポテンシャルによる束縛エネルギーは，図2.1.24のようになる[26]。a_o^*およびR_o^*はバルクの3次元系に対応するBohr半径と束縛エネルギーを表わし，Lは量子井戸の厚みを表わす。不純物が量子井戸の中心に位置する場合（・）および界面に位置する場合（＊）について変分関数を用いた計算である。特徴は，

1) 不純物原子が量子井戸層の中心に位置し，Lがa_o^*に比べて大きい場合には，

$$E = R_o = \frac{m^* e^4}{2\varepsilon^2 \hbar^2} \quad (26)$$

2) $L \gg a_o^*$ で，不純物が膜界面に存在する場合には，

$$E = \frac{1}{4} R_o^* \quad (27)$$

3) $L \ll a_0$の場合は，

$$E = 4 R_0^* \quad (28)$$

となる。

しかし，図2.1.24の結果は定性的にとらえるべきであろう。図2.1.24の結果は2次元電子濃度が0の極限でのみ正しく，実際の超格子やヘテロ界面では，完全な2次元性からのずれや電子によるスクリーニング効果によって束縛エネルギーが非常に小さくなることに注意しなければならない。

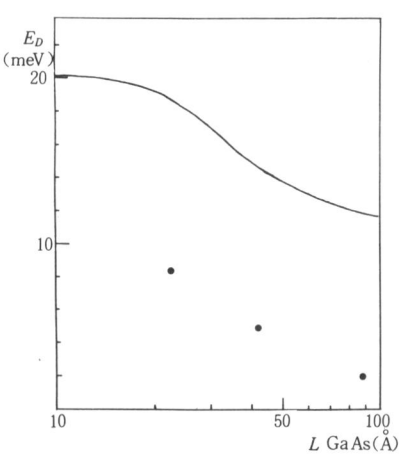

図2.1.25　GaAs；Si／AlAs超格子中のドナーの束縛エネルギー[27]
実線はG. Bastardの計算値

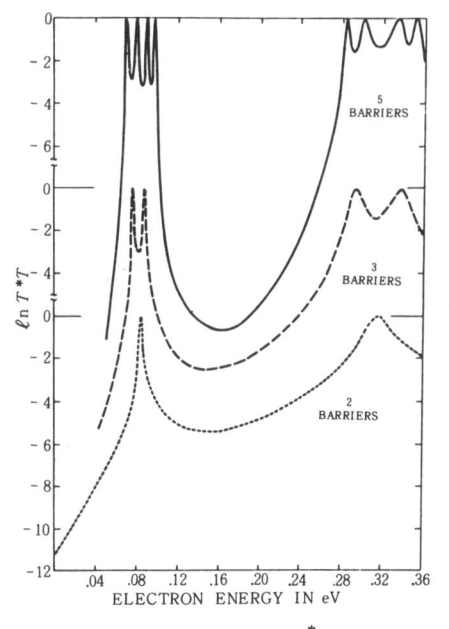

図2.1.26　トンネリング確立 $\ln T^*T$ と電子エネルギーの関係（R. Tsu and L. Esakiによる[28]）

第2章 半導体人工格子

図2.1.25にAlAs層厚を17Åとし，SiをドープしたGaAs層厚を変化させた時のSiドナーの束縛エネルギーを示す[27]。実線はBastardの計算結果を示すが，実験値より2倍以上大きくなり，実際の超格子系では，完全な2次元性からのずれやスクリーニング等の影響があることがわかる。

超格子の周期が電子波長程度では，量子化とともに障壁層のトンネリングが起こる。図2.1.7のようなポテンシャルプロファイルを持った超格子に電圧Vを印加した場合を考えよう。トンネリング電流Jは次式で表わされる[28]。

$$J = \frac{em^*kT}{2\pi^2\hbar^3}\int_o^\infty T^*T \ln\left\{\frac{1+\exp[(E_f-E_l)/kT]}{1+\exp[(E_f-E_l-eV)/kT]}\right\}dE_l \qquad (29)$$

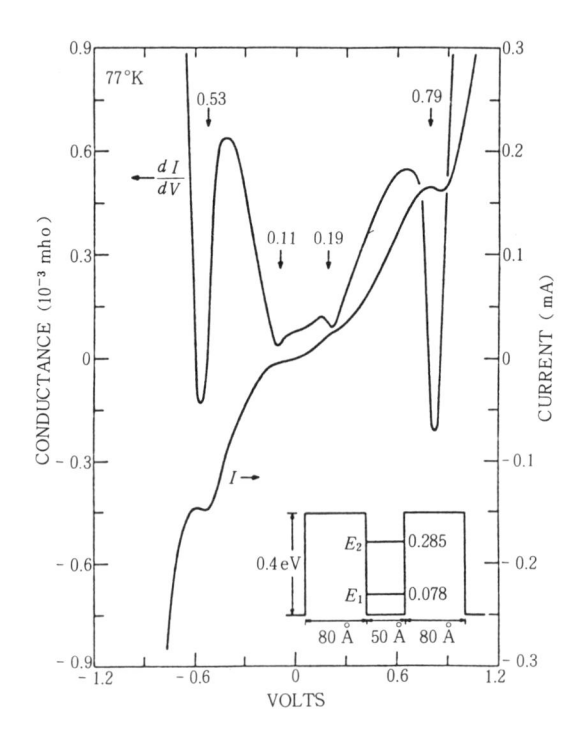

図2.1.27　GaAs／$Al_{0.7}Ga_{0.3}As$ の2重障壁層のトンネル電流
（L. L. Chang et al. による[29]）

1. 半導体人工格子の設計と物性

ただし，E_f はフェルミ準位，E_l は電子エネルギー，T^*T は透過係数で，その詳しい表式は文献28)を参照していただきたい。図2.1.26に $\ln T^*T$ と電子エネルギーの関係を示す。ポテンシャル井戸幅の準位と電子のエネルギーが共鳴したときに TT は大きくなる。したがって量子井戸が1つの2障壁の場合には 0.8 eV に1つ，0.32 eV 付近に1つのピークを示すが，量子井戸が2つの3障壁の場合には，0.8 eV 2つ，0.32 eV にも2つのピークが現われる。2重障壁によるトンネリングでは，図2.1.27に示すように負性抵抗が現われており[29]，最近ではこの2重障壁トンネリングを用いたテラ H_z (10^{12} H_z) 領域の検知器が作成され，注目を集めている。

1.4.3 単原子層超格子

L_B, L_z が数原子層から1原子層程度である単原子層超格子では，前項で述べたようなポテンシャル井戸を形成する材料の量子効果の立場からでなく，新しい材料の電子構造の立場からとらえる必要がある。したがって，その電子スペクトルも，Kronig-Penny 模型よりは単位胞を大きくとった擬ポテンシャル法などがよい近似となる。図2.1.28(a)はGaAs-AlAs 単原子層超格子の単位胞とそのブリルアンゾーンを示すが，単位胞が積層方向に2倍になったことに対応してバルクGaAsに対応する閃亜鉛鉱ブリルアンゾーンの中に正方晶ブリルアンゾーンがある[30]。

図2.1.28(b)は$(GaAs)_2(AlAs)_1$ 超格子の単位胞とそのブリルアンゾーンを示すが，中に体心正方晶のブリルアンゾーンがある。このように単位胞が大きくなることによって，ブリルアンゾーンの縮小という現象が起こる。すなわち，ブリルアンゾーンの折り返し（zone folding）が生じる。したがって，単原子層超格子のエネルギー帯構造は，zone folding による $E-k$ 曲線の折り返しと，異なる材料の積層化に基づく $E-k$ 曲線の変化という2つの要素から理解される。

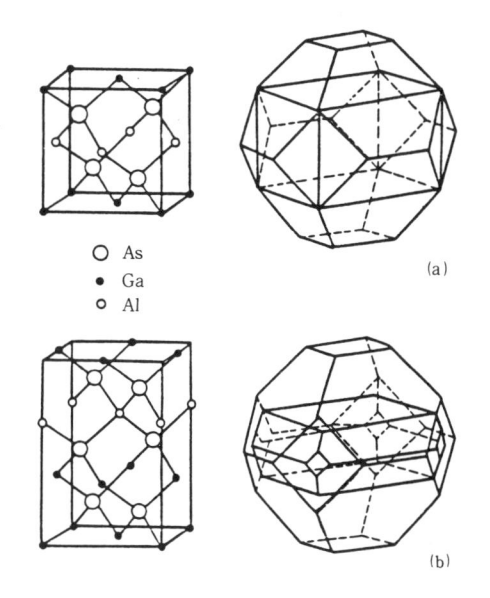

図2.1.28 単原子層超格子の単位胞とブリルアンゾーンの縮小 (a) $(GaAs)_1(AlAs)_1$ 超格子, (b) $(GaAs)_2(AlAs)_1$ 超格子 (W. Andreoni and R. Car による[30])

○ As
● Ga
◦ Al

第2章 半導体人工格子

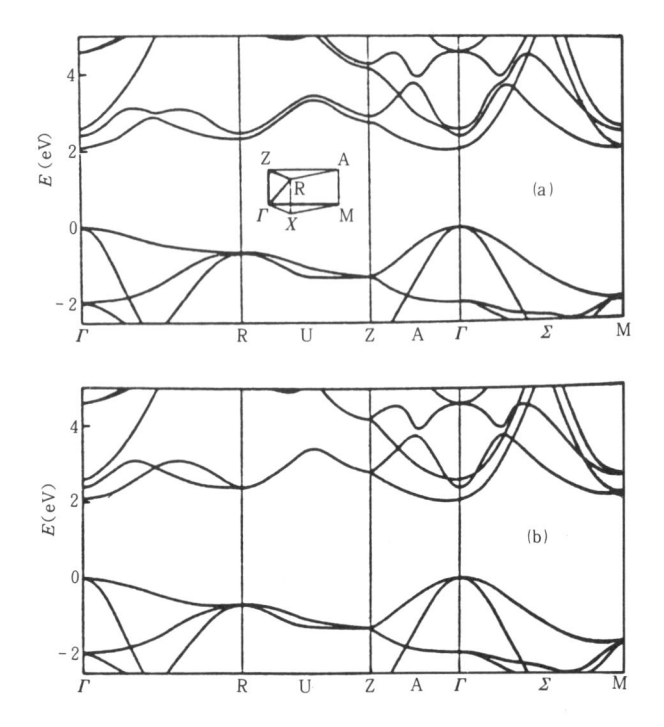

図2.1.29 (a) $(GaAs)_1(AlAs)_1$ 超格子のバンド構造, と
(b) $Al_{0.5}Ga_{0.5}As$ 混晶のバンド構造
(W. Andreoni and R. Car による[30])

$(AlAs)_n(GaAs)_n$ 単原子層超格子と $Al_{0.5}Ga_{0.5}As$ 混晶のバンド構造を図2.1.29に示す[30]。計算は経験的な擬ポテンシャル法によるものであるが, $(GaAs)_n(AlAs)_n$ は間接遷移となっており, 単原子層超格子のエネルギー帯構造は,

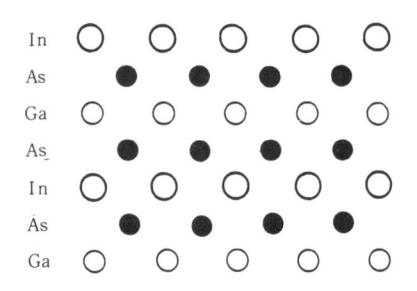

図2.1.30 $(InAs)_1(GaAs)_1$ 単原子層の原子配列の模式図[33]

1. 半導体人工格子の設計と物性

混晶と類似したものになっている。このように格子整合のとれている組み合わせでは，単厚子層超格子のエネルギー帯構造は，同一の組成の混晶と似よったものになることが予想される。したがって，単原子層超格子のバンド構造に起因する物性は，大雑把に言って同じ組成の混晶に近い物性を持つものと予想される。すなわち，禁制帯幅，有効質量，屈折率，誘電率等は，同じ組成の混晶に近い値をとるであろう。

単原子層超格子系で新しいバンド構造が期待できるのは，Si／Geのようにバンド構造が大きく異なるもの（SiはL谷による間接遷移型に対してGeはX谷による間接遷移型），$(GaAs)_n$ $(GaP)_m$のような歪超格子，$(ZnSe)_n(GaAs)_m$のような結合性の異なるものの組み合わせであろう。

たとえば$Si／Si_{1-x}Ge_x$超格子の場合には，層厚を変化させることにより伝導帯の底を変化させることが可能で，実際，バルクのSi, Si_xGe_{1-x}では間接遷移であるが，超格子の場合には直接遷移型になる可能性が指摘されている[31]。

単原子層超格子の諸物性のなかで，混晶と大きく異なった様相を見せるのは，結晶格子の中の原子配列の乱雑さや規則性が直接的に反映する輸送現象やフォノンの分散関係であろう。実際，単原子層超格子の格子振動については，zone folding効果によりフォノンの分散関係が一変し，新しい赤外活性なモードやラマン活性なモードが現われる[32]。

一方，単原子層超格子の電気特性に関する実験はいまだないが，その電子や正孔の移動度は，混晶に比べて大幅に増加することが理論的に指摘されている[33]。混晶中のキャリヤの散乱機構は，極性光学フォノン散乱とイオン化散乱以外に混晶半導体幅の原子配列の不規則性による合金散乱が寄与する。たとえば，図2.1.30に示す$(InAs)_1(GaAs)_1$の単原子層超格子の例では，平均的な組成は$In_{0.5}Ga_{0.5}As$であるが原子配列は規則的であり，合金散乱は原理的に存在しない。図2.1.31に$(InAs)_n(GaAs)_n$の単原子層超格子の電子移動度と$In_{0.5}Ga_{0.5}As$の電子移動度の温度変化の計算結果を示す[33]。単原子層超格子

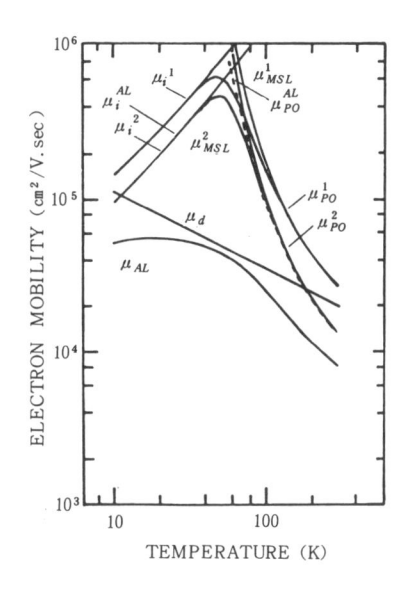

図2.1.31 $(InAs)_n(GaAs)_n$超格子の電子移動度(μ_{MSL})と$In_{0.5}Ga_{0.5}As$混晶の電子移動度(μ_{AL})[33]

の移動度は50K付近で6×10^5 cm²/v・sec 程度の高電子移動度が予想され，混晶に比べ1けた近い移動度の上昇が見込める。

単原子層超格子の熱伝導特性のように，フォノンの輸送現象に関連した物性も，混晶と異なったものになると予想される。図2.1.32は，半導体レーザの素子設計によく用いられる，$Al_xGa_{1-x}As$ 混晶の熱抵抗を示す[34]。GaAs，AlAsの二元化合物の熱抵抗に対して，混晶の熱抵抗は大きく，$X \sim 0.5$ 付近で最大となる。これはⅢ族元素 Al と Ga の不規則な配列によるフォノンの合金散乱によるもので，たとえば $(GaAs)_n$ $(AlAs)_n$ 超格子系では，原理的に存在しない。したがって，単原子層超格子での熱抵抗は，混晶に比べて大幅に減少するものと予想される。

1.4.4 歪超格子

歪超格子の実験的な研究は，$GaAs/GaAs_xP_{1-x}$，$GaAs_xP_{1-x}/GaP$，$In_xGa_{1-x}As/GaAs$ 系が対象となっている。電気的特性および光学的な特性が研究されているが，ここでは，格子不整による歪を巧みに利用して，間接遷移の材料の組み合わせから直接遷移を実現した例について紹介し

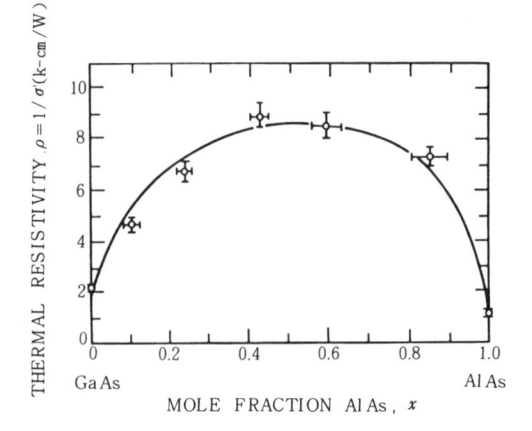

図2.1.32　$Al_xGa_{1-x}As$ 混晶の熱抵抗
(M. A. Afromowitzによる[34])

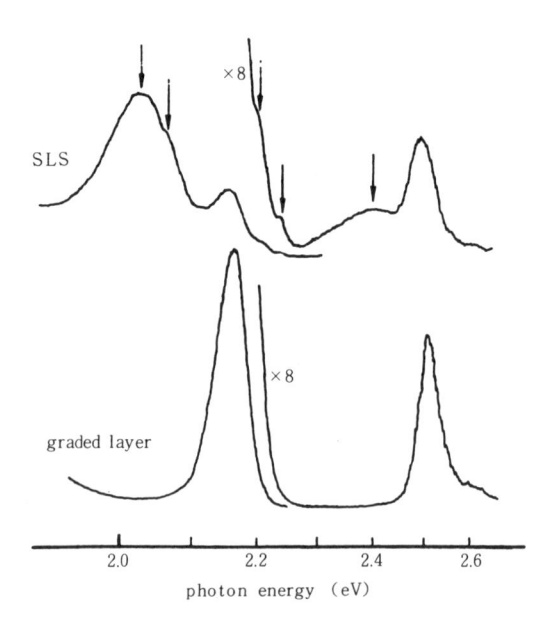

図2.1.33　$GaAs_{0.4}P_{0.6}/GaP$ 歪超格子とGaAs P グレーディッド層からのフォトルミネッセンス
(G. C. Osborn et al による[35])

1. 半導体人工格子の設計と物性

よう。

OsbournらはGaAs$_{0.4}$P$_{0.6}$／GaP（格子不整1.5％）の膜厚60Åの歪超格子を作製し，78Kでのフォトルミネッセンス測定を行った[35]。図2.1.33にグレーディド層からのフォトルミネッセンスと歪超格子層からのフォトルミネッセンススペクトルを示す。双方に現われている2.18 eVと2.52 eVのピークは，それぞれ間接遷移と直接遷移領域からの遷移とされている。矢印のピークは，図2.1.34に示したように，ブリルアンゾーンの$k=0$におけるΓ_c点と折り返されて$k=0$にあるX_c点の電子と価電子帯の$m_J=\pm\frac{3}{2}$と$m_J=\pm\frac{1}{2}$およびスピン－軌道相互作用によって分裂した準位Γ_{so}の間の遷移に対応している。$X_c \to \Gamma_{\frac{3}{2}c}$の遷移は$k=0$における直接遷移であり，2.52 eVの直接遷移エネルギーおよび2.18 eVの間接遷移エネルギーより小さくなる。これは歪応力によるX谷のエネルギーの低下とzone folding効果が重なった結果直接遷移になったものであるが，同様な効果は，他の間接遷移半導体の組み合わせでも起こり得る。

1.4.5 不純物の選択ドーピング

超格子構造の各層に選択ドーピングした高電子移動度の2次元電子ガスの特性については，本章の第3項に詳しく記してあるので，ここでは選択ドーピングの基本的な考え方を述べるにとどめる。図2.1.35のようなGaAs／AlGaAs系超格子を例に取ると，1)一様なドーピング，2) AlGaAs層へのドーピング，3) GaAs層へのドーピングの3種類のドーピングが考えられる。各ドーピングに応じて，GaAs／AlGaAs界面のバンドの曲がりが異なる。図2.1.35の

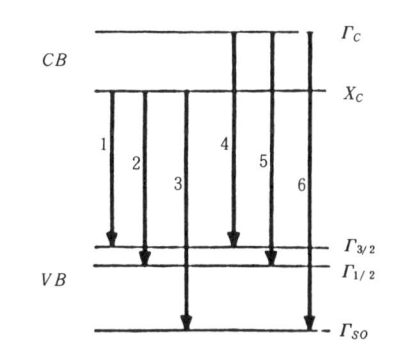

図2.1.34 GaAs$_{0.4}$P$_{0.6}$／GaP 歪超格子のフォトルミネッセンスに現われる光学遷移（G. C. Osbourne et al.による[35]）

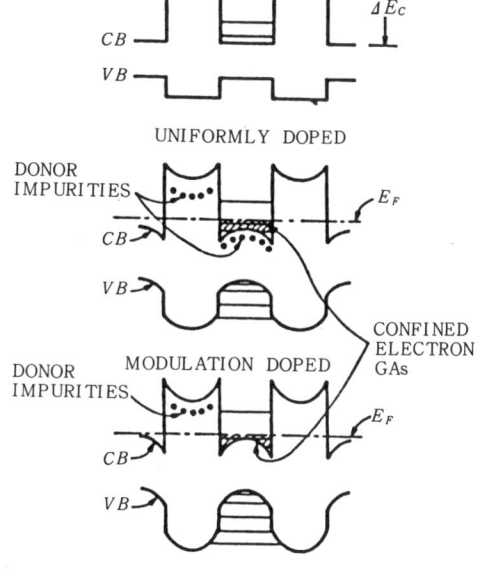

図2.1.35 上図よりアンドープAlGaAs／GaAs超格子，一様にドーピングした超格子，AlGaAs層に選択ドープした超格子（R. Dingle et al[36]による）

中段の図は，ドナー不純物を一様にドーピングした例で，下段の図はAlGaAs層のみにドーピングした例である[36]。GaAs層のみのドーピングでは，井戸の底はフラットに近いものになる。界面におけるバンドの曲がりはPoissonの方程式から求まるが，定性的には上述した様である。

選択ドーピングで重要な考え方の一つは，中段の図では，AlGaAsとGaAsの伝導帯にエネルギー差（ΔE_c）が存在するため，AlGaAs側の電子がヘテロ界面を超えてGaAs側に移る。イオン化されたドナー原子がAlGaAs側に残るため，この電子はヘテロ界面に強く引きつけられ，MOS半導体界面と同様な2次元電子ガスを形成する。GaAs中には低温での主要な散乱体であるイオン化した不純物が存在しないため，高速の電子移動度が実現する。実際AlGaAs/GaAsシングルヘテロ界面の2次元電子は，低温で10^6 cm²/v·sec以上の移動度を示す。

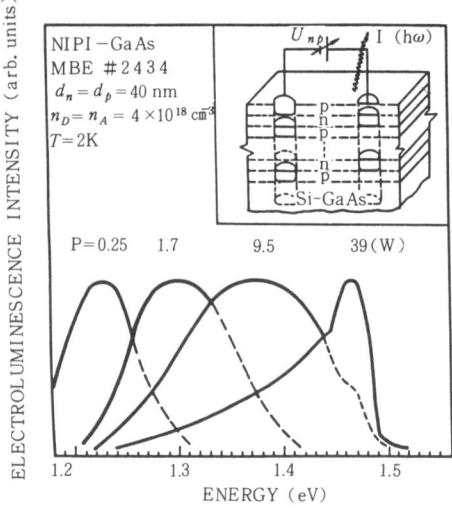

一方，選択ドーピングによって，Ⅲ-Ⅴ族化合物半導帯混晶に特有のドナー不純物に起因する深い準位（DXセンター）の形成を防ぐことができる[37]。すなわち，超格子層の周期が50Å以下のGaAs／AlGaAs超格子において，GaAs層のみにドナー不純物をドーピングすることによって，DXセンターの無い，浅いドナー準位を持ち，しかもその禁制帯幅がAlGaAs混晶と同程度の超格子が実現する。このような超格子をHEMT（本章第3項参照）のAlGaAs層と置き換えることによって，高い性能のFETが期待できる[37]。

1.4.6 ドーピング超格子

ドーピング超格子の理論的・実験的研究は主として西独のMax Planck研究所のDöhlerやPloogらによって進められている。この超格子系の特徴は1.3.2項で説明したように，実効的禁制帯幅を励起光強度や印加電界によって変化できる点である。これは，電子と正孔が空間電荷の作るポテンシャルによって空間的に分離された構造を持っているためである。バンド構造と密接な関係のある屈折率や誘電率がこれらの外部パラメータによって変調できる可能性があり，非線型光学の観点から興味が持たれる構造である[16]。

図1.2.36 GaAsドーピング超格子のエレクトロルミネッセンスの入力パワー依存性
（H. Künzel et al.による[38]）

1. 半導体人工格子の設計と物性

図2.1.36はGaAsドーピング超格子の2Kにおけるエレクトロルミネッセンススペクトルの入力パワー依存性である[38]。電流注入量の少ない弱入力条件下では，発光のピークエネルギーはバルクGaAsの禁制帯幅より約300meV 低くなる。注入電流量の増加とともに発光ピークエネルギーはバルクGaAsの禁制帯幅に近づいていく。最終的には，n側およびp側の空間電荷による電界が作用して，イオン化した不純物によるポテンシャルの山と谷のエネルギー差が小さくなりGaAsの禁制帯幅に等しいエネルギーの発光が現われてくる。空間的に分離された電子と正孔の再結合発光のメカニズムは，一種のフランツ・ケルディッシュ効果によるものとされている。電子・正孔が空間的に分離しているため，キャリヤのライフタイムはバルクGaAsよりも桁違いに大きい。この特性は，ドーピング超格子を用いた高感度の光検出器の可能性を示唆している。

1.4.7 超格子各層の配列の順序

超格子を構成する材料が3種類以上の場合，積層の順序でその物性が変わる可能性がある。とくにGaSb-InAs-AlSb系に関しては，界面における電子や正孔の蓄積層の形成に関して検討がなされており，この系ではAlSb系が障壁層で，GaSb層またはInAs層中の正孔または電子が擬2次元的性質を持つ。AlSbでGaSb-InAs層をサンドイッチする構造では電子・正孔の蓄積層が形成され，新しい型のFETが実現する可能性が指摘されている[39]。

1.5 おわりに

本項では，異種材料を多層積層化して新しい材料 ─ 人工格子 ─ を設計するという立場で，従来の超格子研究を眺め，また新しい研究の分野を示唆した。従来の超格子の物性的側面の記述が不十分になったきらいはあるが，これに関してはすでにいくつかの成書もあり，それらを参照されたい[40]。

半導体人工格子は，材料開発の重要な方向を示すものと筆者は考えている。従来の超格子研究は主としてⅢ-Ⅴ族化合物半導体を中心として，層厚が電子波長と同程度のものが主として研究されてきた。このカテゴリーの超格子系のバンド構造は，ある程度設計可能になった。今後，新しい材料の開発の観点からは，1.4.3項でそのメリットを述べた単原子層超格子や，Ⅱ-Ⅵ族化合物半導体の超格子，Ⅳ-Ⅵ族化合物半導体の超格子，Ⅱ-Ⅵ族とⅢ-Ⅴ族のようにイオン性や共有性の異なる材料の組み合わせによる超格子などが重要なものとなるであろう。

たとえば，Zn-カルコゲナイド材料は，従来n型またはp型の伝導のみを示し，伝導型の制御は困難であった。ZnS/ZnTe 超格子のバンド図は図2.1.12(b)のように電子・正孔分離型となるが，ZnSにn型ドーピング，ZnTeにP型ドーピングすることによって，ZnS/ZnTe 超格子はp-n両伝導型が可能になると期待できる[41]。ただし，この場合にはZnTeとZnSの格子定数が異なるためには歪超格子となる。ミスフィット転位を防ぐために各層の厚みを薄くする必要があり，必然的に単原子層レベルの界面の制御が重要となる。このように，材料開発を高度化するためには，原子層制御した結晶成長技術の開発がキーポイントとなるであろう。

第2章 半導体人工格子

文　献

1) L. Esaki, R. Tsu, *IBM J. Res. Develop.*, **14**, 61 (1970)
2) L. L. Chang, *J. Vac. Sci. Technol.*, **B1**, 120 (1983)
3) H. C. Casey, Jr, M. B. Panish, "Heterostructure Lasers" (Academic Press) (1978)
4) A. G. Milnes, D. L. Feucht, "半導体ヘテロ接合"(酒井, 高橋, 森泉訳) 酒北出版 (1974)
5) 権田俊一, "半導体超格子の物理と応用" 日本物理学会編 (1984)
6) R. C. Miller et al., *Phys. Rev.*, **B29**, 7085 (1984)
7) J. R. Chelikowsky, M. L. Cohen, *Phys. Rev.*, **B14**, 556 (1976)
8) 金沢秀夫, "量子力学" 朝倉書店 (1965)
9) C. Kittel, "Introduction to Solid Stute Physics", John Wiley & Sons, (1976)
10) L. Esaki, L. L. Chang, *Thin Solid Films*, **36** (1975)
11) R. Dingle, "Festkörper Problem" XV, 21 (1975)
12) S. M. Sze, "Physics and Techpology of Semiconductor Devices", John Wiley & Sons, (1969)
13) 榊裕之, "分子線エピタキシ技術" (高橋清編, 工業調査会) (1984)
14) 八百隆文, *Oplus E* No.20 (1981)
15) T. Ando, S. Mori, *Surf Sci.*, **113**, 124 (1982)
16) G. H. Dühler, *J. Voc. Sci. Technol.*, **16**, 851 (1979)
17) J. W. Mattews, A. E. Blakeslee, *J. Crystal Growth*, **27**, 118 (1974) および **29**, 273 (1975)
18) J. W. Mattews, A. E. Blakeslee, S. Mader, *Thin Solid Films*, **33**, 253 (1976)
19) G. C. Osbourn, *J. Appl. Phys.*, **53**, 1586 (1982)
20) A. Sasaki, *Phys. Rev.*, **B30**, No.12 (1984)
21) M. Ogura, T. Hata, N. J. Kawai, T. Yao, *Jpn. J. Appl. Phys.*, **22**, L680 (1983)
22) M. Ogura, T. Hata, T. Yao, *Jpn. J. Appl. Phys.*, **23**, L512 (1984)
23) T. Ishibashi, Y. Suzuki, H. Okamoto, *Jpn. J. Appl. Phys.*, **20**, L623 (1981)
24) M. D. Camras, et al., *Appl. Phys. Lett*, **41**, 317 (1982)
25) M. Naganuma, Y. Suzuki, H. Okamoto, "Gallium Arsenide and Related Compounds" (Oiso), p.125 (1981)
26) G. Bastard, *Phys. Rev.*, **B24**, 4714 (1981)
27) T. Yao, et al. (unpublished)
28) R. Tsu, L. Esaki, *Appl. phys. Lett.* **22**, 562 (1973)
29) L. L. Chang, L. Esaki, C. A. Chang, *Appl. Phys. Lett.*, **24**, 593 (1974)
30) W. Andreoni, R. Car, *Phys. Rev.*, **B21**, 3334 (1980)
31) J. A. Moriarty, S. Krishnamurthy, *J. Appl. Phys.*, **54**, 1892 (1983)
32) C. Colvard et al., *Phys. Rev. Lett.*, **45**, 298 (1980)
33) T. Yao, *Jpn. J. Appl. Phys.*, **22**, L680 (1983)

1. 半導体人工格子の設計と物性

34) M. A. Afromowitz, *J. Appl. Phys.*, **44**, 1292 (1973)
35) G. C. Osbourn, R. M. Biefeld, P. L. Gourley, *Appl. Phys. Lett.*, **41**, 172 (1982)
36) R. Dingle et al., *Appl. Phys. Lett.*, **33**, 665 (1978)
37) T. Baba et al., *Jpn. J. Appl. Phrs.*, **22**, L627 (1983)
38) H. Künzel et al., *Appl. Phys. Lett.*, **41**, 852 (1982)
39) L. Esaki et al., *Jpn. J. Appl. Phys.*, **20**, L529 (1981)
40) 半導体超格子関係の成書には，次のようなものがある。
    ○ "分子線エピタキシ技術" 高橋清編著, 工業調査会 (1984)
    ○ "超格子の物理と応用" 日本物理学会編, 培風館 (1984)
41) 青木昌治編；"Ⅱ-Ⅵ族半導体を利用した機能制御に関する調査" (科学技術振興調整費研究報告書) p. 109 (1984)

第2章　半導体人工格子

2. 半導体人工格子の作製技術

2.1　MBE法

佐野直克*

2.1.1　はじめに

1970年に江崎とTsu[1]により提案された2種類の異なる半導体の極薄膜を交互に積層した半導体人工格子は，最近まではそのほとんどがMBE法により作製されてきた。このような人工格子は「超格子」（Super lattice）と呼ばれているが，この項ではMBE法を用いた半導体超格子の作製方法について述べる。今までに作製された超格子は2種類のタイプに分けることができる。図2.2.1に示すように，1種類の半導体にn型とp型のドーパントを空間的に分離して混入させる

(a) ドーピング超格子　　　　(b) 組成超格子

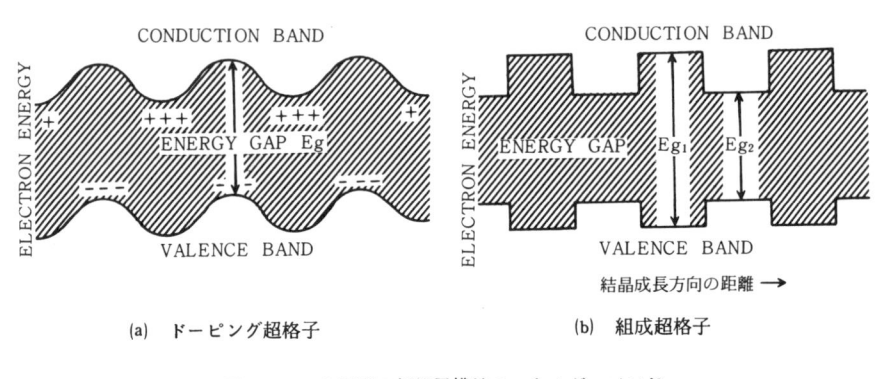

図2.2.1　2種類の超格子構造のエネルギーバンド

ことによりエネルギーバンドの禁止帯の大きさが空間的には変化しないが，波打つドーピング超格子（図2.2.1(a)）と，禁止帯の大きさが異なる別々の半導体（三元以上の化合物半導体で成分比の異なるものも含む）を積層した組成超格子（図2.2.1(b)）である。

　組成超格子を作製するには，単に2種類の物質が交互に積層しているだけでは不十分で，異なる物質間で格子整合が取れ，界面における欠陥が完全になくなるように結晶を成長させなければならない。2種類の物質のお互いの格子が完全に整合するような場合はむしろ稀であり（例えばGaAsとAlAsでも0.13 %異なる），かなりの格子不整合が存在してもお互いの格子を歪ませて超格子を作製することは可能である。このような超格子は特に歪み入り超格子と呼ばれている。超格子を作製する必要不可欠な条件は，成長膜厚の正確な制御，異なる半導体の間でヘテロエピタキシーが可能

---

*　Naokatsu SANO　関西学院大学　理学部

2. 半導体人工格子の作製技術

なこと，結晶成長が2次元的に起きその結果界面が平坦になること，さらに，ヘテロ界面での拡散が起きず急峻な組成変化が保証されることなどである。また，半導体結晶であるからには，意図しない不純物や格子欠陥が非常に少なくなければ，たとえ構造的には完全なものであっても，良質の超格子ということはできない。以上のような条件を満足する結晶成長法の1つとしてMBE法は非常に優れた方法である。

2.1.2 MBE

分子線エピタキシー（MBE）法については，すでに多くの解説[2]があるので，ここでは簡単に特徴を記すだけにする。

(1) 不純物ガス圧が非常に低い超高真空中での結晶成長なので，高純度な単結晶が作れる。
(2) 比較的成長温度が低いので拡散を防いで急峻な組成変化が可能である。
(3) 2次元的結晶成長機構により平坦なヘテロ界面が得られる。
(4) 分子線の正確な制御と比較的遅い成長速度により膜厚制御が非常に精密にできる。
(5) 組成成分比や不純物濃度を簡単に変化させることができる。
(6) 他の結晶成長法と異なり，結晶成長中にいろいろな測定手段を用いることができる。特に，後で述べるように反射電子線回折（RHEED）を結晶成長制御に利用することは非常に有用である。

以上のような特徴のお蔭で，MBE法により超格子が作製できるのである。しかし，このような特徴を最大限引き出すためには，MBE装置が完全なものでなければならない。特に以下の3点が最も重要でこのうちの1つが欠けても良質の超格子を作製することは不可能である。

(1) 不純物ガス濃度が1×10^{-9}Pa以下の超高真空。
(2) 結晶成長速度が長時間完全に一定であること。……分子線源セルと基板温度の安定性。
(3) 分子線を開閉するシャッターが正確に作動し，コンピュータ等によって制御できること。

現在市販されているMBE装置はこのような条件を満足しているが，基板温度が実際に何度なのか決定することは実際には非常に困難である。普通基板温度は，基板ホルダーに穴を開けてそこの温度を熱電対にて測定するが，そのようにして測定した温度と，パイロメータで測定した基板の表面温度との間には数十度もの違いがでる場合がある。パイロメータによる測定も，のぞき窓のくもり，反射率の補正，測定用波長によっては半導体を透過してしまい測定したい半導体表面の温度ではなく，基板ホルダーの温度になってしまうなどの理由により正確な基板表面の温度を正確に測定することはできない。もう1つの難点は，基板上での膜厚分布である。非常によく設計された装置では基板を回転することにより，直径50㎜にわたって膜厚の均一度は1％以下になるが，基板回転を止めて成長すると1％以内の均一度が得られるのは高々20㎜φもない。よって，基板回転を止めて超格子を作製する場合は膜厚が均一になる部分だけを使用せねばならない。

第2章 半導体人工格子

2.1.3 半導体人工格子の作製方法

　MBE法の特徴の1つとして，2次元結晶成長機構により平坦なヘテロ界面が得られることは先にも述べた。しかしながら，これは清浄な基板表面が得られて初めて達成される。清浄基板表面を得る方法として一般に行われている方法は，まず化学処理（$H_2SO_4：H_2O_2：H_2O$）により機械的に鏡面研磨された表面を数 μm 削り取る。この化学処理によるエッチングが少ないと機械研磨による歪みが残りその後の結晶層が乱れる原因となる。また，この化学処理により基板表面に均一な酸化膜を生成させ，超高真空下に持ち込むまでの汚染物質の吸着を防ぐことができる。この酸化膜は超高真空下での加熱によって比較的容易に蒸発させることが可能である。ただ，Ⅲ-Ⅴ化合物半導体基板の場合は，ある温度以上に加熱するとⅤ族原子が分子状で蒸発して表面が荒れるので，その場合はⅤ族分子ビームを照射しながら加熱する必要がある。

　非常に上手に化学処理した結晶表面は，熱処理後も平坦になる。しかし，一般には平坦とはかぎらない。そこでMBE成長すると表面は次第に平坦になり，0.1 μm 程度成長させると完全に平坦な表面が得られる。基板表面の清浄性や，成長表面状態の変化はRHEEDから判定することができる。この基板と超格子層を成長させる間の緩衝層は，平坦な清浄表面を得るためだけではなく，次に成長させる超格子が基板と格子整合しない場合は，この緩衝層が格子整合のための緩衝層ともなり得る。例えば，$In_{0.2}Ga_{0.8}As/GaAs$ などのような歪み入り超格子を作製する場合，緩衝層として，$In_{0.1}Ga_{0.9}As$ を成長させた方が，GaAs 上で直接歪み入り超格子を作製するよりよい。

　人工格子を作製するには人工格子を構成する各層の結晶成長速度から求めた時間間隔によって各分子線源のシャッターを開閉すればよい。しかし結晶成長速度を正確に求めることはかなり困難である。結晶成長速度は各分子線強度と，基板温度に依存する。分子線強度を測定するには，一般に裸B-Aゲージ測定子が用いられている。この分子線モニタは，回転可能なマニピュレータによって基板と同位置で測定できるようになっていなければならない。裸B-Aゲージ測定子の指示値は，分子数と，分子の電子数に比例する。その関係を図2.2.2に示す[3]。分子線モニタの測定より基板位置に到達する分子束密度を計算により求めることができるが，これからだけでは成長速度は求められない。一般

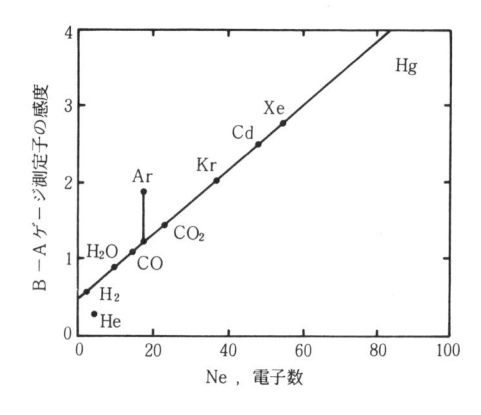

図2.2.2　分子の電子数とB-Aゲージ測定子の感度との関係[3]

2. 半導体人工格子の作製技術

にⅢ族は付着係数はほとんど1であるので，Ⅲ族の分子束密度がわかれば計算により成長速度は求められるはずであるが，GaAsの場合でも成長温度（基板温度）によって成長速度は異なる。基板温度を600℃から700℃まで変化させ，GaとAlの分子束密度を一定にして，As_4ビームは常にAs安定化条件でGaAsとAlGaAsを成長させた時のGaAsの成長速度の割合を図2.2.3に示す[4),5)]。

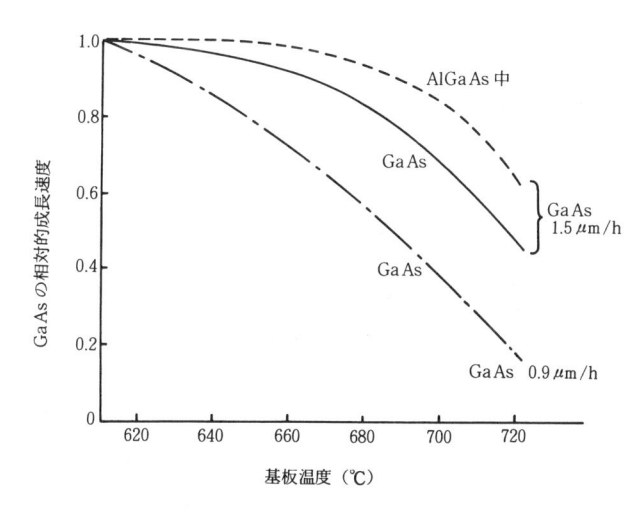

図2.2.3 基板温度によるGaAsとAlGaAs成長面からのGaの再蒸発[4),5)]

この図から明らかなように基板温度が600℃の時1.5μm/hの成長速度が700℃では，Gaの付着係数が約50%にも減少してしまう。また，成長速度が遅いときはさらに付着係数の減少は激しい。しかし，AlGaAsのような三元化合物の場合はGaAsだけの場合より安定で680℃程度までGaの付着係数はほとんど変化しない。しかし，700℃以上ではやはりGaだけが再蒸発してしまい，組成比が変化してしまう。基板温度600℃の時$Al_{0.3}Ga_{0.7}As$となるように各分子線密度を設定し，そのままで，基板温度を720℃で成長した場合，$Al_{0.42}Ga_{0.58}As$ができることになる。このように2つのⅢ族元素のうち蒸気圧の高いものが選択的に離脱し，組成比の制御が困難になる現象は他のⅢ-Ⅲ-Ⅴ族の結晶成長（例えば，InGaAsなど）でも起こる。

組成比と成長速度は，分子線強度と基板温度の関数であるので，これらを正確に決定するためには，非常に数多くの予備的成長が必要である。これは，今までは結晶を成長させた後で，試料をMBE装置より取り出し，膜厚測定やフォトルミネッセンスなどの測定によって組成比や成長速度を決定せざるを得なかったためである。もし，結晶成長させながらその場で成長速度が測定できるならば，組成比と膜厚制御が非常に簡単にできるようになる。このその場観測で成長速度を測定する方法は次項で述べる。

第2章 半導体人工格子

従来の方法（分子線モニタにより分子線密度を測定し成長速度を求め超格子の各層厚が設計した厚みになるように各分子線源のシャッターを開閉して超格子を作製する方法）で，GaAs（001）上に作製したGaAs／AlAs 超格子のX線回折を図2.2.4に示す[6]。超格子構造を$\{(GaAs)_l(AlAs)_n\}_m$（GaAs l 分子層，AlAs n 分子層が m 回繰り返される超格子構造の意味）と現わすと，この超格

$\{(GaAs)_{36.8}(AlAs)_{24.8}\}_{50}$

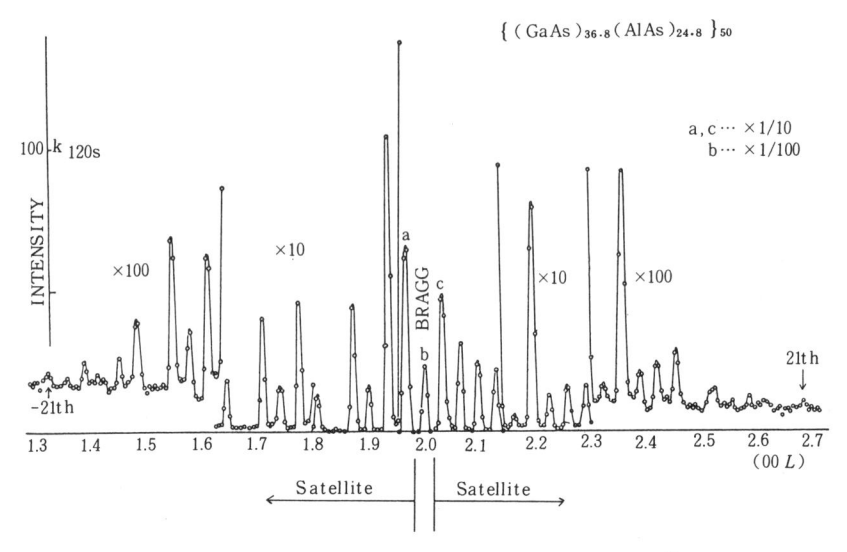

図2.2.4　GaAs／AlAs超格子構造のX線回折スペクトル[6]
（1周期の厚さは17.4 nm である）

子は，$\{(GaAs)_{36.8}(AlAs)_{24.8}\}_{50}$ である。図2.2.4は基本格子による（002）ブラッグ・ピークのまわりのサテライト・ピークを示している。サテライト・ピークは，（002）ブラッグ・ピークの左右（低角側と高角側）にそれぞれ21番目まで観測されている。

このサテライト・ピークの強度を積分してフーリエ変換すると実際の組成分布がわかる。この様子を図2.2.5に示す。GaAsとAlAsの界面はかなり急峻であるがGaとAlが混ざり合って混晶となっている領域は約6Å（2分子層）ある。超格子構造が非常に精度よく作製されるなら，ヘテロ界面は（001）方向における面間隔，すなわち単分子層厚 $(1/2)a_0 \simeq 0.28$ nm（a_0 は格子定数）で形成され l と m は整数にならねばならない。X線による測定は超格子構造全体の平均を見るために，ヘテロ界面は混晶となっていなくとも不均一が図2.2.6(a), (b)に示すように成長方向および成長面内の両方に生じているものと考えられる。このような不均一が生じるのは，超格子構造作製中に分子線強度がふらつくなどに成長速度が変化することに原因がある。また，成長速度が非常に良く安定していても，超格子構造を構成している各層の原子数が一層を完全に構成するのに過不足がな

2. 半導体人工格子の作製技術

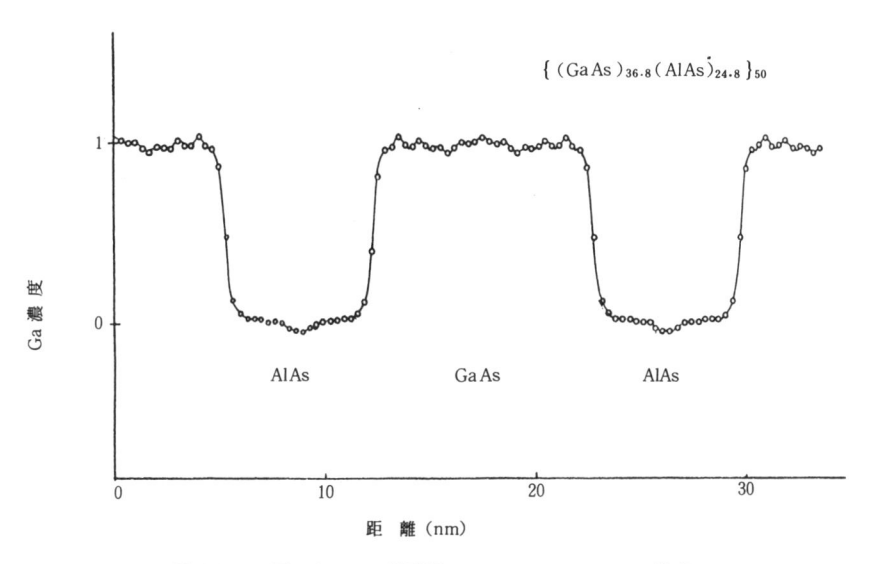

$\{(GaAs)_{36.8}(AlAs)_{24.8}\}_{50}$

図2.2.5 図2.2.4のX線回折のサテライト・ピークの強度の
フーリェ変換から求めた組成分布

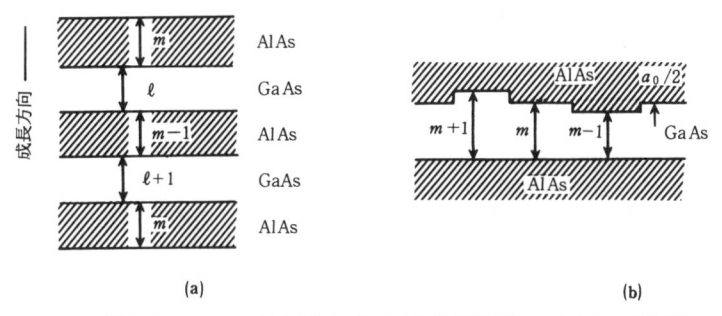

図2.2.6 ヘテロ接合界面における単分子層不均一（lとmは整数）

いようにシャッターが制御されなければ不均一さは生じる。例えば、成長速度に1％の誤差があれば、初めに完全に平坦な表面に成長させたとしても50回各層を成長させた時のヘテロ界面の分子層は、2つの層の組成が1：1に混ざり合ったものとなり、ヘテロ界面を1分子層以内で急峻にすることは非常に難しい。

ベル研究所のP.M.Petroff[7]らは、単分子層で制御した（l，mが整数となる）超格子の作製を試みた。それらのX線回折スペクトルを図2.2.7に示す。l，mが完全に整数となった場合は図

第2章 半導体人工格子

中に↓印で示した位置にサテライト・ピークが観測されるべきで、(1,1)と印された超格子構造では、(300)を中心として2つのピークが観測され幅の広い回折スペクトルとなっている。これは、実際の超格子は平均した場合 $(GaAs)_1(AlAs)_1$ という構造となっているが、ヘテロ界面がかなり不均一となっていることがわかる。また、(2,2)や(7,4)と印された超格子構造のサテライト・ピークの位置は↓印とかなりずれている。これは、各層の厚みが単分子層の整数倍となっていないためである。

以上のように、従来の方法により成長速度を分子線密度（K-セルの温度）から算出する方法では、単分子層で制御された（l, m が完全に整数である）超格子構造を作製することは非常に困難である。この理由は、成長速度を成長時に測定できなかったという原因に大いによっている。我々は、RHEEDのパターンの強度振動より成長速度が結晶成長中に測定できるということを利用して、単分子層で制御した超格子構造を作製したので次項でその方法について述べる。

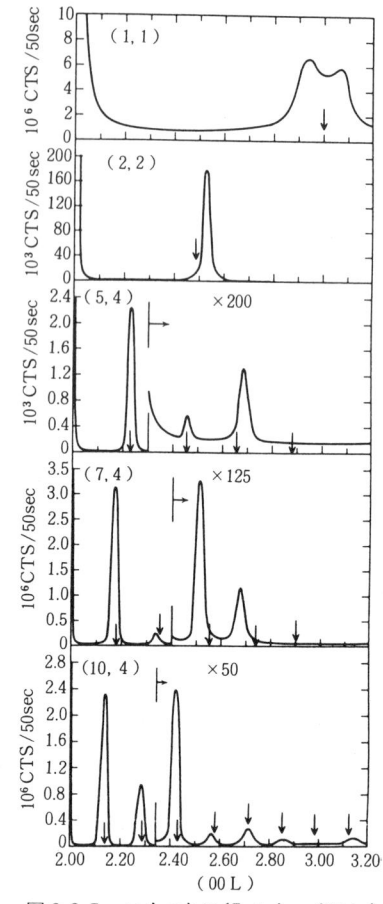

図2.2.7　いくつかの $(GaAs)_n-(AlAs)_m$ 超格子構造 (n,m) からのX線回折スペクトル[7]

2.1.4　単分子層制御エピタキシー

(1) RHEEDパターン強度の振動

1981年に英国のフィリップス研究所のグループがMBEでGaAsを成長中にRHEEDパターンの各ビーム強度が振動することを見い出した[8]。始めは、この振動はドーパントとの相互作用によってのみ

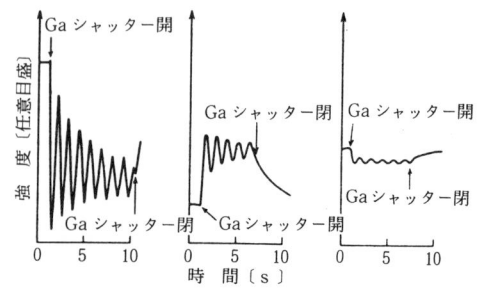

図2.2.8　(001)$GaAs_-(2\times4)$面の＜110＞方向のRHEEDパターンの各種ビームの強度振動[10]

2. 半導体人工格子の作製技術

観測されるものと考えられていたが，ドーパントのない場合でも振動が観測されるようになり，振動パターンより結晶成長メカニズムが研究されてきた[9),10)]。この振動の様子を図2.2.8に示す。この振動の周期は，GaAs(001)面上の成長では単分子層が成長する周期に正確に対応している。なぜこのような振動が起こるかは，図からわかるようにGaのシャッターが開いて（Asビームはずっと基板に照射されている。）成長が始まると2次元核が形成され，表面に凹凸ができる。そのために直接反射されてくる全反射ビーム（図2.2.8(a)）と表面の再構築に関係している半整数ビーム（図2.2.8(c)）は弱くなる。一方，バルクの回折に対応する整数ビーム（図2.2.8(b)）は強くなる。電子のド・ブロイ波長は，電子の加速電圧が10 keVで0.012 nm，単分子層の厚さは0.28 nmであるので，単分子層の凹凸も電子線反射に影響を与える。よって，全反射ビームの強度は図2.2.9の$\theta = 0.5$の場合のように単分子層が表面の半分覆った時に一番弱くなる。単分子層が成長し終ると，強度は元へ戻り，これが繰り返される。よって，この振動の周期は，単分子層が成長する周期に対応することになる。振動が減衰するのは，厚く成長

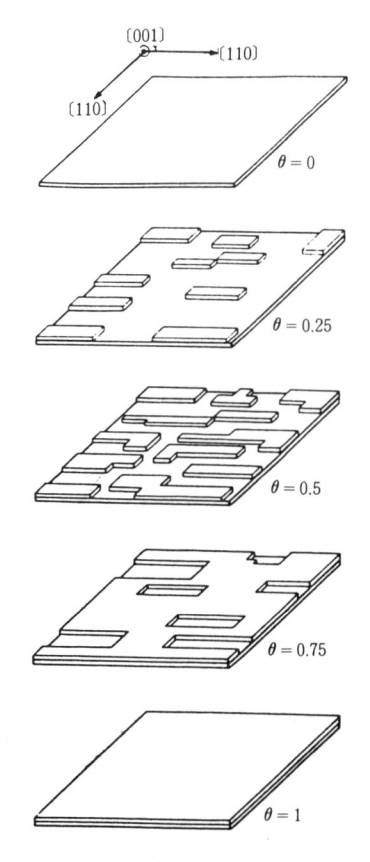

θ は被覆率
図2.2.9　GaAs(001)面上で完全な単分子層が形成されて行く様子[10)]

すると，単分子層が完全に成長するまでに次の核ができ表面の凹凸がだんだんと大きくなるためであるとされている。表面の凹凸が数分子層になると成長は準安定状態となり，振動はほとんど減衰しなくなり，数百回以上も振動が観測できる。Gaのシャッターを閉じて成長を止めると表面で原子が凸部より凹部へ動き平坦化するために強度は一般に成長開始以前に戻っていく。再びGaのシャッターを開くと，同様な振動が始まる。また，GaAsの成長中にある程度振動が減衰した状態でAlのシャッターを開いてAlGaAsを成長させると図2.2.10に示すように振動は大きくなりそして減衰していく。このような振動は，GaAs，AlAs以外のほとんどのⅢ-Ⅴ化合物半導体のMBE成長でも観測できる。我々は，Al，Ga，InとAs，Sbのすべての組み合わせの二元と三元のⅢ-Ⅴ化合物半導体のMBE成長で観測している。このようにMBEにおいては単分子層の尺度で層成長

第2章 半導体人工格子

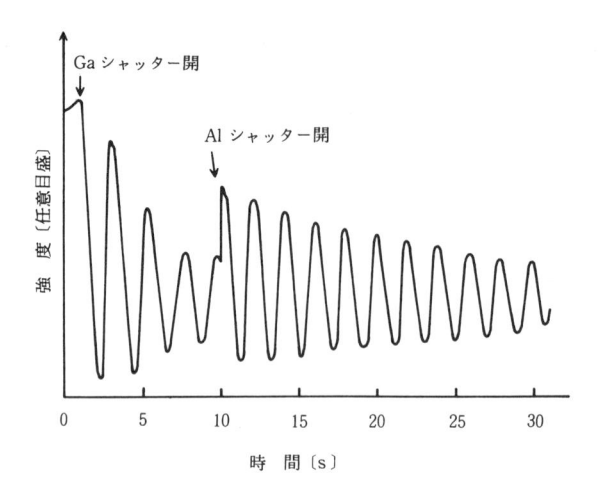

図2.2.10 GaAs を成長させてから Al のシャッターを開けて
$Al_{0.11}Ga_{0.89}As$ を成長させた時のRHEEDパターンの全
反射ビーム強度の振動

が起こり，成長中にRHEEDパターンのビーム強度を観測することにより正確な成長速度と，成長面が単分子層以内で平坦になっているかどうかがわかる。

図2.2.11に基板温度 580℃でGaのK-セルの温度が 878℃ と 884℃の場合の振動パターンを示す。これよりセルの温度が6℃変化しただけで成長速度が 0.111 nm/s から 0.129 nm/s と16％増加していることがすぐ求められる。図2.2.12に我々が使用している市販の一眼レフカメラを用いた非常に簡単な装置を示す。カメラの裏ぶたを外し，プラスチック光ファイバーを取り付けた半透明板にRHEEDパターンが映るようにする。光ファイバーの位置に全反射ビームがくるようにカメラの位置を調節すれば良い。フォトマルの出力をマイクロコンピュータに取り込めば，10回程度の振動を観測することにより直ちに成長速度が算出できる。条件の良い場合には，ビーム強度の振動が肉眼で直接見ることができるが，次のような場合には，フォトマルを使用しても振動を観測することは非常に困難である。

。基板が（001）面よりずれている時（2°以上ずれると振動しない。）
。基板温度 700℃以上で成長させる時
。電子線と基板表面となす角度が大きすぎる時
。Ⅲ／Ⅴの比率が大きすぎる時

RHEEDパターンのビームの強度振動パターンはかなり複雑なので，マイクロ・コンピュータにより直ちに波形解析して振動周期を計算するには，ＦＦＴやＭＥＭを用いるよりは，単にピーク値

2. 半導体人工格子の作製技術

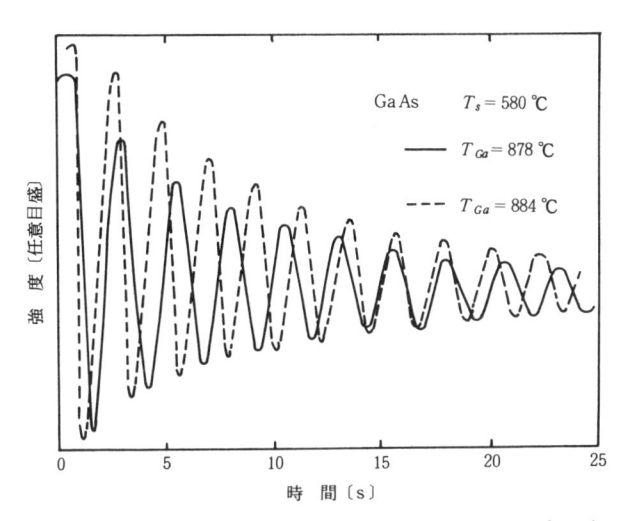

図 2.2.11 基板温度 580℃で Ga のセル温度が 878℃と 884℃のときの RHEED パターンの全反射ビーム強度の振動

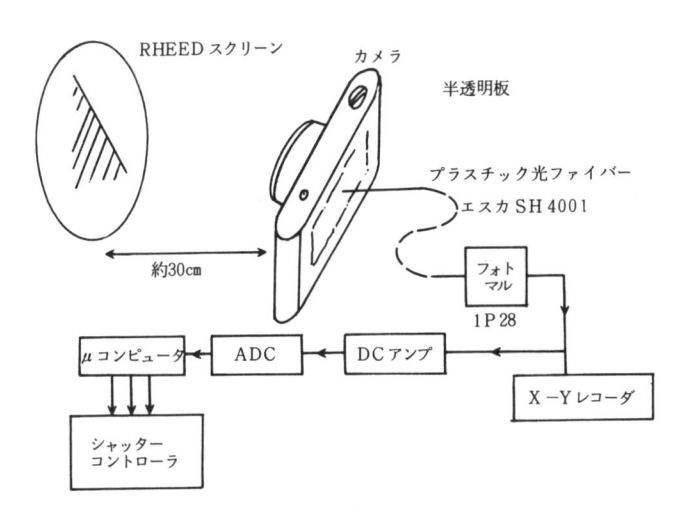

図 2.2.12 RHEED パターンのビーム強度振動観測装置

第 2 章　半導体人工格子

検出の方法により解析するのが時間も速いし，正確である。このような RHEED パターンのビームの強度振動を利用することにより，単分子層で制御された超格子構造が作製できる。

(2)　単分子層で制御された超格子構造

ヘテロ界面の急峻さを理想的状態まで近づけた超格子構造は (l, m) が完全に整数となるもので $(l, m) = (1, 1)$ となる単分子層超格子構造である。

$(GaAs)_1(AlAs)_1$ の単分子層超格子の概念図を図 2.2.13 に示す。このような超格子構造を作製するには，(1)で述べた RHEED パターンのビーム強度振動を超格子構造作製開始前の，緩衝層を成長している間に観測して，GaAs と AlAs の成長速度（各単分子層が成長する時間間隔）を決定する。次に，As のみを照射してしばらく成長を止め表面を平坦にした後，Ga のシャッターを先に決めた時間間隔で開閉する。Al のシャッターを開けるまで3〜4秒間成長を止め表面を平坦化させる。次に，Al のシャッターを開き AlAs 単分子層成長させる。3〜4秒間成長を止め表面を平坦化させた後，GaAs 単分子層を再び成長させる。これを n 回繰り返すことにより $\{(GaAs)_1(AlAs)_1\}_n$ なる超格子構造が作製できる。このように GaAs（001）基板上に成長温度

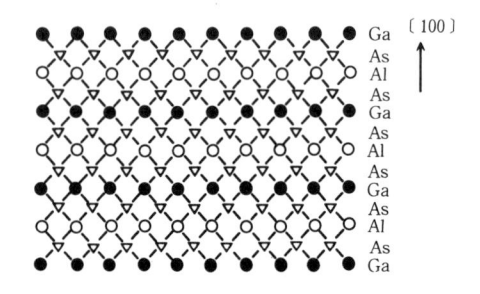

図 2.2.13　$(GaAs)_1(AlAs)_1$ の単分子層超格子の概念図

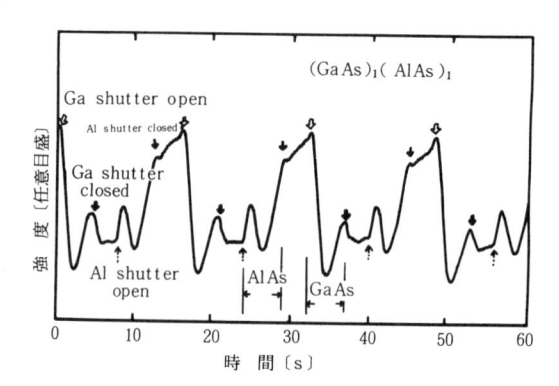

図 2.2.14　単分子層超格子 $(GaAs)_1(AlAs)_1$ を作製している最中の RHEED パターンの全反射ビームの強度振動の様子[11]

2. 半導体人工格子の作製技術

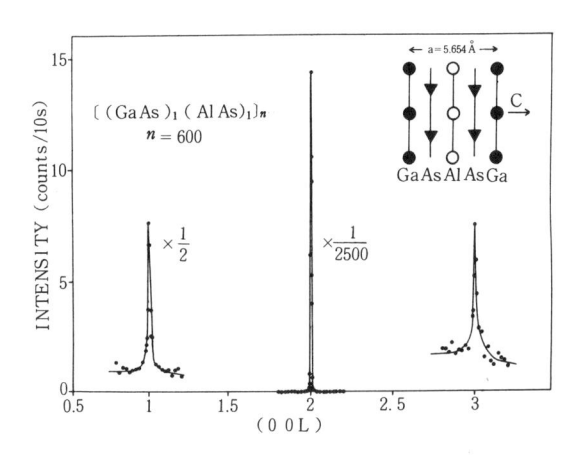

図2.2.15 単分子層超格子〔(GaAs)₁(AlAs)₁〕₆₀₀ の〔OOL〕方向にそったX線回折スペクトル[11]

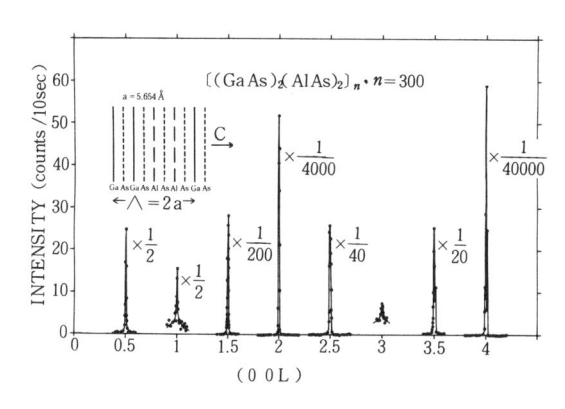

図2.2.16 2分子層超格子〔(GaAs)₂(AlAs)₂〕₃₀₀ の〔OOL〕方向にそったX線回折スペクトル[11]

550℃で(GaAs)₁(AlAs)₁ を成長している最中のRHEEDパターンの全反射ビーム強度の振動の様子を図2.2.14に示す[11]。シャッターの開閉はビーム強度が極大となる時間とほぼ一致しており，この振動は超格子を作製し始めた時から終了するまで減衰することなしにずっと観測できた。GaAs を成長させた後，AlAs を成長させるまでの間成長を止める時間を1秒にした場合は，振動パターンが成長を重ねるに従って乱れていき，あまり良い超格子構造は作製できなかった。

このような方法によって作製した〔(GaAs)₁(AlAs)₁〕₆₀₀ と〔(GaAs)₂(AlAs)₂〕₃₀₀ のX線回折スペクトルを図2.2.15と図2.2.16に示す。図2.2.15に示した単分子層超格子のX線スペクトル

第2章 半導体人工格子

からわかるように $L=1$ と 3 にサテライト・ピークが観測されており,超格子の周期が $a_0 = 0.5654$ nm となっている。また,$L=1$ と 3 に回折ピークが観測されるということは,図 2.2.15 中の挿入図に示すように作製された結晶は単純立方の対称を示している。サテライト・ピーク強度の計算値は $L=1$ と 3 ではそれぞれ 1148 と 628 となり実験値とよい一致をしている。また,図 2.2.7 の (1, 1) と印した X 線スペクトルと比較するとこのように RHEED を利用して作製した超格子構造がかなり改善されていることが明らかである。図 2.2.16 に示した 2 分子層超格子 $[(GaAs)_2(AlAs)_2]_n$ では,超格子の周期が $2a_0$ となるのでサテライト・ピークは,$L = 0.5, 1.5, 2.5$ と 3.5 に観測され,それぞれの強度の計算値は,2442,2048,1516 と 1039 になる。この 2 分子層超格子の構造が図 2.2.16 の挿入図で示してあるような単純な構造となっていれば,$L = 1.0$ と 3.0 のピークの強度は 0 となるべきであるが実際は弱いピークが観測されている。これは Ga 原子と Al 原子が本来あるべき格子点 $(0, 0, pa_0/4)$(p は整数)よりほんの少しずれているか,または,Ga と Al 原子の配列が乱れているためである。

超格子構造のように成長方向に沿って格子定数とは異なる周期性がある場合,X 線回折でその周期性に従うサテライト・ピークが観測されるだけでなく,音波のスペクトルギャップが生じ,新しい波数 0 のモードが生じる。音波のスペクトルがこのように変化するのは,ブリリアンゾーンが超格子構造の周期によって,k 空間の成長方向に沿った方向で折れ曲がるためである[12]。図 2.2.17 に格子振動の周波数をリニアチェーンモデルによって計算したフォノンの分散関係を示す[13]。波数 0 のフォノン周波数はラマン散乱の測定によって求めることができる。図 2.2.18 に $(GaAs)_4(AlAs)_4$ と $(GaAs)_2(AlAs)_2$ の超格子のラマンスペクトルを示す[14]。390 cm^{-1} と 280 cm^{-1} 付近に観測されているピークは,それぞれ AlAs,GaAs-like LO に対応する。2 分子層超格子で 145 cm^{-1},4 分子層超格子で 74 cm^{-1} に観測されているピークは LA フォノンのゾーン・ホールディングによるものである。図 2.2.17 の分散関係でこれらのピーク

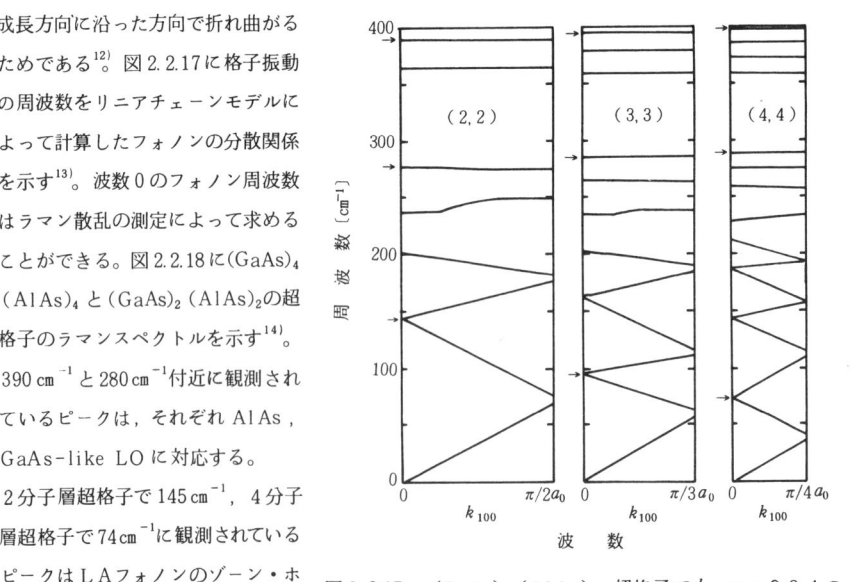

図 2.2.17 $(GaAs)_l(AlAs)_m$ 超格子で $l = m = 2, 3, 4$, のフォノンの分散関係(LO フォノンと LA フォノンのみ示している)[13]

2. 半導体人工格子の作製技術

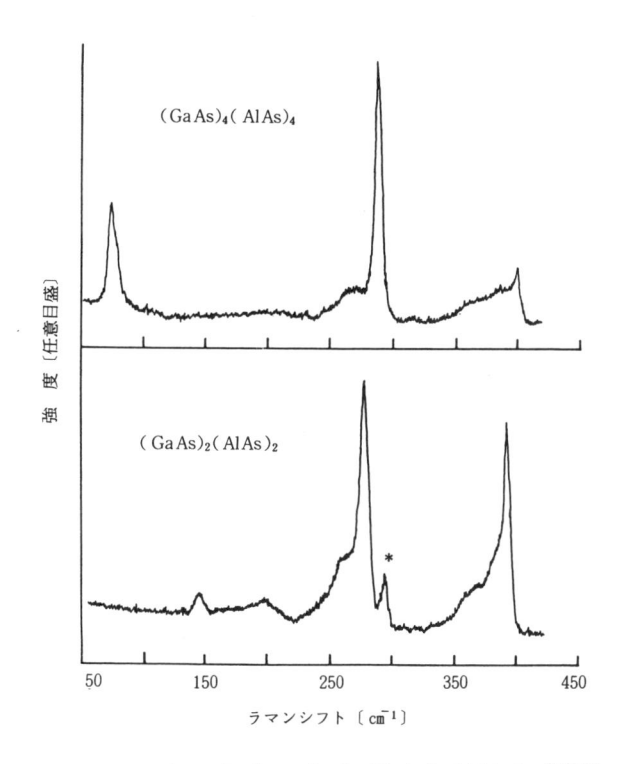

図2.2.18 (GaAs)₄(AlAs)₄ と (GaAs)₂(AlAs)₂ 超格子のラマン散乱スペクトル[14]

に対応する位置を図2.2.17の中の→で印してある。また，図2.2.18の中で＊印で表わしたピークはGaAs基板のGaAsのLOフォノンに対応したものに超格子構造とは関係がない。LOのゾーン・ホールディングとLAの2回以上折り返したゾーン・ホールディングに対応したピークは観測されていない。しかし，我々は最近作製した $(l, m) = (10, 10)$ や $(8, 8)$ の超格子ではLOのゾーン・ホールディングに対応するピークや複数のLAのゾーン・ホールディング対応するピークを観測している[13]。図2.2.18よりわかるようにGaAsとAlAs-likeのLOフォノンは，バルクのLOフォノン周波数よりずれている。このずれを図2.2.19に示す。$l = 1$ の単分子層超格子の測定値は計算値とかなり異なっている。これは，計算に用いたモデルが単分子層超格子には適用できないためだと思われる。LAフォノンのゾーン・ホールディングに対応する周波数の測定値と計算値の比較を図2.2.20に示す。これも単分子層超格子では計算値と測定値のずれが大きいが，計算に用いた連続弾性体モデルが単分子層超格子に適用できないためである。

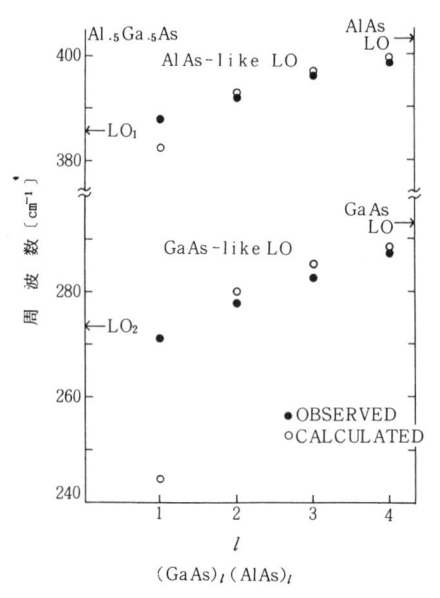

第2章 半導体人工格子

図2.2.19 $(GaAs)_l(AlAs)_l$ $l=1,2,3,4,$の超格子のGaAsとAlAs-like LOフォノンの測定値と計算値を示す（図中の矢印はバルクのAlAsとGaAsのLOフォノン周波数とAl$_{0.5}$Ga$_{0.5}$AsのGaAsとAlAs-like LOフォノン周波数を示している[14]）

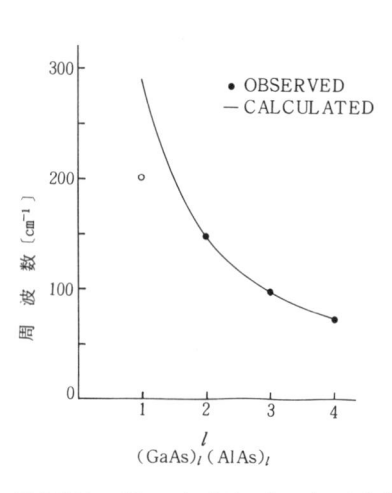

図2.2.20 $(GaAs)_l(AlAs)_l$ $l=1,2,3,4$の超格子のLAフォノンの1番目のゾーン・ホールディンに対応する周波数の測定値と計算値を示す[14]

以上のように，RHEEDパターンのビーム強度を観測することにより，成長のたびごとに成長速度を精密に測定して，超格子構造を作製する方法は，従来の方法と比べると格段によい超格子構造が作製できることが明らかになった。RHEEDパターンのビーム強度の振動より成長速度を測定するのも万能ではない。先に述べたように振動の観測できない場合もあるし，基板を回転させたり，分子線ビームを基板の中心よりずらして，成長層の均一性を良くする場合には，測定した成長速度が実際の成長速度と一致しなくなる。しかしながら，従来のように，MBEにより成長した後，試料を取り出して初めて実際の成長速度が求められることと比べれば，この方法は非常に有用なものであると思われる。また，Al$_x$Ga$_{1-x}$Asなどの三元混晶結晶を成長さす場合の組成比を決定するのにも，このRHEEDパターンのビーム強度振動が利用できる[10),15)]。図2.2.10に示すように，GaAsの成長速度とAl$_x$Ga$_{1-x}$Asの成長速度の違いにより簡単に組成比xを求めることが可能である。

2.1.5 おわりに

MBE法によって人工格子の作製方法を主にGaAsとAlAsの組成超格子を中心に概観した。

超格子構造の制御は，RHEEDパターンのビーム強度振動を利用することにより，単分子層まで

2. 半導体人工格子の作製技術

完全に行えるようになった。今後，単分子層以下のサブモノレヤーの制御が可能になれば，現在のように，結晶成長方向に周期性を持った超格子構造だけでなく，成長方向に垂直な方向に周期性を持った超格子構造[16]や量子細線を多数埋め込んだような超格子構造が作製できるようになるだろう。

文　献

1) L. Esaki, R. Tsu, *IBM J. Res. Develop.*, **14**, 61 (1970)
2) 例えば，高橋清編著，"分子線エピタキシー技術"，工業調査会（1983）
 日本物理学会編，"半導体超格子の物理と応用"，培風館（1984）
3) T. A. Flaim, P. D. Ownby, *J. Vac. Sci. & Technol.*, **8**, 661 (1971)
4) G. Bauer et al. ed., "Two-Dimensional Systems, Heterostructures, and Superlattices", p 91 (1984)
5) R. Ficher, et al., *J. Appl. Phys.*, **54**, 2508 (1983)
6) H. Terauchi, S. Sekimoto, N. Sano, H. Kato, M. Nakayama, *Appl. Phys. Lett.*, **44**, 971 (1984)
7) P. M. Petroff, et al., *J. Crystal Growth.*, **46**, 172 (1979)
8) J. J. Harris, B. A. Joyce, P. J. Dobson, *Surf. Sci.*, **103**, L 90 (1981)
9) P. J. Dobson, J. H. Harris, B. A. Joyce, *Surf. Sci.*, **119**, L 339 (1982)
10) J. H. Neave, B. A. Joyce, P. J. Dobson, N. Norton, *Appl. Phys.*, **A30**, 1 (1983)
11) N. Sano, H. Kato, M. Nakayama, S. Chika, H. Terauchi, *Jpn. J. Appl. Phys.*, **23**, L 640 (1984)
12) A. S. Barker, Jr., J. L. Merz, A. C. Gossard, *Phys. Rev.*, **B17**, 3181 (1978)
13) M. Nakayama, Private Communication
14) M. Nakayama, K. Kubota, H. Kato, S. Chika, N. Sano, *Solid State Commun.* (1985) to be published
15) H. Kato, M. Nakayama, S. Chika, N. Sano, *Solid. State. Commun.*, **52**, 559 (1984)
16) P. M. Petroff, A. C. Gossard, W. Wiegmann, *Appl. Phys. Lett.*, **45**, 620 (1984)

第2章 半導体人工格子

2.2 MOCVD（有機金属気相成長）法 金子邦雄*
2.2.1 はじめに

MOCVDはMetalorganic Chemical Vapor Depositionの略語で，有機金属を原料に用いた気相成長法の一種である。日本語では有機金属気相成長法とか有機金属熱分解法とか呼ばれている。英語の名称もCVDの代わりにVPE（Vapo(u)r Phase Epitaxy）という場合もあり，さらにMOを逆にしたOM（Organometallic）という場合もある。すなわち，MOCVD, MOVPE, OMVPE, OMCVDの4通りの表現が使われており，統一されていない。実際どの程度の割合で使われているか，その様子を図2.2.21に示す。これはINSPECで検索した文献を分類したものである。上記4通りの表現の順に使用頻度が減少している。この方法で，最初に化合物半導体の結晶成長に成功した（1968年）[1] H.M.Manasevitは，1981年に開かれた第1回MOVPE国際会議の招待講演で，彼自身はMOCVDという表現を推薦すると述べている[2]。

MOCVD法は，薄膜の平担性，膜厚の制御性，混晶の組成の制御性等の非常に優れた結晶成長法であり，さらに量産性も兼ね備えているため，MBE法と並び重要な薄膜形成技術となってきている。また，急峻なヘテロ接合が形成できることも実証されてきており，極薄膜半導体人工格子の作製方法としても，近年，その技術の向上は著しい。研究活動の活発さの目安として，MOCVD関連の発表論文数を各年度ごとにまとめたものを図2.2.22に示す。これも，INSPECにより検索した文献をもとにまとめたものである。増加傾向にあった論文数が1981年に急増し，100件以上の論文が発表されている。これは，先に述べた第1回目のMOVPE国際会議がその年に開催されたことによるものと思われる。ちなみに1984年に第2回目のMOVPE国際会議が開催されており，1984年度はさらに論文数が増加するものと思われる。このように，ここ数年MOCVDの研究活動は急速に活発化している。

MOCVDによく用いられている原料化合物の例を表2.2.1に示す[3]。Ⅲ-Ⅴ族化合物半導体で

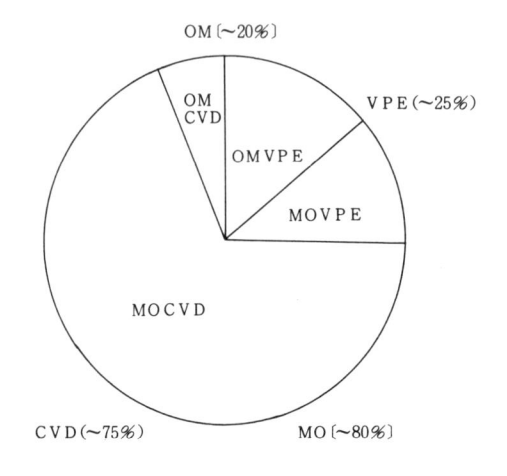

図2.2.21 有機金属気相成長法の英語名称の使用割合

---

* Kunio KANEKO ソニー㈱ 中央研究所 半導体材料研究グループ

2. 半導体人工格子の作製技術

あるGaAsの成長には，Ⅲ族用原料としてトリメチルガリウム（TMG），$(CH_3)_3Ga$ の有機金属，V族元素としては水素化物であるアルシン，AsH_3, が通常よく用いられている。p型不純物源としてはたとえばⅡ族の有機金属であるジエチルジンク（DEZ），$(C_2H_5)_2Zn$，n型不純物源としてはⅥ族の水素化物セレン化水素，H_2Se, が用いられる。Al-GaAsのような混晶の成長には，さらにトリメチルアルミニウム（TMA），$(CH_3)_3Al$, をⅢ族用原料として用いることになる。多くの有機金属は室温で液体であるため，H_2 キャリヤガス中に有機金属の蒸気を含ませて使用する。

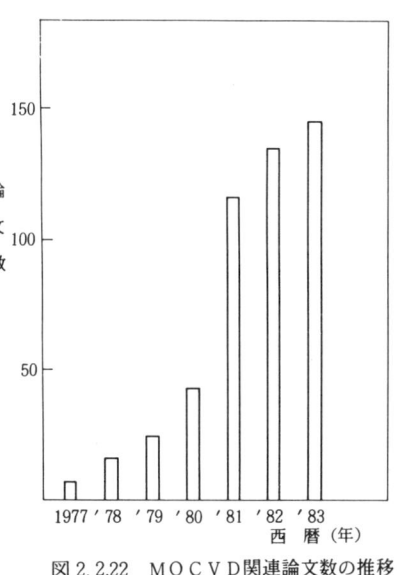

図2.2.22 MOCVD関連論文数の推移

表2.2.1 MOCVD用原料化合物[3]

元素		原料化合物	状態(室温)	融点(℃)	沸点(℃)(Torr)
Ⅱ族	Zn	$(CH_3)_2Zn$	液体	-40	46
		$(C_2H_5)_2Zn$	液体	-28	118
	Cd	$(CH_3)_2Cd$	液体	-4.5	105.5(758)
		$(C_2H_5)_2Cd$	液体	-21	64(19.5)
	Hg	$(CH_3)_2Hg$		?	92
Ⅲ族	Al	$((CH_3)_3Al)_2$	液体	15	126〜130
		$(C_2H_5)_3Al$	液体	-46	186
	Ga	$(CH_3)_3Ga$	液体	-15.8	56
		$(C_2H_5)_3Ca$	液体	-82.3	143
		$(C_2H_5)_2CaCl$	固体		60-62(2)
	In	$(CH_3)_3In$	固体	89.5	70(72.1)
		$(C_2H_5)_3In$	液体	-32	144
Ⅳ族	Sn	$(CH_3)_4Sn$	液体	-54.9	76.8
		$(C_2H_5)_4Sn$	液体	-136〜-125	175
	Pb	$(CH_3)_4Pb$	液体	-27.5	110
V族	N	NH_3	気体	-77	-33.35
	P	PH_3	気体	-133.5	-87.4
	As	AsH_3	気体	-113.5	-55
	Sb	SbH_3	気体	-88.5	-17
Ⅵ族	S	H_2S	気体	-85.5	-60.7
	Se	H_2Se	気体	-60.4	-41.5
	Te	H_2Te	気体	-48.9	-2.2

・（℃）(Torr)は減圧時における沸点を示す。

第2章 半導体人工格子

本節では，いちばんよく研究されてきている材料であるこのAlGaAs系を中心に，InGaAsP系その他のⅢ-Ⅴ族化合物半導体について，MOCVD法により作製された人工格子に関連した技術に焦点を絞って述べる。

2.2.2 MOCVD法による半導体人工格子の作製

(1) 結晶成長の原理

MOCVDの結晶成長機構はまだよくわかっていないが，比較的よく取り上げられる考え方を示す[4]。最も代表的な，TMGとアルシンを用いたGaAsの成長を考えてみる。この系の成長速度は，通常用いられる成長温度（650～750℃）では一定で，温度依存性がみられない。成長速度は，基板とガス流の間に形成される境界層を通して[5]，成長界面へ原料物質が拡散する過程により律速されていると考えられる。気相中のアルシン／TMGの濃度比は通常1に比べて十分大きい条件で成長しているが，成長速度はアルシンの流量にはよらず，TMGの流量にのみ比例している。赤外吸収スペクトルの実験からは，TMGは成長界面に達する前に，気相中で完全に分解していると思われる[5),6)]。アルシンは完全には分解していないこと，GaAs表面では触媒作用により分解が促進されていることが知られている[5]。したがって，1つのモデルとして以下のような反応が考えられる。

$$(CH_3)_3Ga(v) + \frac{3}{2}H_2(v) \rightarrow Ga(v) + 3\,CH_4 \tag{1}$$

$$AsH_3(v) \rightarrow \frac{1}{4}As_4(v) + \frac{3}{2}H_2(v) \tag{2}$$

$$Ga(v) + \frac{1}{4}As_4(v) \rightarrow GaAs(s) \tag{3}$$

(1)の反応は均一に生じ，(2)の反応は気体-固体界面で生ずる。したがって，境界層を拡散したGaが成長界面で(3)の反応によりGaAsを形成することになる。

以上のモデルの他に，いろいろな考え方が提案されている。拡散種として$(GaAs)_n$分子を指摘するもの[7]，とくに成長速度が減少するような高温成長温度領域では，気相中のGaAsの均一核生成が生じ[8),9)]，$(GaAs)_n$分子の拡散への寄与が増大するモデルが提案されている[9]。一方，TMG，アルシンが基板表面に別々に吸着され，中間の複合体を形成しメタンを放出した後，GaAsを形成するというモデル[10]も提案されている。TMGのメチル基がとれる分解の活性化エネルギーは，1つは最初の2つのボンドに比べ最後のボンドがきれるときが最も大きいため[11]，TMGの形ではなく2つのメチル基のとれた$GaCH_3$の形で吸着され，一方アルシンもAsHの形で吸着されているという考え方が最近提案され[12]，成長速度の成長温度依存性，面方位依存性の説明に用いられている。また，炭素不純物の成長結晶中への取り込まれる量の成長温度依存性，面方位依存性から同様のモデルを支持する報告もある[13]。

結晶成長機構を理解するための研究は，MOCVDによる応用研究と比べまだ数は少ないが，徐々に増加してきており，成長機構が解明される日もそう遠くないと思われる。

(2) 成長装置

MOCVDの装置は通常2つの型がよく用いられている。1つはS.J.Bassによって報告された

2. 半導体人工格子の作製技術

横型の反応管を用いたタイプで[14]，装置の概略を図2.2.23に示す。もう1つのタイプはR.D.DupuisとP.D.Dapkusによって報告された縦型の反応管を用いた装置で[15]，概略を図2.2.24に示す。マス・フロー・コントローラによって流量制御された水素キャリア

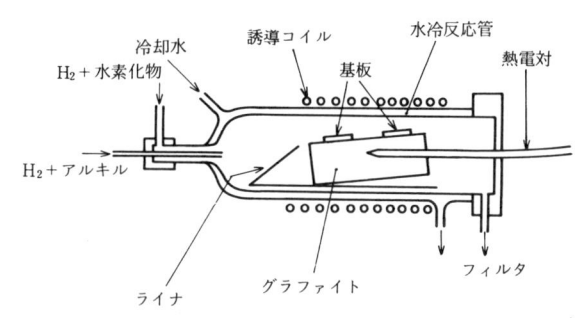

図2.2.23　MOCVDによるGaAsエピタキシャル成長装置[14]

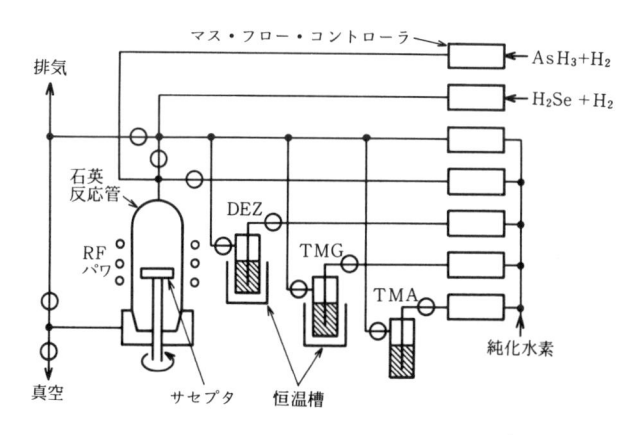

図2.2.24　MOCVD装置の概略図[15]

ガスを，恒温槽内に置かれ蒸気圧制御された有機金属の中を通すことによって，一定の濃度の原料ガスを反応管へ輸送することができる。アルシン等の水素化物もマス・フロー・コントローラにより流量制御し，一定濃度を反応管へ輸送することができる。配管内に設けられたラインの開閉バルブにより，任意のガスを任意の時刻に流したり止めたりすることができるように設計されている。ヘテロ界面を多数含む人工格子の作製には，シーケンス・コントローラによるバルブ開閉の自動制御が必要となる。反応管内圧力としては，1気圧の常圧法と100Torr程度の減圧法が用いられている。

急峻なヘテロ界面を作製したり，原子層程度の超薄膜を作製するためには，次の点を考慮した装置を要する[16],[17]。1) ライン中のデッドスペースを極力短くすること。2) ライン中の成分ガスは高流速で運ばれること。3) 基板上での成分ガスの置換速度が成長速度に対して無視できること。

第2章 半導体人工格子

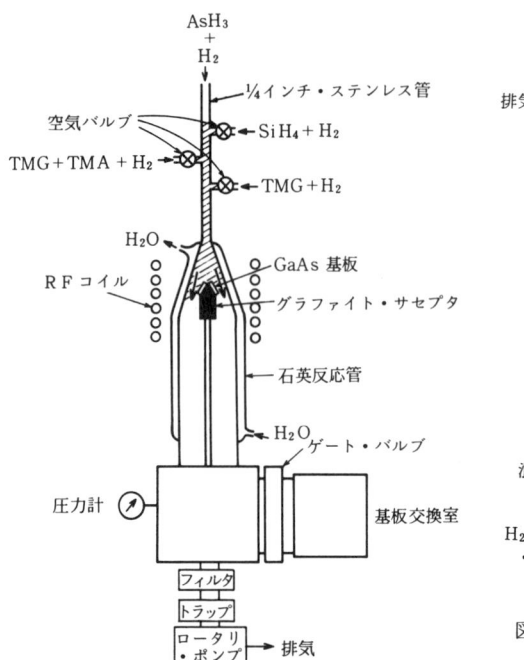

図 2.2.25 MOCVD装置の概念図。
斜線部分の容積がGaAs/AlGaAs
ヘテロ界面の急峻性に重要な効果
をもたらす[18]

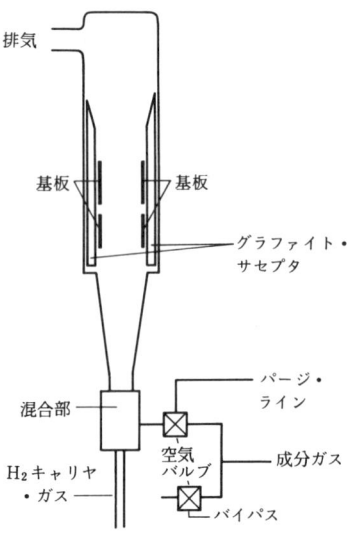

図 2.2.26 〝煙突〟型MOCVD反応管。
ガスは反応管下部から導入される。
基板は，矩形状断面を持つ円筒状
サセプタの内側に固定される[19]

河合は，成長速度4 Å/sに対し，基板上の流速60cm/sの高流速を採用し，サセプタ上のガス交換速度を数分の1秒におさえ，原子層オーダの急峻なヘテロ界面の形成を実現している[16],[17]。同じような思想で設計されている，いわば人工格子作製に適した反応管の最近の報告例を図2.2.25[18]，図2.2.26[19]，に示す。ともに縦型反応管を採用している。図2.2.26の反応管は〝煙突〟型で，ガスは下方から導入する方法を採用している。

(3) 成長結晶

ヘテロ接合を含む人工格子の評価については，次節で述べることにし，本節ではMOCVDで作製したGaAs，AlGaAsエピタキシャル層の基本的特性について二，三述べる。

ノンドープGaAs層のキャリヤ濃度を，アルシン濃度のTMG濃度に対する比（V／III比）の関数としてプロットした結果を図2.2.27に示す[20]。低V／III比側ではp型，高V／III比側ではn型と

2. 半導体人工格子の作製技術

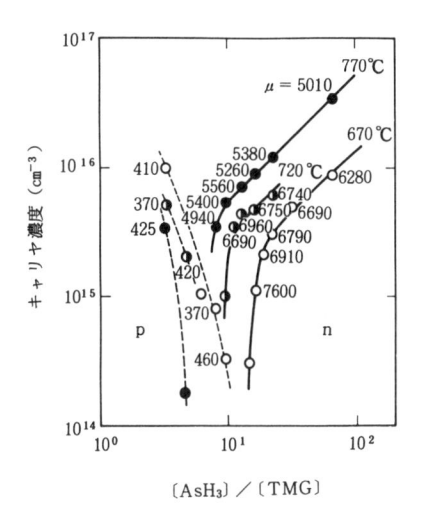

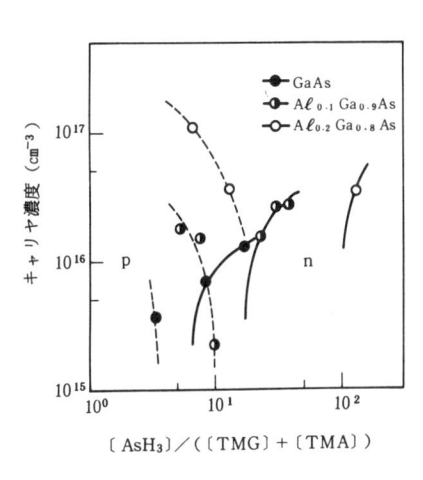

図 2.2.27 TMGに対するAsH₃相対圧に対するノンドープGaAsのキャリヤ濃度。図中の数字は室温における移動度[20]

図 2.2.28 ノンドープ$Al_xGa_{1-x}As$のキャリヤ濃度の相対As圧依存性[20]

なる。図に示すように，成長温度が高くなるにつれpn反転位置は低V／Ⅲ比側に移動する。n型層の電子移動度はpn反転付近で最大となる。これらは残留不純物としてC，Zn等のアクセプタ，Ge，Si，S等のドナが結晶中に取り込まれることによる。ノンドープAlGaAs層に対する同様の

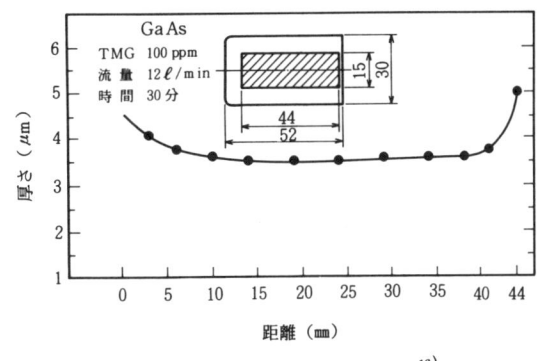

図 2.2.29 成長成度の縦方向分布[16]

結果を図2.2.28に示す[20]。Al組成が増すにつれpn反転位置は高V／Ⅲ比側に移動する。これは，Al組成が増すにつれ，Cの取り込まれ方が増大することによる。

不純物のドーピングは，表2.2.1に示した原料化合物を用い，p型不純物としてはⅡ族のZn，n型不純物としてはSeが代表的である。GaAsでは$10^{19} cm^{-3}$以上の高濃度不純物ドーピングが可能である。拡散定数のより小さい不純物として，p型不純物として，ビスシクロペンタジエニル・マグネシウム$(C_5H_5)_2Mg$,を用いたMgドーピング[21]，およびn型不純物としてシランSiH_4を用いた

Siドーピングの研究もなされている[22]。

人工格子作製に適した高流速型反応管を用いても、均一な厚さの膜を成長させることが可能である。図2.2.29に示したように、ガス流に沿って、基板先端、後端部分を除き、30mm長にわたり膜厚の変動が±1%以下であることが示されている[16]。

$Al_xGa_{1-x}As$ の成長はTMGとTMAの供給量によって決まる。結晶中のAlとGaのモル比 $x/1-x$ をTMA供給量に対してプロットした結果を図2.2.30に示す[16]。パラメータはTMG供給量（TMGの設定温度）を示す。Al組成は±2%以内で制御可能であることが示されている。

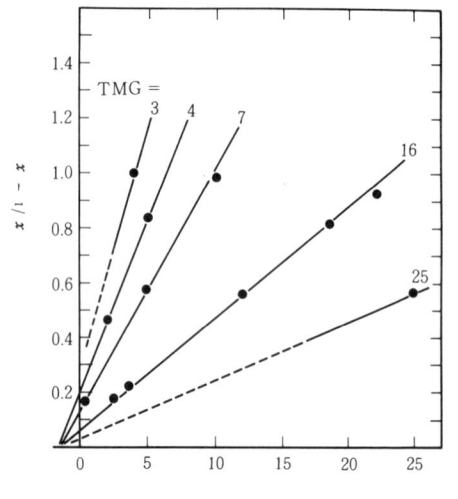

図2.2.30 TMA供給量に対する $Al_xGa_{1-x}As$ 成長層のAlモル比。パラメータはTMG供給量[16]

2.2.3 MOCVD法で作製した人工格子の評価

本節では、単一のヘテロ接合を有する単純な構造から、2つのヘテロ接合を有する単一量子井戸構造、さらに、順次、複雑、高度な人工格子へと、すべてMOCVD法で作製された広い意味での人工格子について、どのようなものが作製されており、その構造をどのように確認しているか、その現状について述べる。

(1) ヘテロ接合

ヘテロ接合を利用した各種の構造を実現する上で、最も基本になる最重要課題は、急峻なヘテロ界面を形成する技術とその評価技術である。MOCVDで先駆的な優れた研究を行ったR.D.Dupuisらは、早い時期に、MOCVD法で急峻なヘテロ接合を形成できることを、オージェ電子分光法（AES）により確認している[23]。GaAs／$Al_{0.54}Ga_{0.46}As$ シングル・ヘテロ接合に対する彼等の測定結果を図2.2.31に示す。250 eVのエネルギーのArイオンで試料表面をスパッタリングしながら、Alのオージェ電子(66 eV)の強度を深さ方向に測定したものである。スパッタリング速度は4Å／min である。図に示されたように、Al強度の10～90%の範囲を遷移領域と定義すると、この値は20Åである。この値は、オージェ電子のエスケープ・デプス、Arイオンによるノックオン・ブローデニング等による分解能に近く、実際はこの値より急峻になっていると思われる。

MOCVDで選択ドープn-AlGaAs／GaAs構造を作製し、ヘテロ界面に形成された2次元電子ガスの移動度を調べる研究が最近増えてきている[24]〜[26]。移動度の値も、室温で7,000cm²/v・sec

2. 半導体人工格子の作製技術

前後，77 k で 70,000～110,000 cm²/v・sec，4.2 k では 150,000～170,000 cm²/v・sec で，最大 2 k で 445,000 cm²/v・sec[26] という，MBE なみのデータが発表されている。HEMT（High Electron Mobility Transistor）素子への応用も検討されている[25]。

ヘテロ接合を応用した素子として，さらに，ヘテロ接合バイポーラ・トランジスタ[27]，光センサ[28]も MOCVD 法で作製されている。

(2) 単一量子井戸構造

AlGaAs ではさまれた GaAs 層で構成された AlGaAs／GaAs／AlGaAs ダブルヘテロ構造の GaAs 層厚を非常に薄くした構造を量子井戸構造と呼ぶ。このような構造では，AlGaAs エネルギー障壁にはさまれた GaAs 井戸層に，量子化されたエネルギー準位が形成される。伝導帯，価電子帯内に形成されたこの準位間の電子の遷移をフォトルミネッセンス（PL）により観察することが可能である。

図 2.2.32 に，Al 組成 0.54 の $Al_{0.54}Ga_{0.46}As$ 障壁層にはさまれた，幅の異なる 4 つの GaAs 井戸層を同一ウエハ上に作製した量子井戸構造を示す[29]。表面側の井戸幅が狭く，基板側が厚くなるようにしてある。この例では表面側から 30, 45, 70, 100 Å 幅の量子井戸が形成されている。この 4 つの量子井戸からのフォトルミネッセンス・スペクトルを図 2.2.33 に示す[29]。短波長側のピークは，狭い量子井戸からの発光に対応する。矢印は，各量子井戸内に形成される準位間の遷移エネルギーの計算値である。実験値と計算値の一致はよく，設計通りの量子井戸構造が形成されていることを示している。

井戸幅 30, 40, 70, 100 Å の 4 つの量子井戸構造を作製し，同じようにフォトルミネッセンス・

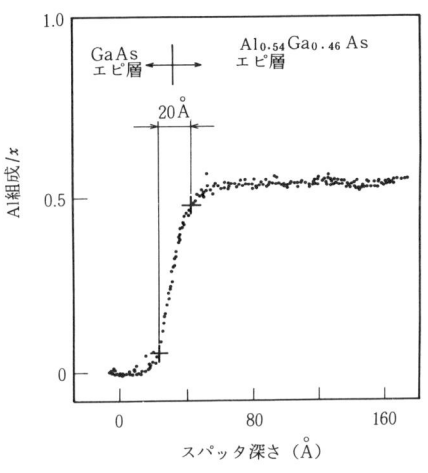

図 2.2.31　$GaAs/Al_{0.54}Ga_{0.46}As$ シングルヘテロ接合の深さ方向の Al 組成分布。オージェ電子分光法による[23]

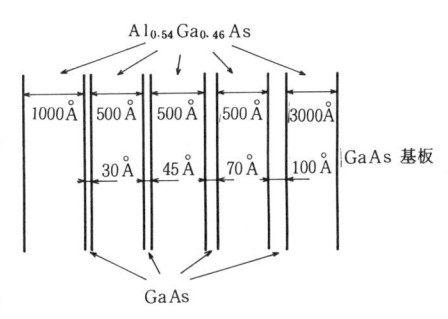

図 2.2.32　同一試料内に成長した 4 つの異なる幅を持つ GaAs 量子井戸の構造[29]

スペクトルを調べた結果を図2.2.34に示す[30]。これは発光ピーク波長を井戸層幅に対してプロットしたものである。曲線(a)は，所定の井戸幅の，ヘテロ界面におけるAl組成にダレがない設計通りの量子井戸に対する，発光ピーク波長の計算結果である。曲線(b)は，ヘテロ界面におけるAl組成が指数関数的にダレているとして，その特性距離が10Åの場合の量子井戸に対する，発光ピーク波長の計算結果である。実験値は曲線(a)上にあり，非常に急峻なヘテロ界面が形成されていることを示している。

各量子井戸からの発光の半値幅を井戸層幅に対してプロットした結果を図2.2.35に示す[30]。半値幅は井戸層幅の減少とともに増大する傾向を示す。MOCVD製は半値幅が小さい。図の破線は，設計井戸幅から一原子層（2.8Å）だけ変動した場合のエネルギー変化分を計算したものである。熱エネルギー（kT）分は除かれている。半値幅は，井戸層幅の局所的な変動を反映しているものと思われる。すなわち，井戸と障壁のヘテロ界面に1，2原子層厚の島状の構造が局所的に形成されている状態を反映しているものと考えられる。図より，MOCVD製の量子井戸の厚さの変動は，平均一原子層程度以下と考えられる。

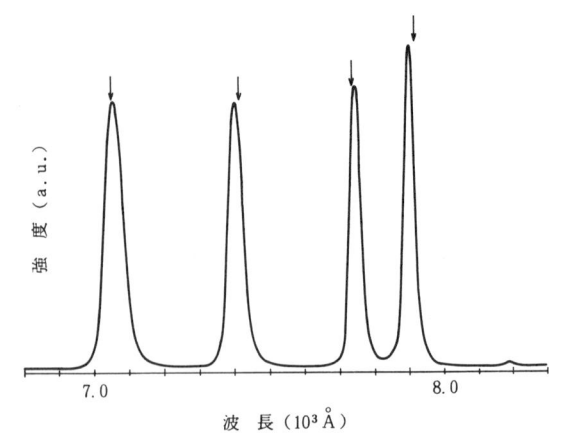

図2.2.33 図2.2.32に示した4つの単一量子井戸構造の，4.2Kにおけるフォトルミネッセンス・スペクトル。矢印は理論発光波長を示す[29]

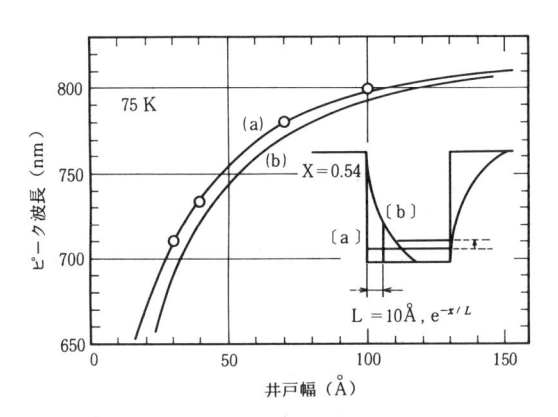

図2.2.34 量子井戸幅に対する発光波長。曲線(a)は矩形井戸に対する理論発光波長。曲線(b)は挿入図〔b〕のようなダレた井戸−障壁界面を有する量子井戸に対する理論発光波長。○印は75Kにおける実験値[30]

2. 半導体人工格子の作製技術

井戸層幅を非常に薄くし,5 Å厚という極薄 GaAs 井戸層(障壁層 $Al_{0.5}Ga_{0.5}As$)から,約 6,200 Åにピークを持つ発光が観察されており[33],極限に近い構造がMOCVD法で実現されている。

InGaAsP 四元系でも同様の量子井戸構造を作り,その評価がなされている。図2.2.36は[34],25,50,100,200 Å厚の $In_{0.53}Ga_{0.47}As$ 量子井戸を,InP障壁層ではさんだ構造を減圧MOCVD法で作製し,そのフォトルミネッセンス・スペクトルを調べたものである。ピーク・エネルギーと計算値はよく一致しているが,試料内で最大±5 meV のピーク・エネルギーの変動がみられている。これは,試料内の組成の不均一性を反映しているものと思われる。

この系でも,極限に近い8 Å厚の $In_{0.53}Ga_{0.47}As$ 量子井戸をInP障壁層ではさんだ単一量子井戸構造が作製されており,1.094eVにピークを持つ発光が観察されている[35]。

単一量子井戸構造は半導体レーザに応用されており,非常に低いしきい値電流密度 232 A/cm² を持つAlGaAs系素子が,MOCVDで作製したGRIN-SCH構造で実現されている[36]。

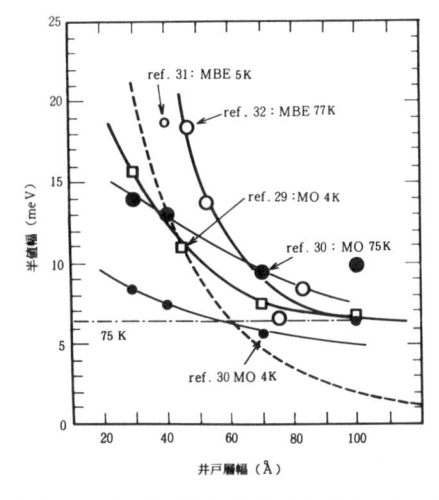

図2.2.35 量子井戸幅に対するフォトルミネッセンス・スペクトル半値幅[30]

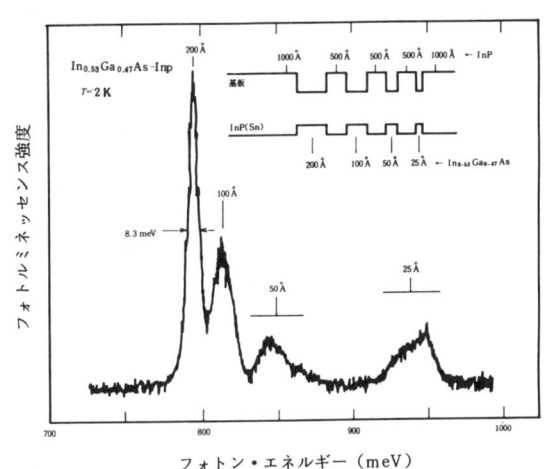

図2.2.36 $In_{0.53}Ga_{0.47}As/InP$ 量子井戸のフォトルミネッセンス・スペクトル[34]

第2章 半導体人工格子

(3) 単一障壁構造

単一量子井戸構造の逆の構造である，AlGaAs障壁層をGaAs層ではさんだ $n^+GaAs/Al_x-Ga_{1-x}As/n^+GaAs$ 構造が作製され，その電流－電圧特性が調べられている[37]。障壁層の厚さは200Åで，Alの組成は $x = 0.4$ と0.7の2通りである。ともに77kでは耐圧のある電流－電圧特性を示し，$x = 0.7$ の構造では，写真2.2.1に示すように，室温でも耐圧を示す。詳細な電流－電圧特性を図2.2.37に示す。このような，薄い障壁を流れる電流は，電子が障壁をトンネルで抜けるトンネル電流成分と，障壁の上を通り越すサーミオニック電流成分の和として理解することができる。図中の実線は，このような考えのもとに，障壁高さをパラメータにして計算した結果である。この際，AlGaAs/GaAs ヘテロ界面の陽極側GaAsに空間電荷が生じ，そこでの電圧降下を考慮する必要性が指摘されている。このような考慮のもとに，計算値と実験値とはよい一致をみている。

(4) 二重量子井戸構造

薄い障壁層で隔てられた2つの量子井戸構造の障壁層の厚さを薄くしていくと，井戸内量子状態は，対称波動関数と反対称波動関数で記述される，2つの状態に分離するようになる。井戸幅30ÅのGaAs二重量子井戸に形成されるエネルギー準位を，$Al_{0.5}Ga_{0.5}As$ 障壁層の厚さ L_B の関数として計算した結果を図2.2.38に示す[38]。電子，重い正孔，軽い正孔に対する準位は，$L_B = 40$ Å前後

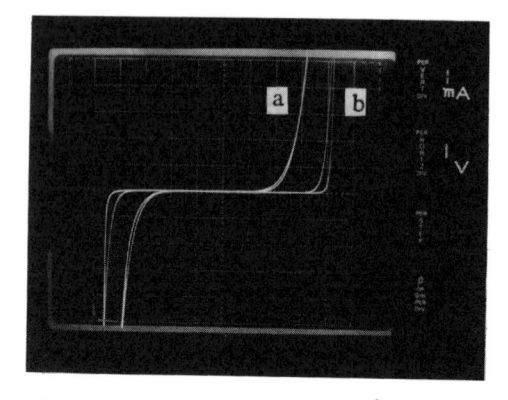

写真2.2.1　GaAs/$Al_{0.7}Ga_{0.3}$As (200Å)/GaAsダイオードの(a) 300k および(b) 77kにおける電流－電圧特性[37]

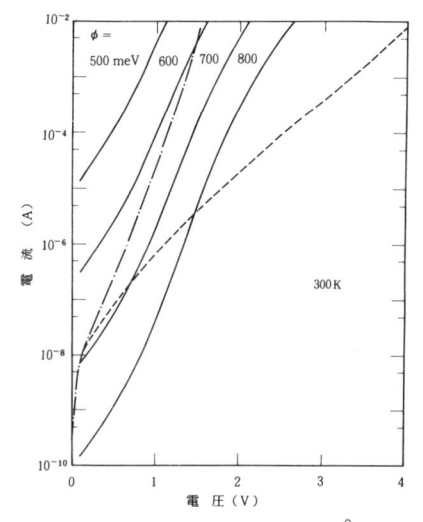

図2.2.37　GaAs/$Al_{0.7}Ga_{0.3}$As (200Å)/GaAsダイオードの300Kにおける電流電圧特性。……測定値。—・— 補正値。—— 種々の障壁高さに対する理論曲線[37]

2. 半導体人工格子の作製技術

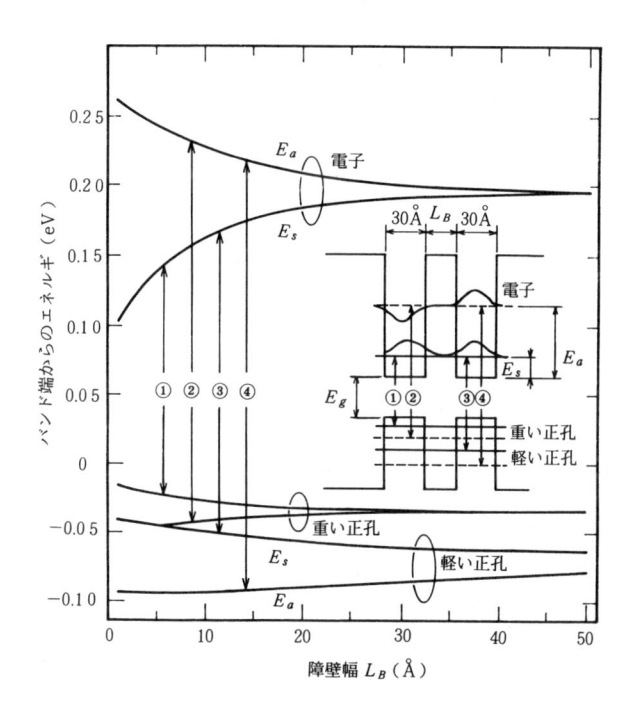

図 2.2.38 障壁幅(L_B)の関数としての二重量子井戸のエネルギー準位。
2つの井戸幅はともに30Å。4種類の遷移が許容される。── 対称状態, ……反対称状態[38]

で分離し始める。電子-正孔準位間の遷移は，選択則により，対称波動関数で記述される電子-正孔間（①，③），および反対称波動関数で記述される電子-正孔間（②，④）で起こる。

井戸幅30Å，$L_B = 20$ÅのGaAs/Al$_{0.5}$Ga$_{0.5}$As 二重量子井戸からのフォトルミネッセンス・スペクトルを図2.2.39に示す[38]。4つの遷移に対応する発光波長の計算値が横軸上に矩形で示されている。矩形の幅は，井戸幅が30±1Å変動したと仮定したときの発光波長の変動を意味している。主ピークに加え，各遷移による発光がショルダとして観察されている。図2.2.40は発光スペクトルの温度依存性を示したもので[38]，主ピークの遷移エネルギーで規格化してある。ショルダの発光強度は，各準位を占めるキャリヤ分布を反映し，高温で強くなっている。主ピーク強度で規格化したショルダの発光強度を測定温度の逆数の関数としてプロットした結果が，図2.2.40の挿入図として示してある。直線の傾きは29 meV で，2つの遷移エネルギー（①，②）差の計算値と一致している。

第2章 半導体人工格子

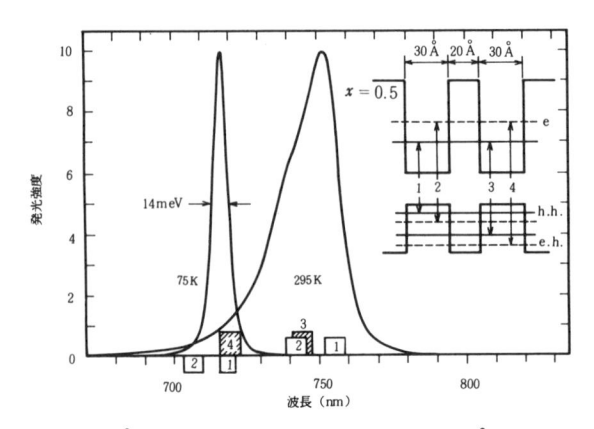

図2.2.39 20Å厚 $Al_{0.5}Ga_{0.5}As$ で隔てられた2つの30Å厚 GaAs 井戸層の75および295Kにおけるフォトルミネッセンス・スペクトル。横軸上の矩形は理論発光波長を示す[38]

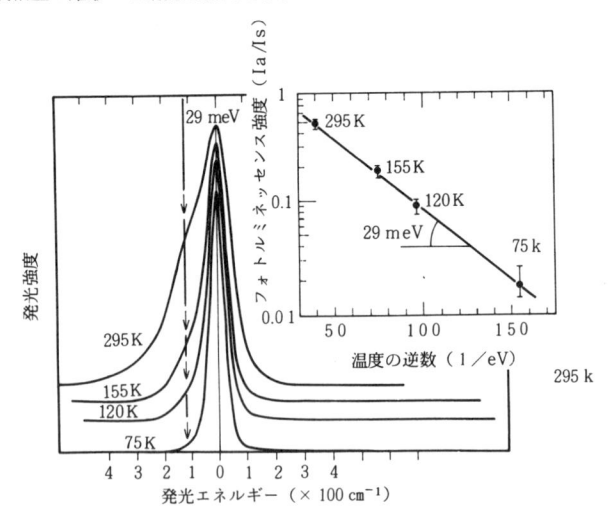

図2.2.40 二重量子井戸のフォトルミネッセンス・スペクトルの温度依存性[38]

さて、図2.2.39の75Kのスペクトルには、787nm近傍での発光は観察されていない。この発光波長は、$2 \times 30 + 20 = 80$Åの単一量子井戸に対応するものである。すなわち、20Å厚の障壁層 $Al_{0.5}$

2. 半導体人工格子の作製技術

$Ga_{0.5}As$ が、いわゆるアロイ・クラスタリングを起こしていないことを示している。

(5) 二重障壁構造

二重量子井戸構造の逆の構造である。2つのAlGaAs障壁層を持つ構造が作製され評価されている。図2.2.41は、60Å厚の $Al_{0.35}Ga_{0.65}As$ と60Å厚のGaAsを交互に2層ずつ積層した二重障壁構造を、AESにより測定した、深さ方向の元素分布を示している[17]。AESの分解能のためヘテロ界面にダレが観測されるが、AlGaAs層、GaAs層とも、20Å以上にわたって組成の平坦な領域がみられている。

(6) 超格子

MOCVD法により超格子を作製する試みが、各所でなされており、超格子作製技術としてもMOCVD法が優れていることが確かめられつつある。図2.2.42は、75Å厚のGaAs、55Å厚の $Al_{0.15}Ga_{0.85}As$ を交互に積層した超格子を、AES、および2次イオン質量分析法（SIMS）で測定した、組成の深さ方向分布を示している[39]。AlのAES信号強度の84％と16％の間を遷移領域とすると、a＝18Å、b＝24Å、c＝20Åである。SIMSでは27Åの値となっているが、これらは分解能に近い値である。

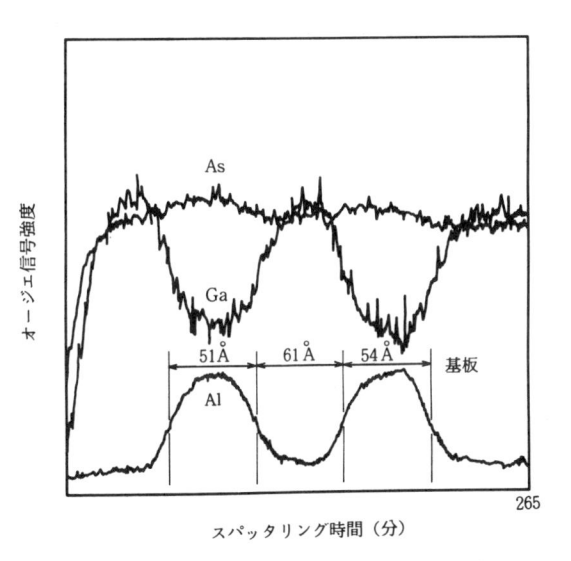

図2.2.41 GaAs/$Al_{0.35}Ga_{0.65}As$ 二重障壁構造のAES深さ方向分布[17]

より直接的に超格子構造を観察する手段として、劈開面または角度研磨した面を走査型電子顕微鏡（SEM）で観察する方法がある。GaAs/$Al_xGa_{1-x}As$ 超格子では、Alの組成差の大きいものあるいは層厚の厚いものであれば、SEMにより明暗の縞として観察可能である。最近は、より明瞭に、超格子構造を観察する手段として、薄片化した超格子断面の透過電子顕微鏡観察が行われている。135Å厚の $Al_{0.3}Ga_{0.7}As$ にはさまれた15、30、50Å厚のGaAs層からなる周期構造が、TEMにより明暗の縞模様として明瞭に観察されている[39]。さらにTEM格子像としての観察も行われている。AlAs（13Å）/$Al_{0.2}Ga_{0.8}As$（79Å）/AlAs（13Å）/GaAs（90Å）の構造を36周期積層したもの[40]、AlAs（20Å）/GaAs（20Å）構造の超格子[41]、AlAs（35Å）/GaAs（35Å）構

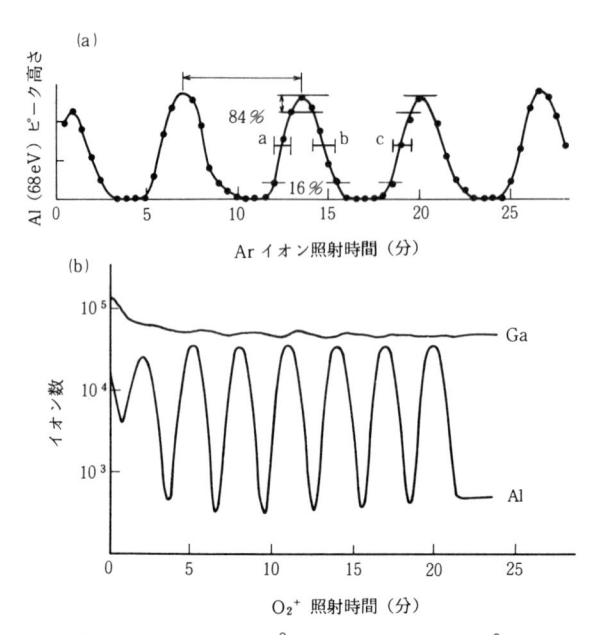

図 2.2.42 (a)GaAs (75Å) /Al$_{0.15}$Ga$_{0.85}$As (55Å) 超格子構造のAlのオージェ信号の深さ方向分布。(b)同じ超格子構造のGaおよびAlのSIMSによる深さ方向分布[39]

造の超格子[19],写真2.2.2に示すAlAs (50Å) /GaAs (30Å) 構造を3μm厚まで積層した超格子[42],等の格子像観察が報告されている。どの結果でも,MOCVDで作製した超格子の層厚は均一で,ヘテロ界面は,組成の遷移領域が一原子層程度の急峻な界面が形成されていることを示している。ただし,界面のゆらぎとして,2次元的に島状の界面が形成されている可能性も指摘されている。

超格子そのものを応用したデバイスではないが,量子井戸構造を積層した多重量子井戸構造が,半導体レーザの活性層として用いられている。ストライプ・アレイと組み合わせ2.6Wという大出力半導体レーザをMOCVD法で作製した報告がある[43]。

2. 半導体人工格子の作製技術

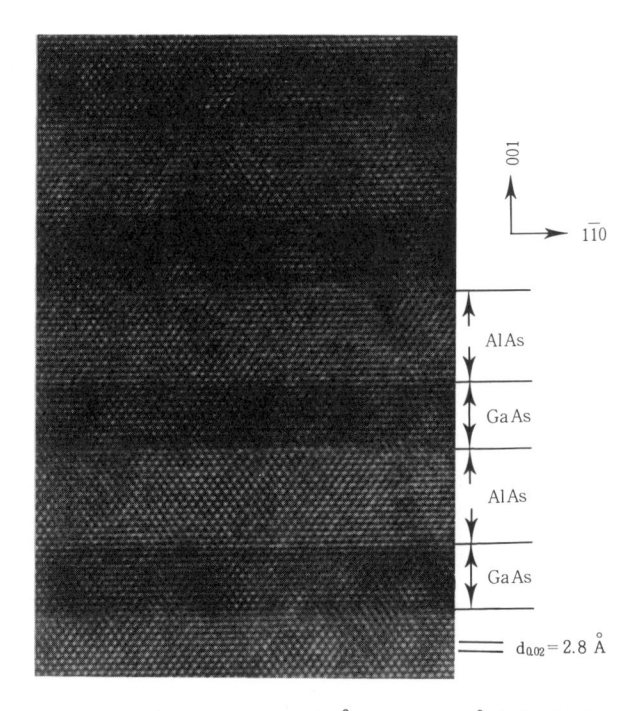

写真2.2.2　AlAs (50Å)/GaAs (30Å)超格子断面の
透過電子顕微鏡による格子像写真[42]

(7) 歪み超格子

　AlGaAs系超格子は，通常GaAs基板上に作製するが，GaAsとAlAsの格子定数が近いため，格子整合のよい系となっている。InGaAsP系はInP基板に格子整合した組成を，通常用いている。格子整合の悪いヘテロ接合では，転位等の格子欠陥が生じる。

　格子整合のとれていない系でも，ミスフィット転位の生じないような極薄層を積層することにより，格子不整合を歪みとして内在している，いわゆる歪み超格子を形成することができる。この歪み超格子は，層厚と組成を変えることにより，エネルギー・ギャップと格子定数を独立に変えることができるため，設計の自由度が増す[44]。

　MOCVDでいくつかの系の歪み超格子が作製されている。(100)GaPの基板の上にGaAsPの組成を徐々に変えたグレイデッド層を成長させ，その上に$GaAs_xP_{1-x}$/GaPの歪み超格子を作製している[45]。組成xは$0 < x \leq 0.62$（この場合の格子不整合は2.3％），各層の厚さは60〜400Å

まで変えてある。X線回折により求めた界面に平行な格子定数 $a_{//}$ と，フォトルミネッセンスおよびフォトカレントの測定から求めたエネルギー・ギャップ E_g の関係を図2.2.43に示す。実験値は理論値とよく合った E_g 対 $a_{//}$ の関係を示している。

その他にも，$GaAs_{0.75}P_{0.25}$(75Å)/GaAs(75Å)を66周期積層したもの[46]，GaP(60Å)/$GaAs_{0.4}P_{0.6}$(60Å)を80周期積層したもの[46]，GaAs(75Å)/$In_{0.2}Ga_{0.8}As$(75Å)を66周期積層したもの[47]，が実現されており，角度研磨法による歪み超格子構造の観察，光励起によるレージングの研究がなされている。歪み超格子を用いた量子井戸構造で，0.5～35分間の室温CW発振が観察されている[48]。発振停止後，歪み超格子内に転位網が発生していることが，TEM観察により確認されている。さらに，GaAs/$In_{0.27}Ga_{0.73}As$ 歪み超格子のTEM観察により，格子歪みの程度が層厚の関数として調べられており，180Å以上になると転位が導入されることも明らかにされている[49]。

(8) 単原子層超格子

超格子の層厚を非常に薄くしていった究極として，単原子層を積層した超格子を考えることができる。化合物半導体では単分子層と表現したほうが妥当かもしれないが，用語が確定していないので，ここでは，数原子層厚の超格子を含めて，このような原子層厚程度で厚さを制御した超格子を単原子層超格子と呼ぶこと

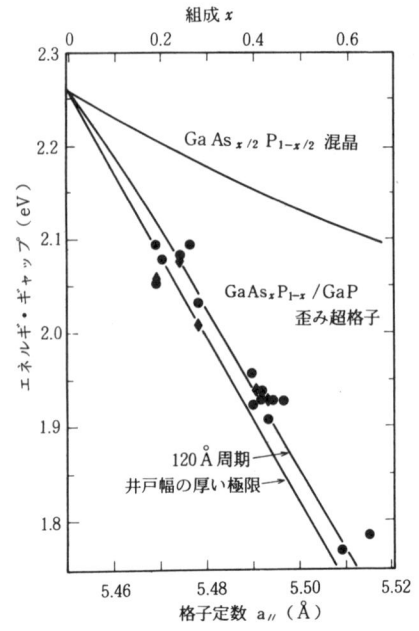

図2.2.43 格子定数と混晶および歪み超格子のエネルギー・ギャップの関係
実線は理論値(300 K)，黒丸はフォトルミネッセンス，菱形はフォトカレントによる実験値[45]

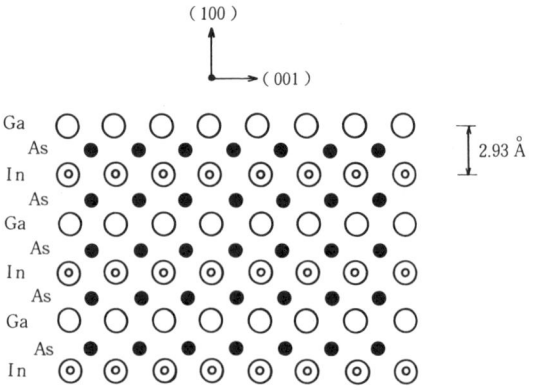

図2.2.44 ($InAs$)$_1$($GaAs$)$_1$単原子層超格子の原子配列の概念図[50]

2. 半導体人工格子の作製技術

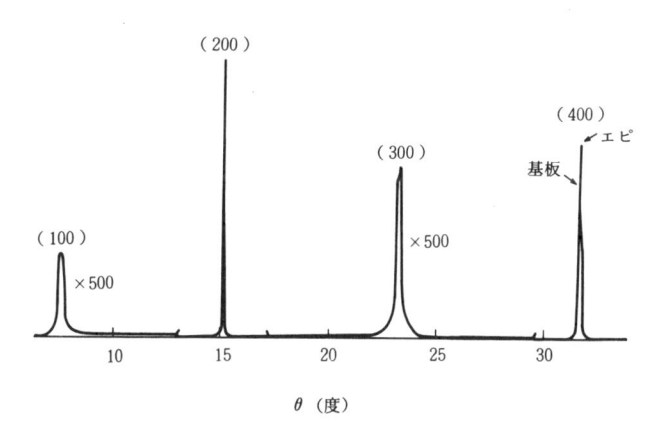

図2.2.45 $(InAs)_1(GaAs)_1$単原子層超格子の(h_{00})軸方向のX線回折[50]

にする。

MOCVD法でもこのような単原子層超格子が実現されている。(100)InP上にInAs/GaAsを一層ずつ,交互に1 μm積層したものが,減圧MOCVD法で作製されている[50]。このような単原子層を$(InAs)_1(GaAs)_1$と記述する。原子配列の模式図を図2.2.44に示す。一般的には$(InAs)_m(GaAs)_n$と表現できる。図2.2.45は,この構造が実現していることをX線回折で確認したもので,$In_{0.5}$-$Ga_{0.5}As$混晶には存在せず,$(InAs)_1$ $(GaAs)_1$構造にのみ現われる(100),(300)からの回折が観察されている。図2.2.46は,$0.7 < n \leq 1.3$の超格子のフォトルミネッセンスのピーク・エネルギーをプロットしたものである。n増大とともにピーク・エネルギーは減少している。

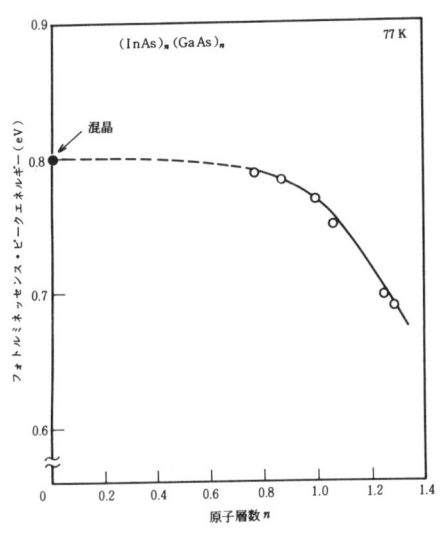

図2.2.46 単原子層超格子の層数nに対する77Kにおけるフォトルミネッセンス・ピークエネルギー[50]

この範囲のnでは,成長結晶表面は鏡面になっている。このような単原子層超格子では,混晶時の

第2章　半導体人工格子

原子配列の不規則性に基づく散乱がなくなり移動度の増大が指摘されているが[51]実測値は300Kで7,300cm²/v・s（$n=7.2\times10^{15}$cm^{-3}）となっている。

AlGaAs系でも（AlAs）$_n$（GaAs）$_n$（$n=1\sim14$）が作製されている[52]。ラマン分光により求めた，GaAsのLOフォノンのエネルギーのn依存性は，図2.2.47に示すように，nの減少とともに減少しており，MBEによる結果[53]，および理論値とよく一致しており，単原子層超格子が実現されていることが確認されている。フォトルミネッセンスのピーク・エネルギーは，$n\geq 8$ではKroning-Pennyモデルで説明できるが，$n=8$以下ではtight-binding法による計算に合うようになるようである。$n=2$までは直接遷移構造であることも示唆されている。

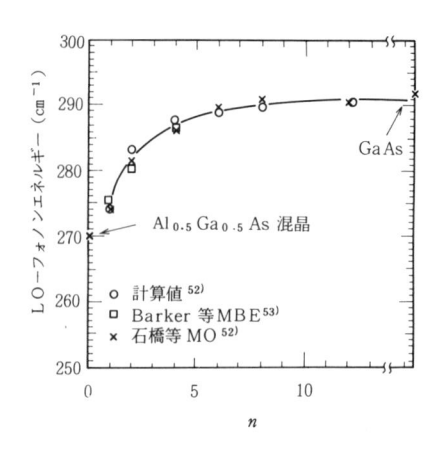

図2.2.47　（AlAs）$_n$（GaAs）$_n$超格子のラマン分光による原子層数nに対するGaAs LOフォノンエネルギー[52]

（AlAs）$_5$（GaAs）$_2$構造がTEM格子像により直接観察されており[42]，超格子ヘテロ界面において，ほとんど島状構造の乱れがないことも指摘されている。

2.2.4　おわりに

数年前までは，MOCVD法は，極薄膜結晶成長技術としてその潜在的能力を有しているという認識はあったが，MBE程の制御性に関しては難しいのではないかと思われていた。しかし，ここ1，2年の間に，原子層オーダで急峻なヘテロ界面が作製され，実現されてきた。さらに，単原子層超格子のように，一層ずつ結晶成長を制御できることも示され，MBEにまさるとも劣らない制御性を有した結晶成長技術であることが実証されてきた。

このような極限構造に近い単原子層超格子を始め，超格子の物性は未知な領域が多く，極薄膜結晶成長技術の発展と相挨って諸物性が明らかにされ，新しいデバイスへの応用へと発展していくことが期待されている。

文　　献

文　　献

1) H.M.Manasevit, *Appl. Phys. Letters*, **12**, 156 (1968)
2) H.M.Manasevit, *J. Crystal Growth*, **55**, 1 (1981)
3) 関　保夫, 日経エレクトロニクス, **7.28号**, 84 (1975)
4) G.B.Stringfellow, *J. Crystal Growth*, **62**, 225 (1983)
5) M.R.Leys, H.Veenvliet, *J. Crystal Growth*, **55**, 145 (1981)
6) J.Nishizawa, T.Kurabayashi, *J. Electrochem. Soc.*, **130**, 413 (1983)
7) I.A.Frolov, P.B.Boldyrevskii, B.L.Druz, E.B.Skolov, *Inorganic Materials*, **13**, 632 (1977)
8) Y.Mori, K.Kaneko, N.Watanabe, Extended Abstracts 15th Conf. Solid State Devices & Materials, Tokyo, p.285 (1983)
9) Y.Takahashi, T.Soga, S.Sakai, M.Umeno, S.Hattori, *Jpn. J. Appl. Phys.*, **23**, 709 (1984)
10) D.J.Schlyer, M.A.Ring, *J. Electrochem. Soc.*, **124**, 569 (1977)
11) M.G.Jacko, S.J.W.Price, *Can. J. Chem.*, **41**, 1560 (1963)
12) D.H.Reep, S.K.Ghandhi, *J. Electrochem. Soc.*, **130**, 675 (1983)
13) T.F.Kuech, E.Veuhoff, *J. Crystal Growth*, **68**, 148 (1984)
14) S.J.Bass, *J. Crystal Growth*, **31**, 172 (1975)
15) R.D.Dupuis, P.D.Dapkus, IEEE. *J. Quantum Electronics*, **QE-15**, 128 (1979)
16) 河合弘治, 第2回新機能素子技術シンポジウム予稿集, 53 (1983)
17) 河合弘治, 第3回新機能素子技術シンポジウム予稿集, 77 (1984)
18) N.Kobayashi, T.Fukui, K.Tsubaki, *Jpn. J. Appl. Phys.*, **23**, 1176 (1984)
19) M.R.Leys, C.van Opdorp, M.P.A.Viegers, H.J.T-van der Mheen, *J. Crystal Growth*, **68**, 431 (1984)
20) Y.Mori, M.Ikeda, H.Sato, K.Kaneko, N.Watanabe, *Inst. Phys. Conf. Ser.*, **No.63**, 95 (1981)
21) C.R.Lewis, W.T.Dietze, M.J.Ludowise, *J. Electronic Materials*, **12**, 507 (1983)
22) S.J.Bass, *J. Crystal Growth*, **47**, 613 (1979)
23) R.D.Dupuis, L.A.Moudy, P.D.Dapkus, *Inst. Phys. Conf. Ser.*, **No.45**, 1 (1979)
24) 森　芳文, 石橋　晃, 新井道夫, 渡部尚三, 第45回応用物理学会学術講演会予稿集, 13p-S-16, p.645 (1984)
25) J.P.André, A.Brière, M.Rochhi, M.Riet, *J. Crystal Growth*, **68**, 445 (1984)
26) N.Kobayashi, T.Fukui, K.Tsubaki, *Jpn. J. Appl. Phys.*, **23**, 1176 (1984)
27) C.Dubon, R.Azoulay, P.Desrousseaux, J.Dangla, A.M.Duchenois, M.Hountondji, D.Ankri, IEDM, p.689 (1983)
28) R.A.Milano, T.H.Windhorn, E.R.Anderson, G.E.Stilman, R.D.Dupuis, P.D.Dapkus, *Appl. Phys. Lett.*, **34**, 562 (1979)
29) P.M.Frijlink, J.Maluenda, *Jpn. J. Appl. Phys.*, **21**, L574 (1982)
30) H.Kawai, K.Kaneko, N.Watanabe, *J. Appl. Phys.*, **56**, 463 (1984)
31) R.C.Miller, W.T.Tsang, *Appl. Phys. Lett.*, **39**, 334 (1981)
32) L.Goldstein, 鈴木安弘, 樽茶清悟, 堀越佳治, 岡本　紘, 第30回応用物理学関係連合講演

会予稿集, 6p-N-9, p.514 (1983)
33) G.M.Martin (LEP (仏), 私信。
34) M.Razeghi, J.P.Hirtz, U.O.Zieneils, C.Delalande, B.Etienne, M.Voos, *Appl. Phys. Lett.*, **43**, 585 (1983)
35) M.Razeghi, J.Nagle, C.Weisbuch, 11th International Symposium on Gallium Arsenide and Related Compounds, V4, p.63 (1984)
36) S.D.Hesree, M.Razeghi, R.Blondeau, M.Krakowski, B.de Cremoux, J.P.Duchmin, IEDM, p.288 (1983)
37) I.Hase, H.Kawai, K.Kaneko, N.Watanabe, *Electron. Lett.* **20**, 491 1984)
38) H.Kawai, I.Hase, K.Kaneko, N.Watanabe, *J. Crystal Growth*, **68**, 406 (1984)
39) R.J.M.Griffiths, N.G.Chew, A.G.Cullis, G.C.Joyce, *Electron. Lett.*, **19**, 988 (1983)
40) J.M.Brown, N.Holonyak, M.J.Ludowise, W.T.Dietze, C.R.Lewis, *Electron. Lett.*, **20**, 205 (1984)
41) S.J.Jeng, C.M.Wayman, G.Costrini, J.J.Coleman, *Materials Letters*, **2**, 359 (1984)
42) K.Kajiwara, H.Kawai, K.Kaneko, N.Watanabe, *Jpn. J. Appl. Phys.* **24**, L85 (1984)
43) D.R.Scifres, C.Lindström R.D.Burnham, W.Streifer, T.L.Paoli, *Electron. Lett.*, **19**, 171 (1983)
44) G.C.Osbourn, *J. Vac. Sci. Technol.*, **B 1**, 379 (1983)
45) R.M.Biefeld, P.L.Gourley, I.J.Fritz, G.C.Osbourn, *Appl. Phys. Lett.*, **43**, 759 (1983)
46) M.J.Ludowise, W.T.Dietze, C.R.Lewis, N.Holonyak, Jr., K.Hess, M.D.Camras, M.A.Nixon, *Appl. Phys. Lett.*, **42**, 257 (1983)
47) M.J.Ludowise, W.T.Dietze, C.R.Lewis, M.D.Camras, N.Holonyak, Jr., B.K.Fuller, M.A.Nixon, *Appl. Phys. Lett.*, **42**, 487 (1983)
48) M.D.Camras, J.M.Brown, N.Holonyak, Jr., M.A.Nixon, R.W.Kaliski, M.J.Ludowise, W.T.Dietze, C.R.Lewis, *J. Appl. Phys.*, **54**, 6183 (1983)
49) J.M.Brown, N.Holonyak, Jr., R.W.Kaliski, M.J.Ludowise, W.T.Dietze, C.R.Lewis, *Appl. Phys. Lett.*, **44**, 1158 (1984)
50) T.Fukui, H.Saito, *Jpn. J. Appl. Phys.*, **23**, L 521 (1984)
51) T.Yao, *Jpn. J. Appl. Phys.*, **22**, L 680 (1983)
52) 石橋　晃, 森　芳文, 板橋昌夫, 渡部尚三, 第45回応用物理学会学術講演会予稿集, 13a-S-10, p.640 (1984)
53) A.S.Barker, J.L.Merz, A.C.Gossard, *Phys. Rev.*, **B 17**, 3181 (1978)

2. 半導体人工格子の作製技術

2.3 VPE（気相エピタキシー）法　　　　　　　　　　　　　　　　　柳瀬知夫*

2.3.1 はじめに

VPE[注1)]により人工格子を形成する試みは，MBE[注2)]やMO-CVD[注3)]に比べ，歴史が浅く，最近になって始められた[1)]。この理由は二つ考えられる。第一の理由は，MBEやMO-CVDによる人工格子の研究が，GaAsとAlGaAsのヘテロ構造を用いて始まったのに対し，VPEはAlGaAsの成長に適していないことだと考えられる。AlGaAsはGaAsに対し格子定数がほぼ等しく，Alの組成比 x（Al$_x$Ga$_{1-x}$As）を変えることにより格子不整合を起こさずに，容易に種々のヘテロ構造を用いた人工格子の製作が可能である。ところがVPEでは，Alを含む気体を高温の石英ガラスの反応管に入れると，反応管を侵食してしまうため，AlGaAsの結晶を成長することは難しい[注4)]。VPEによる人工格子の研究が遅れていた第二の理由は，従来のVPEで用いられてきた一つの成長室からなる反応管構造では，急峻なヘテロ界面が得難かったことである。

しかし，このような不利があったにもかかわらず，VPEで人工格子を形成しようとする研究が始まった。それは，人工格子の研究がAlGaAs／GaAsで進むにつれて，その興味深い特性が明らかになり，他の材料に適用しようとする要求が高まったためである。とくに，光ファイバー通信に適した波長である1.3μmから1.6μmで発振する半導体レーザに用いられるInGaAsP／InPや，常温でも高い電子移動度を示すInGaAs／InPに対する関心が高まった。これらの材料を成長する試みは，急峻なヘテロ構造を形成するのに適したMBEによっても始められたが[3),4)]，MBEではヒ素とリンを同時に制御することが難しく，これらの材料で良好な人工格子が得られるに至っていない。そこでこれらの材料で良好な結晶を提供する成長法であったVPEが着目された。このような状況において，VPEで人工格子形成を可能にしたのは，多成長室VPEの開発[5),6)]であった。多成長室VPEは，従来の一つの成長室のVPEに比べ急峻で欠陥の少ない界面を有する超薄膜構造を形成し始め，VPEによる人工格子の研究を開始させた。

2.3.2 VPEの分類

VPEは，本来の語源からいうと，物質を気相から基板上にエピタキシャル成長する方法をすべて含み（以降，広義のVPEと呼ぶ）[7)]，その意味からはMBEやMO-CVDも包含する。しか

---

* Tomoo YANASE　日本電気㈱

注1) Vapor Phase Epitaxy の略で，気相エピタキシーと呼ばれる。

注2) Molecular Beam Epitaxyの略で，分子線エピタキシーと呼ばれる。

注3) Metalorganic Chemical Vapor Depositionの略で，有機金属化学気相成長と呼ばれる。

注4) 石英ガラス管の代わりに一部にアルミナ管を使用してAlAsを成長した例[2)]があるが，良好な結晶は得られず現在はほとんど行われていない。

第2章 半導体人工格子

し，最近一般に用いられているＶＰＥの意味は，化学反応を用いた気相エピタキシーで，かつ輸送物質として有機金属を用いない方法に限っている場合（狭義のＶＰＥ）が多い。ここでは，広義のＶＰＥを分類し，狭義のＶＰＥとの関係を説明する。

広義のＶＰＥは図2.2.48に示されるように，物理的な蒸着によるＰＶＤ[注5]と化学反応を利用したＣＶＤ[注6]に分けられる。ＣＶＤの中で現在主に行われている成長法はさらにハイドライドＶＰＥ（Hydride Transport Vapor Phase Epitaxy），クロライドＶＰＥ（Chloride Transport Vapor Phase Epitaxy），MO-CVD（Metalorganic Chemical Vapor Deposition）に分けられる。

```
                                        ┌─ 狭義のＶＰＥ
                                        │ ┌──────────────────┐
                                        │ │Hydride Transport VPE│
                                        │ │（ハイドライド ＶＰＥ）│
                                        │ │                  │
                     ┌─ ＣＶＤ ──────────┤ │Chloride Transport VPE│
                     │  Chemical Vapor   │ │（クロライド ＶＰＥ） │
                     │  Deposition       │ └──────────────────┘
                     │  化学気相成長     │
（広義）             │                   └─ Metalorganic CVD
ＶＰＥ ──────────────┤                       （有機金属 ＣＶＤ）
Vapor Phase Epitaxy  │
気相エピタキシー     │                   ┌─ ＭＢＥ
                     │                   │   Molecular Beam Epitaxy
                     │  ＰＶＤ           │   分子線エピタキシー
                     └─ Physical Vapor ──┤
                        Deposition       │
                        物理的気相成長   └─ Sputtering
                                             （スパッタリング）
```

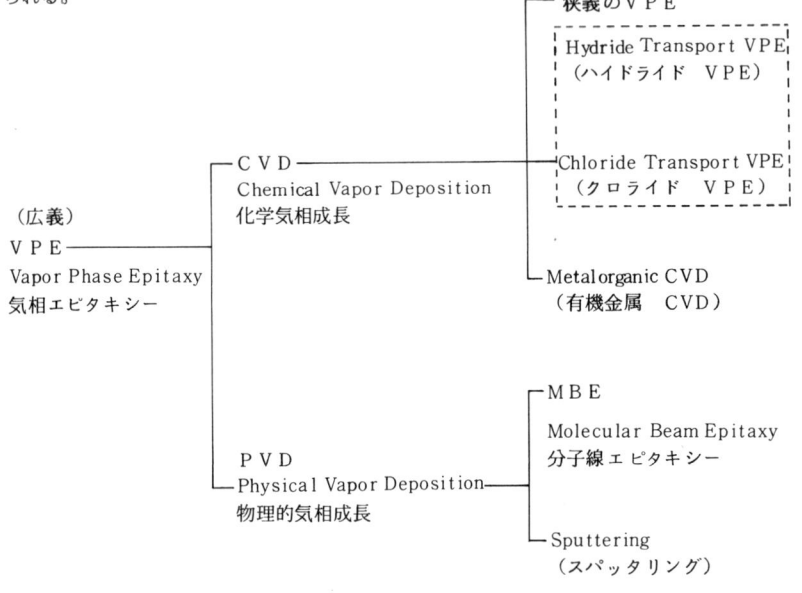

図 2.2.48 ＶＰＥの分類[7]

これらの呼称は，Ⅲ族元素の輸送物質に主眼を置く場合と，Ⅴ族元素の輸送に主眼を置く場合が混在しており[注7]，統一性が無く分かりにくい。そこでこれらの関係[8]を各輸送物質に分けて表2.2.2.にまとめて示す。本章で取り扱う成長方法は，Ⅲ族元素ガスをハロゲン輸送する方法に限定したものであり，クロライドＶＰＥとハイドライドＶＰＥと呼ばれている方法が含まれる。この成長

注5) Physical Vapor Deposition の略で，物理的気相成長と呼ばれ，ＭＢＥやスパッタリングを含む。

注6) Chemical Vapor Deposition の略で，化学気相成長と呼ばれる。

2. 半導体人工格子の作製技術

表2.2.2 輸送法に基づくCVDの分類と名称[8]

Ⅲ族元素輸送ガス	Ⅴ族元素輸送ガス	成長法の呼称	通称
ハロゲン輸送 (Halogen Transport) $Ga + HCl \rightarrow GaCl$ $In + PCl_3 \rightarrow InCl$ etc	塩化物輸送 (Chloride Transport) $AsCl_3$, PCl_3	Chloride VPE	VPE
	水素化物輸送 (Hydride Transport) AsH_3, PH_3	Hydride VPE	
有機金属輸送 (Metal Organic Transport) $Ga(CH_3)_3$ $In(C_2H_5)_3$ etc	水素化物輸送 (Hydride Transport) AsH_3, PH_3	MO-CVD	MO-CVD
	有機金属輸送 (Metal Organic Transport) $As(C_2H_5)_3$ $P(C_2H_5)_3$ etc	MO-VPE OMVPE	

方法を,最近はVPEと呼ぶことが多く,本報告書もこれにならい,VPEと呼んだ場合,狭義のVPE(クロライドVPEとハイドライドVPEを含む,ハロゲン化合物の形でⅢ族元素を輸送する方法)を指すこととし,MO-CVDや,PVDはVPEの中に含まれないこととする。

2.3.3 VPEの特徴

VPEはいくつかの優れた特徴を持っている。ここでは,VPEで人工格子を得る場合に関連ある特徴について述べる。

(1) 高純度でかつ高い結晶性

VPEの第一の特徴は,高純度でかつ結晶性の高いエピタキシャル層が得られることである。この特徴は,人工格子の有効な応用である電子の高移動度を利用した変調ドープ形超薄膜構造高速トランジスタや,高い発光効率で発光する量子井戸形半導体レーザや,高速で応答する光検知器を得るうえで欠かせぬ特性である。ここでは,VPEによって得られる高い移動度について述べ,次に高い発光効率について述べる。

表2.2.3は五種類の成長法によって得たGaAs,InP,InGaAsの77Kにおける電子の移動度の最も良好な発表データ[9]である。クロライドVPEは,表2.2.3に示されているように非常に高い電子移動度を示す結晶を得ることができる。とくに,InPではすべての成長法の中で最も高い値が報告されている。このようにクロライドVPEで高い電子移動度を示すⅢ-Ⅴ族結晶が得られている理由は,クロライドVPEで用いる原料が7N(99.99999%)に達する純度で入手可能なこと,反応管や配管等から持ち込まれる不純物が配管技術の進歩により非常に低減できるようになったこと,等によると考えられる。ハイドライドVPEも,表2.2.3に示されているようにほぼクロライドVPEに匹敵する高い電子移動度を示す結晶を得ることができる。これは,原料のHCl

---

注7) MO-CVDのMOはⅢ族元素の輸送物質に主眼を置いた呼び名であり,クロライドVPEとハイドライドVPEのクロライドとハイドライドという名前はⅤ族元素の輸送物質に主眼を置いた呼び名である。

第2章 半導体人工格子

表2.2.3 GaAs, InP, InGaAsの77Kにおける電子移動度の各成長法による最良データの比較[9]

(単位：$1000 \times cm^2 V^{-1} s^{-1}$)

	VPE		LPE	MO-CVD	MBE
	クロライド	ハイドライド			
GaAs	224[10]	201[11]	280[12]	139[13]	126[14]
InP	90[15]	79[16]	70[17]	30[18]	8[19]
InGaAs	47[20]	35[21]	55[22]	55[23]	45[24]

(1984年以前)

の純度が4Nから5Nに改善され（とくに金属を腐食させる原因となるHCl中の水分の含有量が，従来に比べて2桁低減され1ppm以下となってきた），また金属メルトや添加酸素ガスのゲッタリングによる純度改善[25]により，かなり高純度のエピタキシャル層が成長可能となってきたためである。

　発光デバイスに必要な発光効率の高い結晶の製法としてもVPEは適している。発光デバイスでは，浅いレベルの不純物は混入してもそれほど問題とならないが，深いレベルの不純物や結晶欠陥がキャリヤーの非発光再結合センターとなり，発光効率劣化の原因となる。発光デバイスの結晶性を示す尺度としては，半導体レーザの発振閾値電流密度がある。表2.2.4は1.3μmで発振するInGaAsP／InP半導体レーザの発振閾値電流密度を比較する表であり，VPE[26),27)]はLPE[28]やMO-CVD[29]とほぼ同等で，MBE[3]に比べてかなり良好な発光特性を得ることができることがわかる。また，波長1.5μmの半導体レーザでは，VPEを用いることにより，LPEを超える特性が得られた例[30]も報告されている。これは，VPEではこの波長帯のLPEによるヘテロ成長で問題となるメルトバック現象が生じないので良好なヘテロ界面が形成されたためだと考えられている。

表2.2.4 各成長法による波長1.3μm InGaAsP／InP半導体レーザ（LD）の閾値電流密度の比較

	1.3μm InGaAsP／InP LDのJ_{th}（kA／cm^2）	文献
VPE（ハイドライド）	0.96	26), 27)
LPE	0.67	28)
MO-CVD	～0.8 （共振器長300μmに換算）	29)
MBE	1.8	3)

2. 半導体人工格子の作製技術

(2) 混晶の高い組成制御性

VPEの第二の特徴は，混晶の組成制御性が高いことである。たとえば，InGaAsPをInP上に成長させた場合，LPEではP／As比を約5，MO-CVDでは約10にしなければならないが，VPEではほぼ1でよく，原料流量をバランス良く設定できるために，組成制御がやりやすい。また，MBEではヒ素とリンを同時に制御するのがかなり難しく，MBEによるInGaAsPの成長例は僅かしかない。それに対しVPEでは同時に複数のV族元素を容易に制御できる。VPEで組成の制御性を劣化させる要因には，反応管の内壁に反応した原料が堆積して，半導体基板に堆積する組成を狂わす現象がある。この問題は，反応管の内壁に堆積が起こりにくいように，塩酸を添加する方法によって解決され，きわめて組成が制御された混晶が成長できることが報告[31]されている。このようなVPEの組成制御性が高いという特徴は，格子整合が必要な混晶を用いた人工格子を形成するうえで大切な特徴である。

(3) 選択エピタキシャル成長

VPEの第三の特徴は選択エピタキシャル成長に適していることである。写真2.2.3は，石英ガラス（SiO_2）でマスクされたInP基板上にハイドライドVPEでInPを成長したところの断面走査形電子顕微鏡（SEM）写真であり，SiO_2の上にはまったく成長せず，InP半導体基板上に良好なエピタキシャル層が得られる[32]。MO-CVDやMBEで同様のことを行うと，SiO_2上に多結晶の半導体が堆積しやすく，このような選択成長には適していない。このような選択成長は，FET等のデバイス形成に欠かせない技術である。

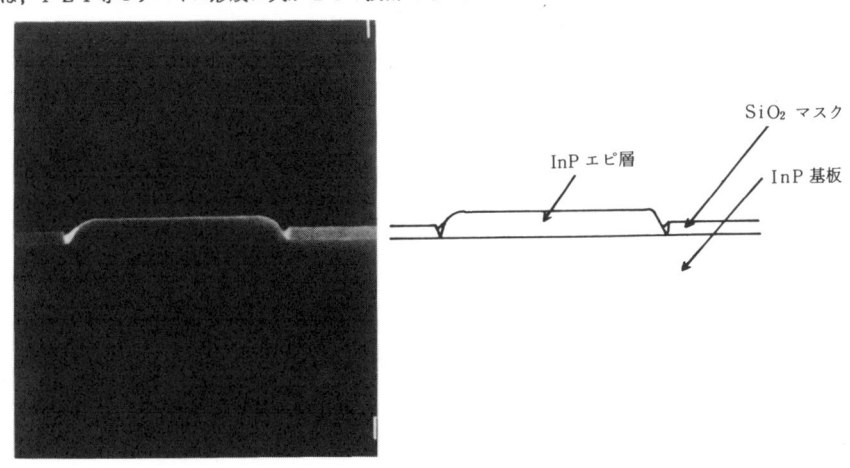

～4 μm

写真2.2.3　ハイドライドVPEによる選択成長を示す断面SEM写真[32]
（SiO_2マスクが施されたInP基板上にInPを成長すると，SiO_2にはまったく積層せず良好な選択成長が可能である。）

第2章　半導体人工格子

(4)　良好な平面性

　VPEの第四の特徴はMBEやMO－CVDと同様にLPEに比べて平面性が良好なことである。この特徴は，数オングストローム（Å）の精度で層厚の制御が必要な超薄膜構造にとっては，非常に大切な性質である。LPEに比べて，平面性が高い理由は，過飽和度が高いために高い密度の二次元核が発生し，一様成長が行われやすくなることと，成長原子の結晶表面での平均自由行程がLPEに比べて格段に長く，空間的に一様になりやすいからだと考えられている[33]。

(5)　高い面方位依存性

　VPEの第五の特徴は，成長の面方位依存性が高いことである[34]。このような性質は，LPEで最も強く，MBEやMO－CVDでは非常に弱い。この特徴を利用すると，VPEでもLPEで行われているような凹凸基板上の奇術的な種々の形状の成長が可能であり，すでにVPEによる埋込み型半導体レーザの試作が報告されている[35]。この特徴は，超薄膜構造を凹凸基板上に成長する場合等に今後生かされると予想される。

2.3.4　VPEによって形成されるヘテロ界面の急峻性

　前節で説明したようにVPEには種々の特徴があるが，これらの特徴を生かし，かつ人工格子から期待される特性を実現するためには，MBE並の急峻で欠陥の少ないヘテロ界面を形成する技術を開発しなければならない。VPEではこの技術がMBEやMO－CVDに比べて遅れていた。しかし，急峻なヘテロ界面を形成するのを妨げていた要因を調べ，改善を重ね，その結果かなり急峻な界面がVPEでも得られるようになってきた。以下に，最近の二つの大きな改善点を述べる。

　第一の改善点は，従来成長室が一つであった反応管構造[36]を二つ以上の成長室を持つ反応構造（この構造の反応管を用いたVPEを多成長室VPEと呼ぶ）に改良したこと[37]である。VPEの気体の流れの速さはMO－CVDに比べて遅く，成長室が一つの反応管構造では，気体の組成が切り替わるのに時間がかかり，急峻な界面が得られなかった。多成長室VPEでは，基板を異なる雰囲気で満たされた成長室の間で高速に移動することにより，1秒以下の時間で気体の組成の切り替えができるようになった。最近では多成長室構造は，クロライドVPEでもハイドライドVPEでも，超薄膜構造を形成する装置にはほとんど使用されている。

　第二の改善点は，従来VPEの成長速度が毎秒10Åより速かったのを，原料をより精密に微量だけ送るようにすることと[38]，塩酸（HCl）の濃度を高めて成長速度を低減することにより[39]，毎秒3Å程度のMBEに匹敵するような低い成長速度を可能としたことである。急峻なヘテロ界面を得る場合は，成長速度をこのような低速の値に設定することによって成長する。

　図2.2.49に，このような低成長速度で，多成長室を有するハイドライドVPE気相成長装置で得た，InGaAsP／InPのヘテロ界面の急峻性を示すオージェ・スパッター・プロファイルを示す。この結果は，オージェ電子の脱出深さを考慮すると，20Å以下の遷移層のヘテロ界面が形成されていることを示している。

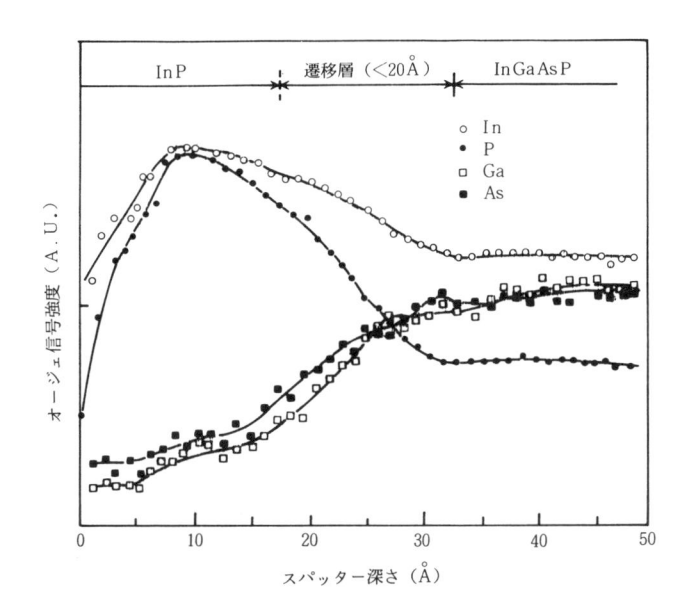

図 2.2.49 VPEで形成したInP/InGaAsPヘテロ界面のオージェ・スパッター・プロファイル（日本電気㈱光エレクトロニクス研究所鳥飼氏の測定による）
（InPとInGaAsPのヘテロ界面の遷移層幅はオージェ電子の脱出深さを考慮すると20Å以下である。）

2.3.5 VPEによる人工格子の製作

VPEによる人工格子の製作は，VPEの特徴を生かして，InGaP，InGaAs，InGaAsP等の混晶材料を用いて，いろいろな形状の人工格子について行われている。この節では，種々の作製例を，(1)超格子，(2)量子井戸，(3)変調ドープ，(4)変調ヘテロ接合，の四種類の構造に大別して説明する。

(1) 超格子

超格子とは，広義には「人工で制御可能な周期的空間変調により有効な次元数を減らすことによって得られる系」[40]と与えられている。このような超格子には，層ごとに周期的に物質が変化するヘテロ接合形超格子と，周期的に不純物が変化するドーピング超格子がある。以下にVPEで得られたこれら2種類の超格子の製法，特性について述べる。

① ヘテロ接合形超格子

二種の異なる材料が交互に繰り返された，人工的な周期性を形成するヘテロ接合形超格子は，人工格子の中で最も広く調べられている構造の一つである。なお多重量子井戸構造も形はヘテロ接合

形超格子であるが，周期性を利用しているわけでなく，量子サイズ効果（後述）を利用しているので超格子の中には入れず後述する量子井戸の中に分類して説明する。

最初に報告[1]された例は，ハイドライドＶＰＥ法によってInGaP／GaAsを用いて形成された超格子である。この材料は$0.7\,\mu$mから$0.8\,\mu$mで発光する半導体として主に研究が進められている材料である。写真2.2.4に形成された超格子のエネルギーバンド図と断面のＳＥＭ写真を示す。

(a) エネルギーバンド図　　　(b) 断面ＳＥＭ写真

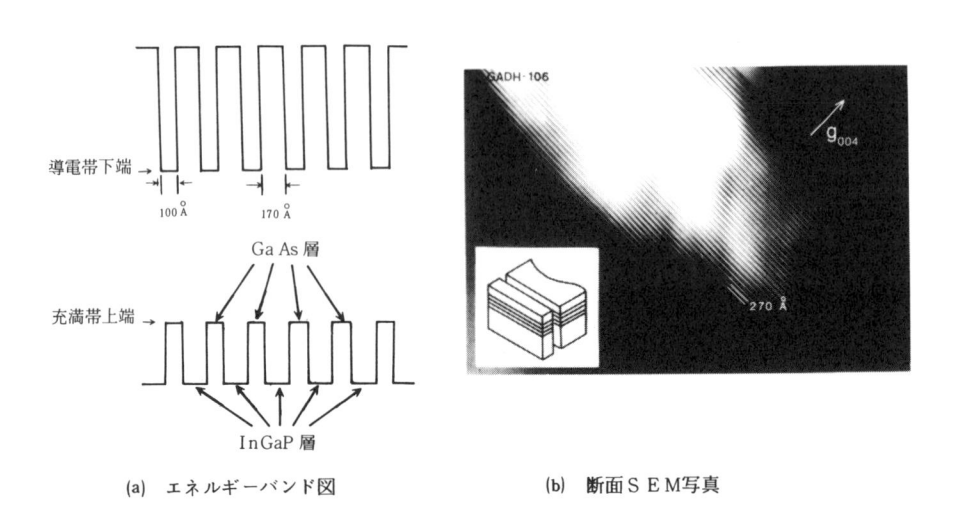

写真2.2.4　ＶＰＥによって初めて製作された超格子[1]（層厚170ÅのInGaPと層厚100ÅのGaAsが交互に60周期積層されたヘテロ接合形超格子である。）

この超格子の構造は，層厚170ÅのInGaPと層厚100ÅのGaAsが交互に60周期繰り返されている。図2.2.50は周期920Åの超格子の周期性を調べたＸ線ロッキングカーブである。原子層の周期に対応するメインピーク（$n=0$）の両側に，人工的に形成された周期920Åに対応する鋭く強いＸ線回折のサテライトピーク（$n=\pm1\sim\pm4$）が観測されたが，これは超格子の周期性が正確に形成されていることを示している。この超格子を形成するのに用いられたハイドライドＶＰＥ装置（図2.2.51）は成長室を二つ有する多成長室ＶＰＥ装置である。基板ホルダーに取りつけられたGaAs基板は，GaAsが成長する部屋とInGaPが成長する部屋の間を約1秒で移動することが可能であり，このため急峻なヘテロ界面が形成される。このような多成長室ＶＰＥを採用することによって，ＶＰＥでも超格子が形成可能であることが明らかにされ，以降ＶＰＥによって超薄膜構造を実現する場合，ほとんど多成長室ＶＰＥが採用されている。

2. 半導体人工格子の作製技術

ヘテロ構造形超格子は，InGaAs／InPでも実現された。この材料は1.5μm〜1.6μm帯で発振する半導体レーザや同じ波長帯で用いられる光検出器，また常温でも高速で働くFET用材料として期待されている。ハイドライドVPEによる試作例とクロライドVPEによる試作例が報告されており，以下に順に述べる。

ハイドライドVPEによって形成された構造[41]は，200ÅのInGaAs層と200ÅのInP層が交互に50層積層された超格子である。ここでは，多成長室構造のハイドライドVPEでInGaAs／InP超格子が形成可能であることを確認している。

クロライドVPE法で試作されたInGaAs／InPの超格子は，層厚80ÅのInGaPと，140ÅのInP層が12周期形成された構造[42]（写真2.2.5(a)）である。クロライドVPEによって試作されたInGaAs／InPの超格子はいろいろな角度から調べられている。ヘテロ

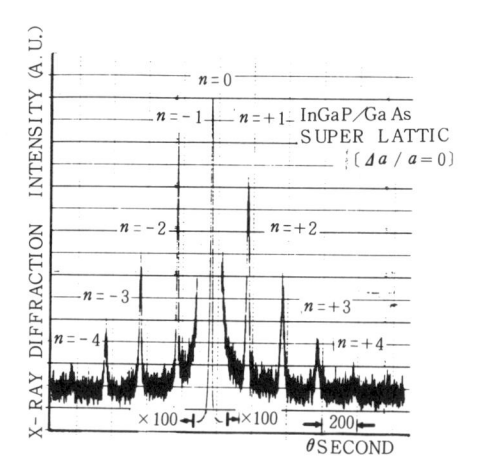

図2.2.50 周期が920Åで，40層積層されたInGaP／GaAsの超格子のX線ロッキングカーブ[1]。
（鋭く強いサテライトピーク（$n=\pm 1 \sim \pm 4$）は，超格子の周期が正確に形成されていることを示す。）

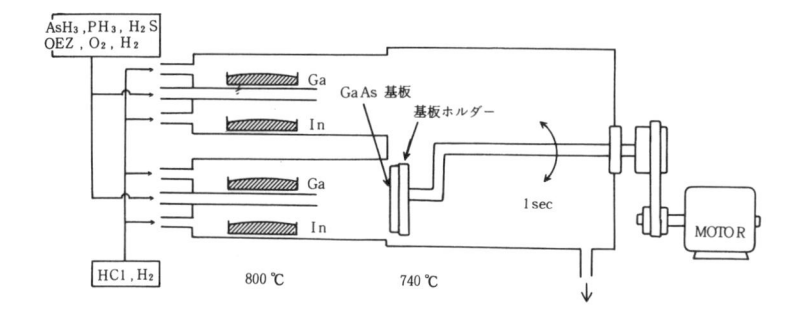

図2.2.51 VPEで初めて超格子（InGaP／GaAs）を作製したハイドライドVPEの成長装置模式図[1]（二成長室を採用し，ウェファーを高速で成長室間を移動することにより，急峻な界面を得ている。）

第2章 半導体人工格子

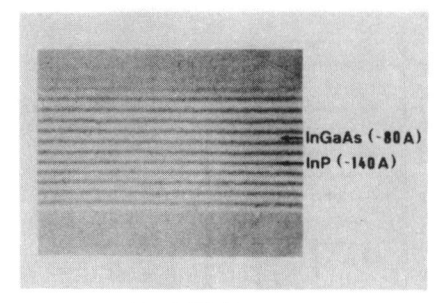

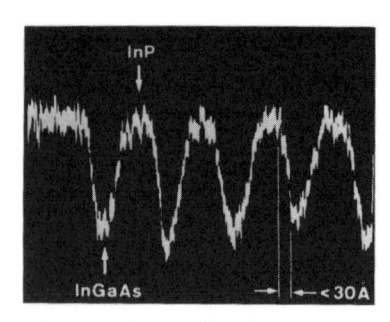

(a) 断面写真 (b) P原子のオージェプロファイル

写真2.2.5 クロライドVPE法で形成されたInGaAs／InP超格子[42]

界面の遷移層厚を調べるために，オージェ電子分光法でリン原子の空間分布が調べられ，遷移層厚が測定限界である30Å以下であることが確認（写真2.2.5(b)）された。また周期性が良好なこともX線回折法によって確かめられた。また超格子を形成しているInGaAs層が量子井戸を形成していることを，フォトルミネッセンスのピーク波長のシフトから評価し，さらに量子化されたエネルギーレベル間の吸収遷移を低温の透過法で確認している（図2.2.52）。このような急峻なヘテロ界面を形成することができたクロライドVPE装置も，成長室が二つある多成長室構造を採用している（図2.2.53）。また，このような急峻な界面を得るために，発生する塩酸ガスの濃度を高めて成長速度を落とし，MBE並の毎秒3Åという非常に遅い成長速度を実現している。

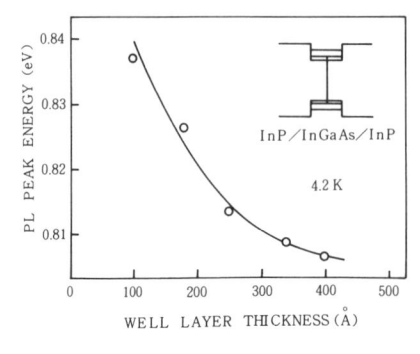

(a) 量子井戸層厚に対するフォトルミネッセンスピークエネルギーのシフトの測定 (b) 量子井戸レベルに対応する透過特性の測定（L_zは量子井戸層幅を表わす）

図2.2.52 クロライドVPEで製作した量子井戸での，量子サイズ効果の測定[42]

ヘテロ構造を利用した超格子は，さらに周期が短くなると（数10Å以下）ミニバンドを形成し，バルクのときには得られないような特異な特性（たとえば微分負性抵抗）[43]が得られるが，まだVPEによる超格子でミニバンドが形成されたという報告はみかけない。

② ドーピング超格子

ドーピング超格子は図2.2.54(a)に示されているように，n層とp層が，交互に繰り返された構造を持ち，nipi超格子[44]ともいわれている。この構造は，電子のサブバンドとホールのサブバンドが空間的に分けられているために，空間的に分離された間接遷移半導体と見なすことができる。この構造を持つ結晶は，光で励起すると実効的なバンドギャップが励起強度によって変わるため，大きな非線形性を示す超格子として期待されている。

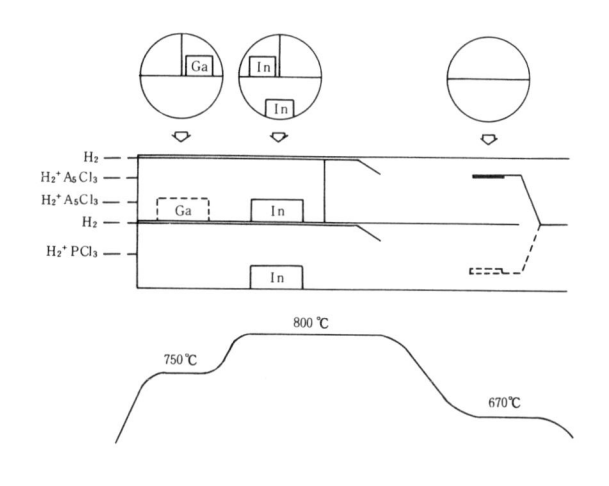

図2.2.53 InGaAs／InP の超格子を製作したクロライドVPE装置[42]（2成長室構造で，上室でInGaAsを，下室でInPを成長する。）

このnipi超格子はMBEによってGaAsで試作されてきたが，近年VPEによってInPを用いた試作も行われている[45],[46]。図2.2.54(b)に，励起強度を変えることによってフォトルミネッセンス（PL）のピーク波長が短波長側にシフトする特性が示されている。この超格子は，多成長室法を採用したハイドライドVPEによって製作された。このときの成長速度は毎秒4～5Åと低速に制御され，急峻にp層とn層が切り替わるように配慮されている。nipi構造の特性をより改善するためには，p形とn形の不純物濃度を$1 \times 10^{18} cm^{-3}$以上にすることが必要であるが，VPEで用いられるp形不純物の亜鉛は拡散定数が大きく，p濃度を余り高くするとnipi構造が拡散で崩れるという問題がある。今後は，拡散定数の小さい他の不純物材料による試みや，低温成長や低温プロセスの採用による拡散の防止が必要である。

第2章 半導体人工格子

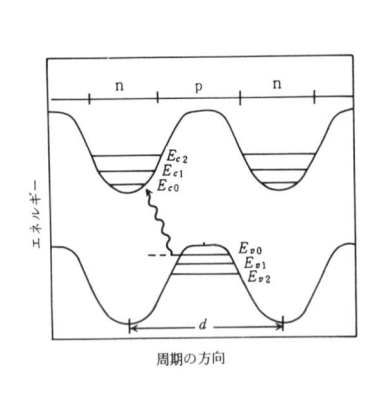

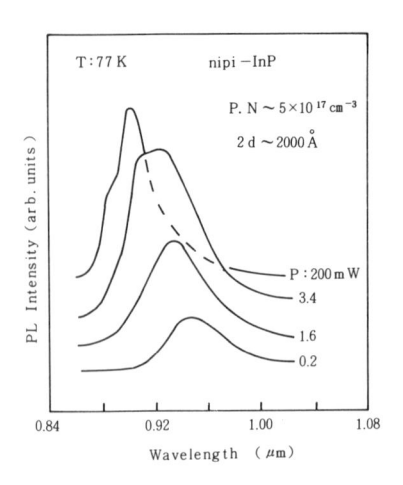

(a) nipi超格子のエネルギーバンド図[44]
(dは周期，E_{c0}, E_{c1}, E_{c2} は電子の量子準位を示す。)

(b) VPEで製作されたInPのnipi超格子のPLスペクトルの光強度依存性

図 2.2.54 VPEによるnipi超格子

(2) 量子井戸

量子井戸（Quantum Well : QW）は，電子やホールをドブロイ波長程度の超薄膜構造からなるポテンシャル井戸に閉じ込める構造である。この構造は，人工格子の中でも興味深くかつ広範に調べられている構造の一つである。量子井戸に電子やホールを閉じ込めると，これらのエネルギーレベルが離散化すること（量子サイズ効果）によって，通常のダブルヘテロ（DH）構造のときとは異なる種々の特性が報告されている。これらの特性を利用したデバイス中で最もよく調べられているデバイスが，量子井戸を半導体レーザの活性層に適用した量子井戸半導体レーザである。量子井戸半導体レーザは，励起されたキャリヤーのエネルギーの分布が最低次の量子化レベルに偏在するため，通常のDHレーザに比べ，発光効率の向上，閾値電流の低減，温度特性の改善低減，等の効果が期待されている。MBE[47]やMO-CVD[48]によるAlGaAs/GaAs の量子井戸半導体レーザではすでにこれらの効果が確認されている。

このような量子井戸半導体レーザをVPEで実現しようとする試みは，光ファイバー通信の光源として用いられているInGaAsP／InP と InGaAs／InPで行われている。

ハイドライドVPEによって試みられた波長1.3 μm のInGaAsP／InP 量子井戸半導体レーザはハイドライドVPEの特徴である組成制御性の良さを利用し，波長0.8 μm のAlGaAs／GaAs 量子井戸半導体レーザで効果のあった量子井戸構造が長波長の InGaAsP／InP と InGaAs／InP

2. 半導体人工格子の作製技術

でどの程度効果があるか調べた試みである[49],[50]。ここで用いられた成長装置は，InGaP/GaAsで超格子を得た気相成長装置（図2.2.51）と同様な多成長室構造である。この試みでは，量子井戸が複数積層された多重量子井戸（Multiquantum Well：MQW）が製作され，量子井戸の層厚に対する閾値電流密度の依存性が調べられた。写真2.2.6は製作されたMQW半導体レーザの中で最良の特性が得られた構造のエネルギーバンド構造と活性層の断面SEM写真である。多重量子井戸の層構造は，発振するレーザ光と励起された状態のキャリヤーを空間的に効率良く結合させるために，量子井戸層厚に比べて量子井戸の間の境界層となるバリヤー層厚を薄くすることが必要である。

(a) エネルギーバンド構造　　　(b) 断面SEM写真

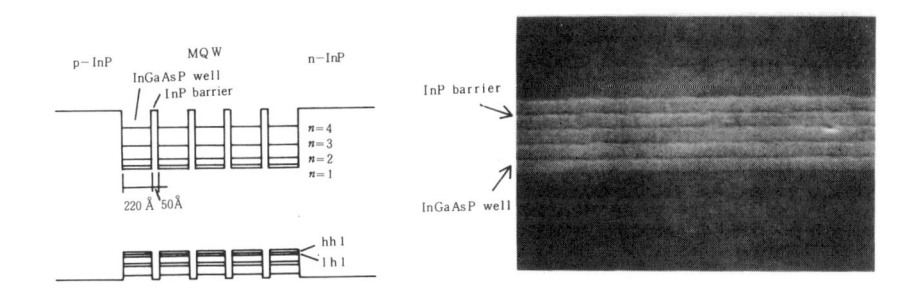

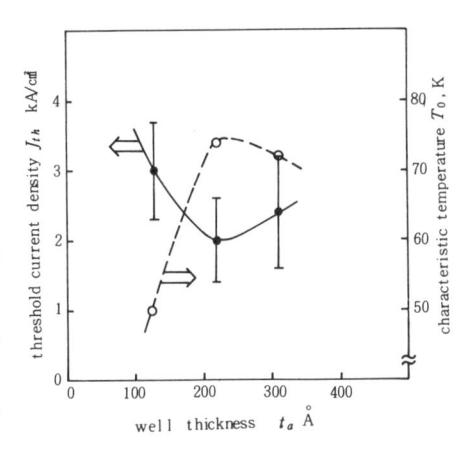

写真2.2.6　ハイドライドVPEで得られたMQW（多重量子井戸）半導体レーザ[49]

断面SEM写真から，InPバリヤー（50Å）がInGaAsP量子井戸（220Å）に比べて薄く形成されている様子がみえる。また図2.2.55は量子井戸層厚に対する発振閾値電流密度（J_{th}）と特性温度（T_0）[注8]の依存性を示す図である。量子井戸の層厚が約200Åのときに最適発振閾値電流密度1.2kA/cm²と特性温度74Kが得られた。この結果は，GaAlAs/GaAsの量子井戸半導体レーザの最適量子井戸層厚が70Å[51]であるのに比較して，InGaAsP/InPの量子井戸半導体レーザの最適層厚が200Åとやや大きい所にあるという理論計算結果[52]と良い一致を示している。しかし，閾値電流密度1.2kA/cm²と特性温度74Kという値は通常のダブルヘテロ構造の

図2.2.55　ハイドライドVPEで得られた1.3μm InGaAsP/InP MQW半導体レーザの量子井戸層厚に対する閾値電流密度と特性温度の依存性[49]

第2章 半導体人工格子

半導体レーザの値に対してとくに改善されていない。

　InGaAsPの量子井戸を利用した半導体レーザの特性が，AlGaAs／GaAs量子井戸半導体レーザで見られたように改善されない理由として，量子井戸に閉じ込められた電子のオージェ非発光再結合の増加，キャリヤーの量子井戸からのオーバーフローの増加，結晶成長技術の問題，等種種の原因が考えられる。しかし詳細は未だ不明であり，今後の検討が必要である。

　波長1.5μmのInGaAs／InP量子井戸レーザの試みはハイドライドVPEとクロライドVPEによって行われている。どちらの試みも，1.5～1.6μmの波長で発振する半導体レーザの最大の問題である温度特性の改善に関心が集中している。

　ハイドライドVPEによって，量子井戸層厚を100～150Åの間で変えた種々のInGaAs／InP MQW半導体レーザ[53)]が試作されている。とくに，150Åの量子井戸層厚のMQW半導体レーザは光励起で100℃で発振が得られ，量子井戸構造の採用で温度特性が改善されたとしている。量子井戸層厚を100～150Åの間で変えることにより発振波長が短波長に移ることで，量子井戸の形成を確認している。ここで用いられたハイドライドVPEの成長装置（図2.2.56）は従来の多成長室構造をさらに改善したもので，二つの成長室の間にはフォスフィン（PH_3）が流れて，基板の移動時

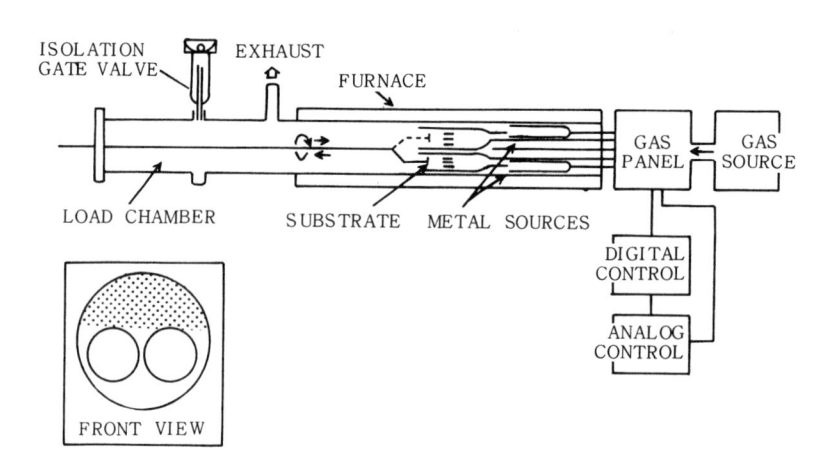

図2.2.56　1.5μm InGaAs／InP MQW 半導体レーザを製作したVPE装置[53)]
　　　　　（成長室が2つあり，2つの成長室の間（ハッチ部分）はPH_3ガスで満たされ，基板移動時の熱劣化を防いでいる。）

注8）発振閾値電流密度Jと温度Tの関係を$J_{th}(T_0) = J_{th}\exp(T/T_0)$と表わしたとき，パラメーター$T_0$を特性温度といい，この値が大きければ温度特性が優れていることを意味する。

2. 半導体人工格子の作製技術

に界面の熱劣化を少なくするように工夫が施され，また成長室内に空気が入り込むのを防ぐためにロードロック機構を採用している。

クロライドVPEによって試作されたInGaAs／InPのMQW半導体レーザの構造は[54]，量子井戸の層厚が200Åでありバリヤー層厚が300Åであった。この試みも，温度特性の改善に主眼が置かれ，特性温度として波長1.5μmで137Kにも達することが光ポンピングの実験[55]で確認された。さらに，このように形成された量子井戸は600℃を超える温度でアニールされると量子井戸の界面の形が崩れてくる事が調べられている[56]。

(3) 変調ドープ

変調ドープは，界面の両側で不純物のドーピング濃度が急峻に変化する超薄膜構造である。この構造は，非常に高い移動度を示す二次元電子を形成する構造として注目されている。この構造は，MBEによってAlGaAs／GaAsで実現され，低温で非常に高い移動度を示す二次元電子を形成する。VPEに適した材料であるInGaAsとInPの変調ドープ構造の研究は，室温でも高い移動度を示す二次元電子が得られることから，近年盛んに行われている。この研究はMBEやMO-CVDによっても試みられているが，高純度化が容易なクロライドVPEによって最も高い移動度が得られている[57],[58]。図2.2.57は，クロライドVPEで得られた変調ドープ構造と，その構造中の二次元電子のシート電子密度と移動度の温度依存性を示す。電子の移動度としては300Kで9400 $cm^2 \cdot V^{-1} \cdot S^{-1}$，77Kで71200 $cm^2 \cdot V^{-1} \cdot S^{-1}$，106000 $cm^2 \cdot V^{-1} \cdot S^{-1}$ という良好な値を得ている。これらの特性を得たクロライドVPEの装置は図2.2.51に示された多成長室構造を有している。

(a) 変調ドープ構造

(b) 変調ドープ構造中の2次元電子のシート電子密度と移動度の温度依存性

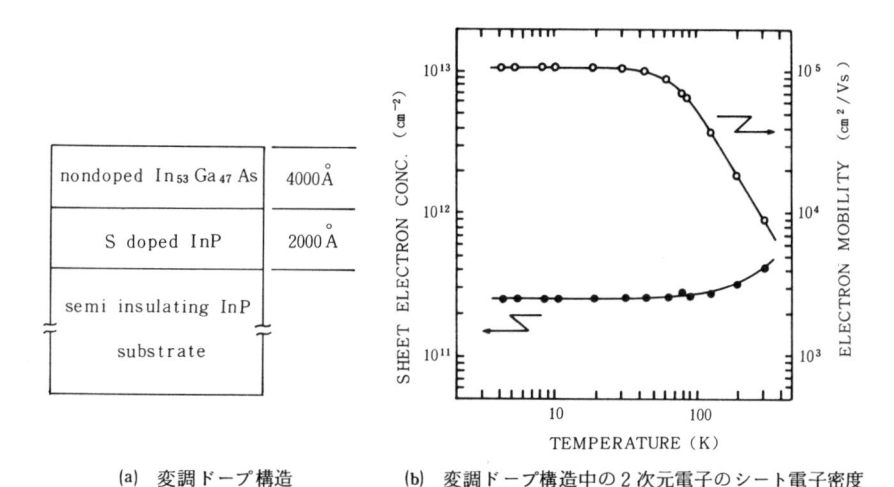

図2.2.57 クロライドVPEによって製作された変調ドープ構造とその特性[57]

第2章 半導体人工格子

(4) 変調ヘテロ接合

　いままで述べてきた人工格子はヘテロ界面の急峻性を利用していたが，ヘテロ界面でゆるやかに組成が変わるように制御して形成した構造を利用する場合もあり，このような人工格子を変調ヘテロ接合構造と呼ぶこととする。このようなヘテロ界面の傾斜を制御する試みは，AlGaAs／GaAs以外の材料では格子定数を整合させながら組成を変えなければならないためかなり難しい。しかし，光検知器の分野ではすでに試みられて，効果をあげている[59]。

　図2.2.は，変調ヘテロ接合構造が応用された波長1μm帯で動作するアバランシェ・フォトダイオードの構造図である。従来のアバランシェ・フォトダイオードでは，光を検知した場合，InGaAsの吸収層とInPの増幅層の間のヘテロ界面に形成された充満帯のバンドの不連続部分がホールを捕獲（パイルアップ）し，応答特性を劣化させていた[60]。そこで，この二つの層の間に薄いInGaAsP層を挿入し，このような鋭い界面に傾斜を与え，ホールが捕獲されないようにした。その結果，1.8Gb／sと高速で−31.3dBmという高感度な光検知器が得られた。

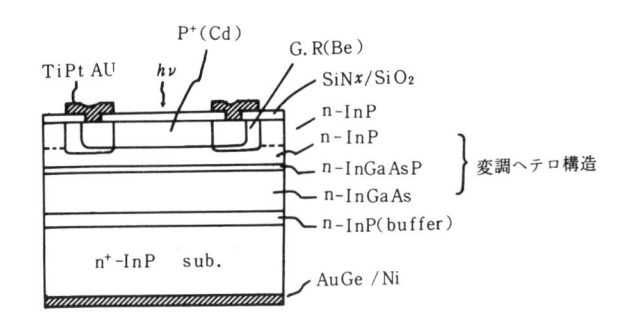

図2.2.58　InP／InGaAsP／InGaAs アバランシェ・フォトダイオード（APD）の断面図[59]
（ハイドライドVPEで，n−InP層とn⁻−InGaAs層のヘテロ界面の組成がゆるやかに変わるようにn−InGaAsP層を挿入した変調ヘテロ構造を有する。）

2.3.6　今後の展望

　VPEによる人工格子の試みは，始まったばかりであり不明なことが多い。解明が必要な問題として，成長技術に関しては，気体を介してのオートドーピングの問題，材料特有の問題としては，正確なエネルギーバンド構造が不明なこと，ヘテロ界面を形成する材料が混晶であるために起こる混晶揺らぎと量子井戸構造の乱れの問題，量子井戸中におけるオージェ非発光再結合の増加の問題，等数多くある。

　今後はこれらの問題が一つ一つ解明されるとともに，さらに急峻な界面の形成の可能性のある，

2. 半導体人工格子の作製技術

原子層オーダーの制御をしながらエピタキシーする原子層エピタキシー（Atomic Layer Epitaxy）[61]や，選択エピタキシーや凹凸面上の面方位依存性を利用した成長法により，高速な電子の移動度が期待される量子細線[62]のエピタキシーへと，VPE技術がさらに大きく発展をするものと思われる。

本稿を執筆する機会を与えてくださり，またご指導くださった渡辺久恒氏，また日頃からご指導頂く内田禎二氏，斎藤冨士郎氏，植木敦史氏，松下茂雄氏，また日頃からご討論頂いている碓井彰氏，覧具博義氏，小林功郎氏，田口剣申氏，またオージェ・スパッター・プロファイルの測定をしてくださった鳥飼俊敬氏，他の方々に感謝致します。

文　献

1) A. Usui, Y. Matsumoto, T. Inoshita, T. Mizutani, H. Watanabe, 1981 Gallium Arsenide and Related Compounds, Oiso (1982)
2) M. Ettenberg, A. G. Sigai, A. Dreeben, S. L. Gilbert, *J. Electrochem. Soc.*, **118**, 1355 (1971)
3) W. T. Tsang, F. K. Reinhart, J. A. Ditzenberger, *Electron. Lett.*, **18**, 785 (1982)
4) B. J. Miller, J. H. McFee, R. J. Martin, P. K. Tien, *Appl. Phys Lett.*, **33**, 44 (1978)
5) H. Watanabe, M. Yoshida, Y. Seki, Extended Abstracts of the Electro-Chemical Society Spring Meeting, **77-1**, 255 (1977)
6) H. Watanabe, Abstracts of the Sixth International Confernce on Vapor Growth and Epitaxy, p.153 (1984)
7) G. B. Stringfellow, "Vapor Phase Growth" in *Crystal Growth* edited by B. P. Pamplin, London, Pergamon Press, p. 181 (1980)
8) 渡辺久恒，"気相エピタキシャル成長法"，化合物半導体ハンドブック，サイエンスフォーラム社，p. 109 (1982)
9) "混晶デバイスに関する調査報告書 I"，社団法人 日本電子工業振興協会，59-M-223, p. 22-24 (1984)
10) M. Ihara K. Dazai, O. Ryuzan, *J. Appl. Phys.*, **45**, 528 (1974)
11) J. K. Abrokwah, T. N. Peck, R. A. Walterson, G. E. Stillman, T. S. Low, B. Skromme. *J. Electron. Mater.*, **4**, 681 (1983)
12) M. Otsubo, K. Segawa, H. Miki, *Jpn. J. Appl. Phys.*, **12**, 797 (1973)
13) T. Nakanishi, T. Udagawa, A. Tanaka, K. Kamei, *J. Cryst. Growth*, **55**, 255 (1981)

14) J. C. M. Hwang H. Temkin, T. M. Brennan, R. E. Frahm, *Appl. Phys. Lett.*, **42**, 66 (1983)
15) R. C. Clarke, *J. Cryst. Growth*, **54**, 88 (1981)
16) 田口剣申, 牧田紀久夫, 西田克彦, 碓井彰, 58春応物学会講演予稿集, 4a-S-3 (1983)
17) L. W. Cook, *J. Cryst. Growth*, **56**, 475 (1982)
18) T. Fukui, Y. Horikoshi, *Jpn. J. Appl. Phys.* **19**, L395 (1980)
19) H. Asahi Y. Kawamura, M. Ikeda, H. Okamoto, *J. Appl. Phys.*, **52**, 2852 (1981)
20) 米野純次, 青木修, 尾関雅志, 57秋応物学会講演予稿集, 28a-Z-47 (1982)
21) K. Makita, K. Taguchi, A. Usui, J. Cryst. Growth, to be published
22) M. V. Pao, P. K. Bhattacharya, *Electron. Lett.*, **19**, 196 (1983)
23) K. H. Goez D. Dimberg, H. Jurgensen, J. Seders, A. V. Solomonv, G. F. Glinskii, M. Razeghi, *J. Appl. Phys.*, **54**, 4543 (1983)
24) J. Massies et al., *Electron. Lett.*, **18**, 758 (1982)
25) A. Usui, W. Watanabe, J. Electron. Materials, **12**, 891 (1983)
26) T. Yanase, Y. Kato, I. Mito, K. Kobayashi, H. Nishimoto, A. Usui, K. Kobayashi, *Jpn. J. Appl. Phys.*, **22**, L415 (1983)
27) 柳瀬知夫, 加藤芳健, 水戸郁夫, 山口昌幸, 小林功郎, 58秋応物学会講演予稿集 26p-p-15 (1983)
28) R. J. Nelson, *Appl. Phys. Lett.*, **35**, 654 (1979)
29) M. Razeghi, S. Hersee, P. Hirtz, R. Blondeau, B. de Cremoux, J. P. Duchemin, *Electron. Lett.*, **19**, 336 (1983)
30) T. Yanase, Y. Kato, M. Kitamura, K. Nishi, M. Yamaguchi, H. Nishimoto, I. Mito, R. Lang, Conference on Optical Fiber Communication, to be presented, (1985)
31) T. Mizutani, H. Watanabe, *J. Cryst. Growth*, **59**, 507 (1982)
32) 笠原健一, 野村秀徳, 加藤芳健, 柳瀬知夫, 59秋応物学会講演予稿集, 15a-O-1 (1984)
33) 西永頌, "化学気相法による薄膜成長", 応用物理学会・薄膜表面物理分科会主催 第11回土曜講座テキスト「薄膜成長の基礎」, p.55 (1983)
34) D. W. Show, *J. Electrochem. Soc.*, **115**, 405 (1968)
35) T. L. Koch, L. A. Coldren, T. J. Bridges, E. G. Burkhardt, P. J. Corvini, D. P. Wilt, B. I. Miller, Abstract of Papers, ninth IEEE International Semiconductor Laser Conference, p. 80 (1984)
36) G. H. Olsen, T. J. Zamerowski, *IEEE J. Quantum Electron.*, **QE-17**, 128 (1981)
37) T. Mizutani, M. Yoshida, A. Usui, H. Watanabe, T. Yuasa, I. Hayashi, *Jpn. J. Phys.*, **19**, L113 (1980)
38) 加藤芳健, 柳瀬知夫, 西研一, 稲井基彦, 山口昌幸, 水戸郁夫, 59春応物学会講演予稿集, 31p-M-14 (1984)
39) 米野純次, 児玉邦彦, 青木修, 尾関雅志, 58春応物学会講演予稿集, 7a-S-6 (1983)
40) 安藤恒也, "超格子デバイスの基礎", 半導体ヘテロ構造・超格子の物理とその応用, 日本物理学会主催講習会テキスト, p.10 (1983)

文　献

41) G. H. Olsen, "Vapour-phase Epitaxy of GaInAsP" in GaInAsP Alloy Semiconductors edited by T. P. Pearsall, John Wiley & Sons, p.26 (1982)
42) J. Komeno, K. Kodama, M. Takikawa, M. Ozeki, Extended Abstracts of the 15th Conference on Solid State Devices and Materials, Tokyo, p.55 (1983)
43) L. Esaki, R. Tsu, *IBM J. Res. Dev.* **14**, 61 (1970)
44) G. H. Dohler, H. Kunzel, D. Olego, K. Ploog, P. Ruden, H. J. Stolz, *Phys. Rev. Lett.*, **47**, 864 (1981)
45) 山内喜晴, 上井邦彦, 三上修, 59春応物学会講演予稿集, 31p-C-9 (1984)
46) 山内喜晴, 小林秀紀, 安藤弘明, 神戸宏, 59秋応物学会講演予稿集, 12p-H-13 (1984)
47) W. T. Tsang, *Appl. Phys. Lett.*, **40**, 217 (1982)
48) R. D. Dupuis, P. D. Dapkus, C. M. Garner, C. Y. Su, W. E. Spicer, *Appl. Phys. Lett.*, **34**, 335 (1979)
49) T. Yanase, Y. Kato, I. Mito, M. Yamaguchi, K. Nishi, K. Kobayashi, R. Lang, *Electron. Lett.*, **19**, 700 (1983)
50) 柳瀬知夫, 加藤芳健, 水戸郁夫, 山口昌幸, 西研一, 覧具博義, 小林功郎, 58電子通信学会半導体レーザー材料部門全国大会, S5-2 (1983)
51) A. Sugimura, *IEEE J. Quantum Electron.*, **QE-20**, 336 (1984)
52) A. Sugimura, *Appl. Phys. Lett.*, **42**, 17 (1983)
53) M. A. DiGuseppe, H. Temkin, L. Peticolas, W. A. Bonner, *Appl. Phys. Lett.*, **43**, 906 (1983)
54) K. Kodama, J. Komeno, M. Ozeki, *Electron. Lett.*, **20**, 44 (1984)
55) K. Kodama, M. Ozeki, J. Komeno, *Electron. Lett.*, **20**, 49 (1984)
56) 児玉邦彦, 米野純次, 尾関雅志, 59秋応物学会講演予稿集, 13p-H-16 (1984)
57) J. Komeno, M. Takikawa, M. Ozeki, *Electron. Lett.*, **19**, 473 (1983)
58) M. Takikawa, J. Komeno, M. Ozeki, *Appl. Phys. Lett.*, **43**, 280 (1983)
59) T. Torikai, Y. Sugimoto, K. Tagichi, K. Makita, H. Ishihara, K. Minemura, T. Iwakami, K. Kobayashi, 10th European Conference on Optical Communication Tech. Digest, p.220 (1984)
60) S. R. Forrset, O. K. Kim, R. G. Smith, *Appl. Phys. Lett.*, **41**, 95 (1982)
61) 西沢潤一, 応用物理, **53**, 516 (1984)
62) H. Sakaki, *Jpn. Appl. Phys.*, **19**, 735 (1980)

第2章　半導体人工格子

3. 半導体人工格子の応用

3.1 電子素子への応用　　　　　　　　　　　　　　　　　　　　　　井上正崇*

3.1.1 はじめに

　半導体人工格子のデバイス応用は，結晶中に100Å程度の長周期構造を新たにつくることによって，ミニゾーンからなる新しいバンド構造を実現する試みから始まった[1]。この超格子構造における電子は，もし散乱されずに運動すれば，正と負の有効質量を交互に感じて加速と減速を繰り返すことになる。このブロッホ振動の超音周波発振器への応用は半導体バンド設計工学の立場から，人工格子をもっとも特徴づける新機能素子といえる。しかしながら，超格子結晶の完全性とブロッホ振動の全電子相互の位相整合等の問題が実験を困難にしているため，当初の研究からあまり発展をみていない。

　一方，人工格子を分子線エピタキシー等の最新技術を使って作製する努力は，理想的な2次元電子ガスを半導体ヘテロ接合界面につくることによって実を結んだ。特に選択（変調）ドーピング法と呼ばれる急峻な不純物分布の制御によって，ヘテロ接合界面に非常に高い移動度をもつ2次元電子（正孔）ガスを得ることができた[2]。

　このヘテロ界面に分布する2次元電子は，界面に平行な高いドリフト速度をもつという特徴があり，すぐに高速動作のトランジスタに応用された。すなわち，高移動度トランジスタ（HEMT）の開発である[3]。それから約5年を経た今，Bell研究所でDingleらが最初に考えた多層構造を用いたトランジスタが実現されるに至って[4]〜[6]，変調ドープしたヘテロ接合トランジスタの研究が一巡したように思われる。

　3.1節では，半導体人工格子に広くヘテロ接合も含めて，それらの電子素子応用について[7],[8]話を進める。

　まず最初に2次元電子ガスの界面に平行な輸送の基礎と高速トランジスタ応用について述べ，次に次世代電子素子として注目されている人工格子の種々の新しいデバイス応用について最近の研究を紹介する。

3.1.2 ヘテロ接合を用いた高速トランジスタ

(1) 2次元キャリヤ輸送と高電界効果

　分子線エピタキシー（MBE）法[9],[10]の進歩によって，結晶中の残留不純物濃度が減少したため，不純物の種類を変えると選択（変調）ドーピングによって，電子，正孔のいずれの2次元ガスをも，ヘテロ接合界面に形成することができるようになった[2],[11]。代表的なヘテロ接合であるGaAs/AlGaAs界面の2次元キャリヤーガスを図2.3.1に示す。この2次元キャリヤーはAlGaAs中の不純

---

*　Masataka　INOUE　大阪工業大学　電気工学教室

3. 半導体人工格子の応用

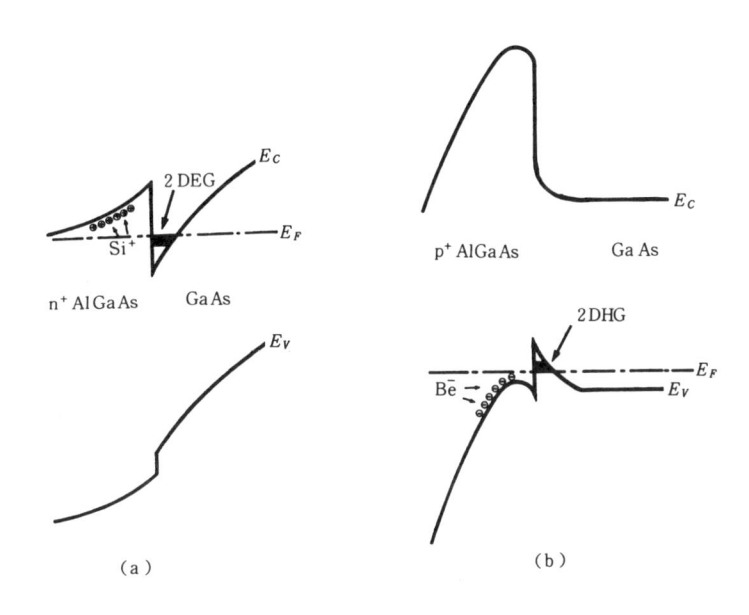

図2.3.1 2次元電子ガス（a図）と2次元正孔ガス（b図）が形成され，選択ドープしたGaAs/AlGaAs ヘテロ接合のエネルギーバンド図

物（n型：Si またはSn，p型：Be）と空間的に分離されているため，高濃度にもかかわらず不純物散乱の影響が非常に小さい。したがって不純物散乱の寄与が大きい低温では，選択ドーピングの効果が特に大きい。2次元電子ガスの移動度は図2.3.2の一例[12]が示すように極低温で10^6 cm²/v・sを越える。移動度の温度依存性において高温部分は極性光学フォノン散乱が移動度を決める支配的な散乱機構である。この特性は，バルク結晶とほとんど変わらない温度依存性であり，この特性から2次元と3次元の差を見出すことは難しい。中間温度領域では音響フォノン散乱が支配的な散乱機構である。2次元性の特徴を明確に示すのは，低温領域である。図2.3.2が示すように，移動度は，温度に依存せず0.15kまでほとんど一定であり，バルク結晶の温度依存性（$\mu \propto T^{3/2}$）と大きく異なっている。

2次元正孔ガスの移動度は，有効質量が電子に比べ大きいため，それほど大きくはないが，選択ドーピング効果は，前者同様顕著に見られる[11]。したがって，室温では2次元正孔ガスを用いたトランジスタの高速性は望めないが，低温では興味が持てる[13),14]。その移動度は77kで約5,000cm²/v.s，

第2章 半導体人工格子

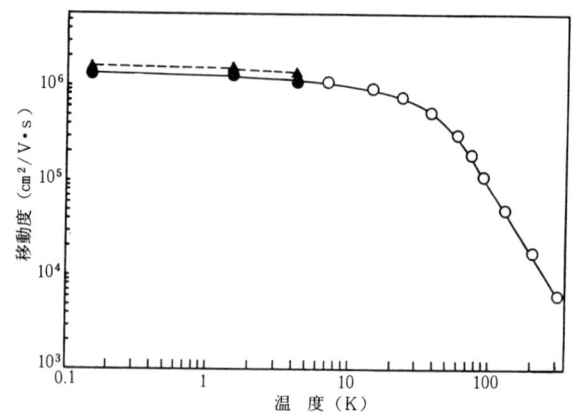

図2.3.2 選択ドープしたGaAs／n-AlGaAs界面の2次元電子移動度の温度依存性[12]

4.2Kで43,000cm²／v·sであり，バルクの値より低温では一けた以上大きい。このことから，後に述べるように2次元正孔ガスを用いたコンプリメンタリートランジスタがGaAs／AlGaAsヘテロ接合を用いて実現できる[15]。

移動度の大きい2次元キャリヤーを超高速トランジスタに応用する際，その動作電界においても理想的な特性を発揮して，低電界と同様に高移動度を維持できるかという疑問が生ずる。この問題について調べる必要から，2次元電子のホットエレクトロン効果の研究が始まったが[16]〜[18]，ここでデバイス応用に関係した内容を簡単に紹介する。

今，10^6cm²／v·sの高移動度をもつ電子が加速され，もしホットエレクトロン効果がないと仮定すると，わずか10V／cmの低電界においてSi結晶の飽和電子速度（約数kV／cm以上で得られる）を越えることになる。したがって，これを超LSIに応用できれば高速で非常に低消費電力のスーパーコンピュータが実現する。以下述べるように，実際にはホットエレクトロン効果のため高電界になると移動度が減少するが[18],[19]，Siを用いたLSIの特性より速度と消費電力においてまさることは確かである。デバイス設計において重要なホットエレクトロン効果の一例として，その効果が著しい低温での実験結果を図2.3.3および図2.3.4に示す[18],[20],[21]。電界が高くなると，2次元電子分布は，もはやフェルミ分布から大きく変形し，高いエネルギーをもった電子は極性光学フォノンを放出してエネルギーを失い移動度が減少する。低電界で支配的な電子相互散乱や不純物散乱の影響は，電子のエネルギーが高くなるにつれて小さくなる。このような散乱機構の電界依存性を図2.3.3の結果がよく示している。電界が約200V／cm以上で，条件の異なる種々の2次元電子ガスの移動度が等しくなっている。このように実際のトランジスタにおいては，電子とフォノン相互作用に

3. 半導体人工格子の応用

よって決められた高電界移動度が主として動作速度を決めていると考えられる。ただ2次元電子ガスを用いた場合，普通のFETと同様ソースとゲート間の電界は低くゲートからドレインの間で電界が高くなっていることが高速性に大きく影響していると思われる。このことに関連して，トランジスタ中の電界分布の計算結果を後に示す[22]。

1kV/cm以上の高電界になると，超格子構造を形成しているGaAs層とAlGaAs層の両チャネルの電子輸送を併せて考えねばならないことがわかった[20]。高電界になるほど，電子分布は高いエネルギー準位に移り，そこでは三角ポテンシャルの幅が広くなるため2次元的性質が失われる。このようなホットエレクトロンの中には，界面の障壁を越えて隣のAlGaAs層へ散乱するものも現われる。この効果を積極的に利用したデバイスも作られている。

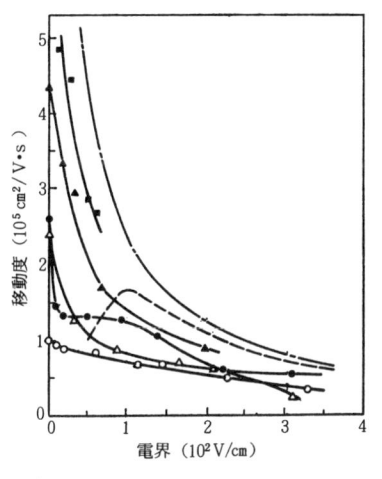

図 2.3.3 GaAs/n-AlGaAs界面の2次元電子移動度[18]

白および黒で示した印は，それぞれ77k，4.2kの測定結果である。破線と一点鎖線はそれぞれ計算結果で，異なった不純物濃度 ($N_I=10^{16}$ および $5\times10^{14}\mathrm{cm}^{-3}$) が仮定されている。

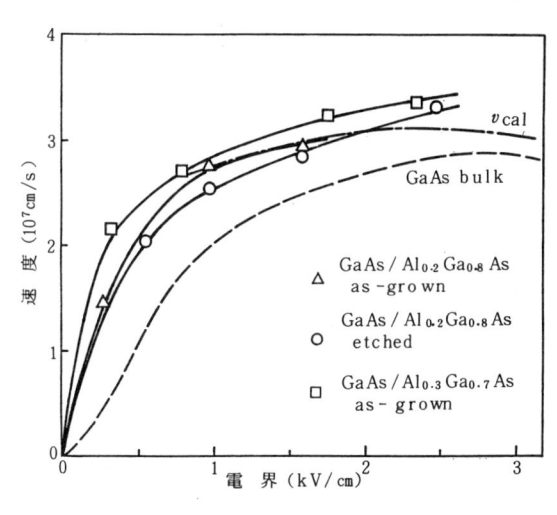

ν_{cal} は計算値，破線は高純度GaAs結晶 ($N_I \sim 10^{15}\mathrm{cm}^{-3}$) の実験値を示す。測定温度は4.2kである。

図 2.3.4 GaAs/n-AlGaAsヘテロ接合界面電子の速度-電界特性[21]

第2章 半導体人工格子

　1 kV／cm以上のGaAs，AlGaAs両層中の電子速度と電子濃度を分離して測定する必要から，パルス高電界を用いたホール測定が用いられた[20]。その結果を図2.3.4の$V-E$特性が示している。ここでは$Al_xGa_{1-x}As$の組成x，およびAlGaAs層の厚さの異なる3種類のヘテロ接合を用いて測定した結果が比較されている。いずれの構造においても，高電界での電子ガスの速度はほぼ等しく，4.2 kにおいて$3×10^7$cm/s以上の高い値を示すことがわかる。測定温度77kにおける測定結果を図2.3.5に示す[21]。比較のためGaAsバルクの実験値を図2.3.4および図2.3.5に破線で示した。これから高純度GaAsエピタキシャル結晶の速度と比較しても，電子ガスの速度が大きいことがわかる。特に電子ガスの濃度は約1,000倍バルクの電子濃度より大きいにもかかわらず，高電界速度が大きいことは非常に注目すべき点である。その理由として，GaAs等の極性半導体中の電子と極性フォノンとの相互作用が，高濃度電子ガスによってある程度弱められている可能性が強い。音響フォノンより周波数が高いため，音響フォノン散乱と同様遮蔽効果が顕著か否かという

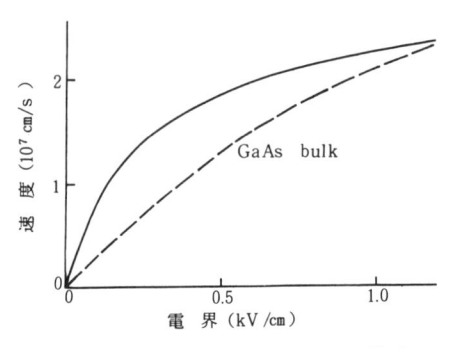

図2.3.5　GaAs/n-AlGaAsヘテロ界面の電子速度[21]
　測定温度77k，破線は高純度GaAsエピタキシャル結晶の実験値。

点については問題があるとしても，何らかの影響はあると考えられる。このことを考慮した計算結果は，実験値といちおうよい一致を示している[18]。

　2次元正孔ガスの高電界効果についても最近研究がなされた[19]。その結果によると，2次元正孔と光学フォノンとの相互作用の強さは電子の場合と比較して，一けた以上大きいことが指摘されている。この理由については今のところ，明確な答えはなく，今後の研究の進展がまたれる。

　トランジスタに選択ドープしたヘテロ接合を用いたHEMTが，従来のGaAs MESFETに比較してどの程度動作速度が増大するかは，興味のある問題である。この問題に第一次近似の解答を与えるため，両者の電子速度を比較しよう。表2.3.1にその計算結果を示す。

　77kおよび室温でのHEMTの特性を評価するため，高電界において3次元的な電子の振舞を仮定して電子の速度を計算した。ヘテロ界面における高濃度電子ガスの特徴を反映するため，電子相互散乱，不純物散乱と極性光学フォノン散乱の遮蔽効果を考慮した。4.2 kの実験値も比較のため表2.3.1に示した。GaAs MESFETの電子速度と比較すると，HEMTの優れた特徴が明瞭に現われている。選択ドーピングの効果は，低温そして低電界になるほど著しいことはすでに明らかであるが[2]，室温でかつ1kV／cmの電界においてもHEMTがMESFETの約2倍の電子速度を示し注目される。後に示すように，電界がゲート近傍の非常に狭い領域に集中し，低電界領域が広いデ

3. 半導体人工格子の応用

表 2.3.1　HEMTとMESFETにおける電子速度(計算値)の比較[8]

電界 (kV/cm)	温度 (K)	HEMT ($n=1\times10^{18}\mathrm{cm}^{-3}$, $N_I=$ $5\times10^{14}\mathrm{cm}^{-3}$) v (cm/s)	GaAs MESFET ($n=N_I=2\times10^{17}\mathrm{cm}^{-3}$) v (cm/s)
1	4.2	2.8×10^7 $2.6\sim2.9\times10^7$ (実験値[18])	
	77	2.6×10^7	7.6×10^6
	300	6.9×10^6	3.1×10^6
5	77	2.5×10^7	2.1×10^7
	300	1.6×10^7	1.5×10^7

バイスにおいて選択ドーピングの効果を十分発揮することができる。

　実験で得られたGaAs/AlGaAs単一ヘテロ界面の電子速度を説明するにあたり，ヘテロ界面の三角ポテンシャル内の電子はホットになると電子分布が拡がるため，高電界では3次元的な振舞いをすると仮定して解析した。もし，電子がダブルヘテロ接合によって形成された狭い量子井戸にあると考えると，高電界においてもホットエレクトロンは2次元性を保つと考えられる。2次元電子の高電界特性[24]の計算結果を図2.3.6に示す。2次元性を考慮すると，極性光学フォノン散乱が生ずるしきい電界で，急激に散乱確率が増すために，3次元電子の場合に比較して明瞭な速度飽和が見られる。しかしさらに高電界では，バルクと何らの相違は見られない。次に2次元ホットエレクトロンの過渡応答[24]を図2.3.7に示す。この図は，電界10 kV/cmにおける電子速度を走行時間の関数として示したものである。破線のバルクの結果と比較して，オーバーシュート効果が大きい点は，デバイスの微細化を進めるうえに有利である。

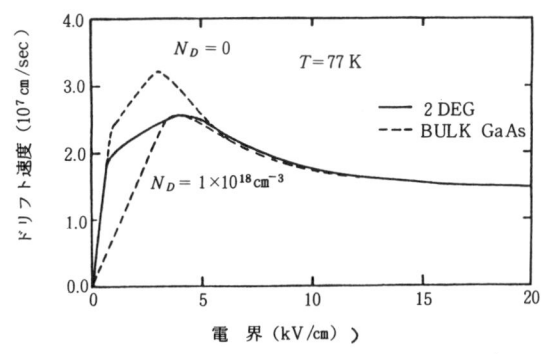

図 2.3.6　GaAs 2次元電子の速度電界特性の計算値[24]
　Γ谷内の電子は2次元的であり，L，X谷へ散乱されると3次元的であると仮定されている。

　これまでは均一電界中での電子の運動を考えたが，デバイス中では電界分布は非常に複雑である。

したがって，HEMTの動作を解析するためには，電界分布を考慮した2次元解析[22])(この2次元はデバイス空間を意味する)が必要になる。ヘテロ接合の解析は，電子分布がトランジスタのソースからドレインにわたって，各部分の電界が様々に変化するので非常に複雑である。2次元量子井戸の電子と，高電界で加熱された量子井戸から溢れ出た3次元電子（GaAsバルク中の電子）の2種類を考慮した解析結果によると，ソース近傍では2次元電子が電流を運ぶが，ゲートに近づくにしたがって電子エネルギーが増大し，GaAsバルクの特性が顕著になる。この様子を図2.3.8に示す。ここで破線は量子井戸の2次元電子濃度を示し，GaAsバルクの電子は深さ

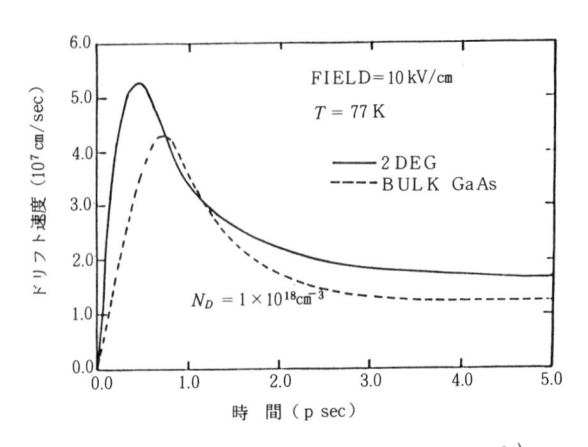

図2.3.7　2次元電子の速度オーバーシュート現象[24)]

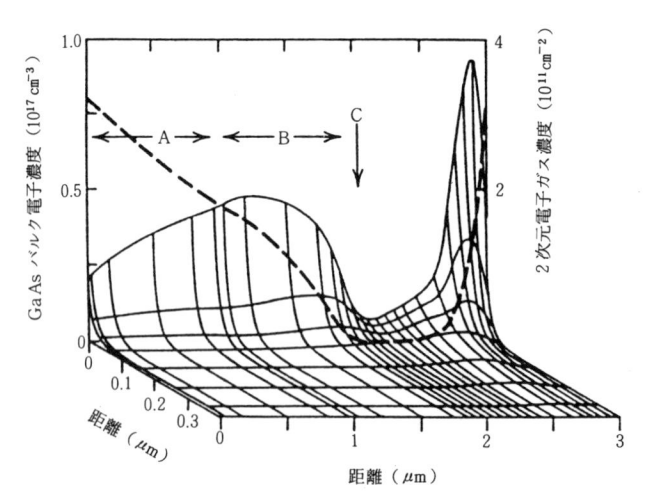

図2.3.8　ソース（左）とドレイン（右）間の電子分布[22)]
　　　破線が2次元電子濃度を示し，実線はGaAsバルク中の電子濃度を示す。

3. 半導体人工格子の応用

方向の関数として実線で示されている。ここで注目すべき点は，高電界が印加されたゲートとドレインの間ではバルク特性がHEMTの動作を支配することである。同時にゲート付近で急激に電界が高くなることから，先に述べた速度のオーバーシュート効果によって局部的に電子速度が8×10^7 cm／s以上にも達するという結果が報告されている。この計算には含まれていないAlGaAs層の電子，および高エネルギー帯，励起サブバンド中の電子の寄与が高電界において重要になる。このように非常に複雑ではあるが，実際のデバイスにおいては，電界分布と電子の空間濃度分布，さらに素子各部の速度が総合されて素子の動作速度が決定される。

(2) 高速トランジスタ

選択ドープしたGaAs／n-Al$_x$Ga$_{1-x}$As（$x\sim0.3$）ヘテロ接合を用いた高電子移動度トランジスタ（HEMT）は，半導体スイッチング素子の中で最も高速で動作する。したがって将来，超高速動作の集積回路素子としても有望になる。また，遮断周波数が高いことから，低雑音マイクロ波およびミリ波HEMTの開発も活発に行われている[25]。HEMTの基本的な動作機構は，ヘテロ接合界面において2次元電子ガス濃度をゲートの電界効果によって制御するというものである[3]。その構造を図2.3.9に示す[26),27]。HEMTにも，デプレッションモードとエンハンスメントモードで動作する2種類がある。それぞれを簡単にD-HEMTおよびE-HEMTと呼ぶ。両者の違いはゲート部分の構造に見られる[26),27]。E-HEMTの表面GaAs層は，反応性イオンエッチング等の技術によって選択的に除去されている。したがってゲート電圧V_Gが印加されない場合，D-HEMTではヘテロ界面に2次元電子が分布するが，E-HEMTでは電子が分布しない。E-HEMTに電流

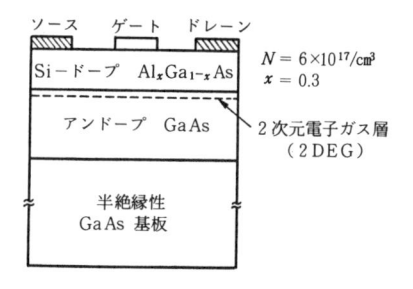

図2.3.9 高移動度トランジスタ（HEMT）の構造[26]

が流れるしきい電圧（threshold voltage）V_Tは，ヘテロ界面のバンドの曲がりが平坦になる条件（flat-band condition）から決められる。このV_Tより大きなゲート電圧V_Gを印加すると，図2.3.10に示すようにヘテロ界面に2次元電子が誘起される。ここでゲート金属とAlGaAs界面および，GaAsチャンネル層とAlGaAs界面の電位障壁の高さをそれぞれϕ_1，ϕ_2とするとV_Tは次式で与えられる。

$$V_T = \phi_1 - \phi_2 - \frac{eN_D w^2}{2\varepsilon} \tag{1}$$

ここでN_D，ε，wはそれぞれAlGaAs層のドナー濃度，誘電率そして厚さを表わす。普通のHEMT構造においては，$\phi_1\sim1\text{V}$，$\phi_2\sim0.3\text{V}$である。(1)式からわかるように，しきい電圧は，

第2章　半導体人工格子

AlGaAs 層の厚さとドナー濃度に依存して変化する。このことから HEMT を集積化するとき，すべての素子の V_T を等しくするため，非常に均一な AlGaAs 層が必要になる。ゲート寸法，$L_G = 2\ \mu m$, $W_G = 300\mu m$ の代表的な E－HEMT において，トランスコンダクタンス，

$$g_m \left(= \frac{\partial I_D}{\partial V_G} \right)$$

として 300 k で 193 mS／㎜，77 k で 409 mS／㎜ が得られている。最近の研究においてゲート長 L_G の寸法がさらに縮小され HEMT の高速化が進んでいる。サブミクロンゲート長 $L_G = 0.33\mu m$ 素子のトランスコンダクタンスは実に $g_m = 580$ mS／㎜ (77 k)，450 mS／㎜ (300 k) であり，最大周波数 $f_{max} = 70 GHz$ が得られた[28]。これらの特性は同様の GaAs，MESFET より優れている。

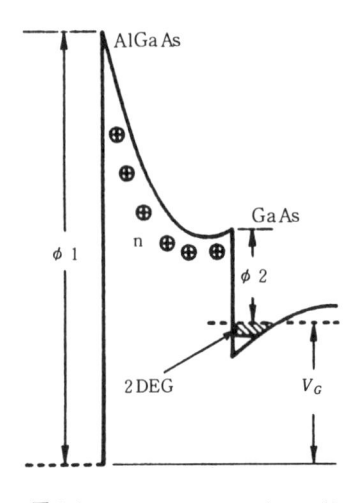

図 2.3.10　エンハンスメントモード HEMT のゲート電圧 V_G 印加時のバンド構造図

GaAs／AlGaAs ヘテロ接合界面の2次元電子ガス濃度をゲート電圧で制御する点では共通しているがゲート構造，熱平衡状態における2次元電子ガスの形成方法，GaAs チャネル層の界面ポ

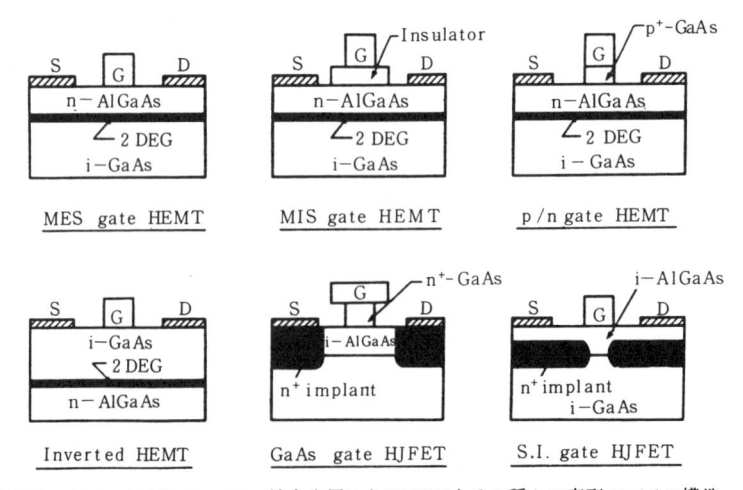

図 2.3.11　GaAs／AlGaAs ヘテロ接合を用いた HEMT とその種々の変型デバイス構造

3. 半導体人工格子の応用

テンシャル制御法の異なる種々のデバイスが作られている。これら種々のデバイス構造を図2.3.11に示す[29]。それぞれの特徴を以下，簡単に示す。各研究者によってHEMTの他に，SDHT，TEG FET等種々の名称がつけられている。

<MESゲートHEMT>[3),30)]

この構造は図2.3.9に示したHEMTの基本構造と同一である。ゲートにショットキー接合を用い，選択ドープしたn-AlGaAsの濃度と厚さを制御して，エンハンスメントモード（E）ディプリーションモード（D）のデバイスを実現する。

<MISゲートHEMT>[31)]

絶縁ゲート形HEMTであり，ゲート・リーク電流が流れないため，論理振幅を大きくできる可能性がある。

<p/nゲートHEMT>[32)]

p/n接合ゲートであり，GaAsのバンド・ギャップ程度にまで論理振幅がとれるため高速化に適する。

<逆構造ゲートHEMT>[33),34)]

n-AlGaAs上部にGaAsチャネルをもつ構造である。ゲート耐圧向上が期待できる。

<GaAsゲートHJFET>[35),36)]

この構造はゲートにn^+GaAsを用い，電界効果によって不純物をドープしないAlGaAs層を通してソースn^+領域から電子を引き出し，ゲートの下に電子を誘起させて動作する。この素子のバンド構造を図2.3.12に示す。この構造の大きな特徴は，AlGaAsにドナーをドープしないことである。したがって，(1)式において$N_D = 0$となり$V_T = \phi_1 - \phi_2$となることから，しきい電圧がwにも依存しないことである。また$\phi_1 \simeq \phi_2$であるので$V_T \sim 0$すなわちしきい電界が，ほとんど零になる[35)]。このようにAlGaAs層の厚さや不純物濃度分布の不均一にしきい電圧が関係せず，また$V_T \sim 0$であることから低電圧動作のロジック回路構成が可能になり，大規模集積化に非常に有利である。

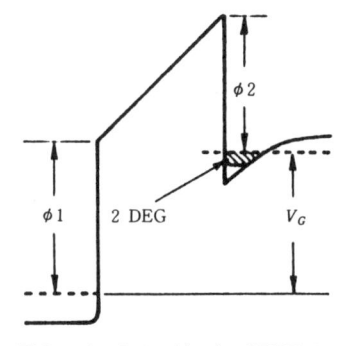

図2.3.12 GaAsゲートHJFETのバンド構造[35)]
V_Gはゲート電圧を示す。

<絶縁層ゲートHJFET>[37)]

i-AlGaAsを絶縁層としたヘテロ接合FETである。E-FETおよびD-FETが作られている。

以上述べたデバイスはAlGaAsとGaAsとのヘテロ構造を基本にしたものであった。AlGaAsの

第2章 半導体人工格子

代わりに2次元電子供給層としてAlAs/n-GaAs 超格子構造を用いたデバイスも作られている[38]。その基本構造を図2.3.13に示す。この素子は、AlAs/n-GaAs超格子のドーピング法に大きな特徴をもつ。すなわち、40Åの周期構造のGaAs層の真中部分に 2×10^{18} cm^{-3} のドナーがドープされ、AlAsには全く不純物をドープしない構造である。したがって、n-AlGaAs中の深いDX中心による持続性光伝導効果（persistent photoconductivity）の影響を除く上で大きな利点がある。またしきい電圧の温度依存性が一般のHEMT構造デバイスより小さいことも注目される。

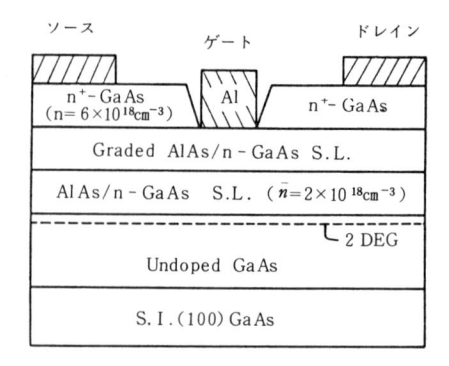

図2.3.13 （AlAs/n-GaAs超格子）/GaAs 2DEGFETの構造[38]

単一GaAs/n-AlGaAsヘテロ接合を用いて素子を設計する場合、界面の2次元電子濃度はヘテロ構造上 10^{12}cm^{-2} 以下に制限される。そこで2つ以上のヘテロ接合を組み合わせて電子濃度の高いトランジスタも作られている[4]〜[6]。変調ドーピング法が開発された当初、多層ヘテロ接合（超格子構造）を用いたトランジスタの開発がまず考えられたが、実現しなかった。2次元電子層がゲートから離れるにしたがってゲート電圧効果が小さくなるため、あまり多層にするとトランスコンダクタンスが小さくなる。ダブルヘテロ構造にして、GaAsチャンネル層の両側のAlGaAs層から電子を供給する構造は、g_m を高くかつ電流をHEMTの約2倍にできる特徴をもっている[4],[5]。2次元電子濃度が約 2×10^{12}cm^{-2} まで高められたことにより、D-HEMT構造の g_m が $V_G > 0$ の領域でも増大し、$V_G = +0.7$Vで最大値 $g_{m_{max}} = 300$mS/mmを示した[6]。この値は、ゲート長1 μm の素子において、室温で測定された結果である。同様の構造のE-HEMTでは、$g_{m_{max}} = 360$ mS/mmとなり、ダブルヘテロ構造の優れた特性が実証された。

HEMTの高速性を生かして集積回路をつくる試みも最近始まった[39],[40]。ゲート長 1 μm 程度のHEMTを用いたリング発振器の無負荷状態での伝搬遅延時間は、10〜20 psecと非常に速い[30],[41],[42]。HEMTを用いた周波数分周器の初期試作において5〜10GHzの最大動作周波数が得られている。この特性は、SiECL回路やGaAs MESFETの回路に比較して、2〜3倍の高速性を示しており、今後設計およびプロセスの最適化によって、さらに高速化できると期待されている。

HEMT基本構造の高速化を利用して、初めて1kビットsRAMが試作された[39]。この回路は7,244個の素子を集積化したE/D型DCFL回路形式である。E-HEMTとD-HEMTを組み合わせた基本インバータの構造を図2.3.14に示す。最小ゲート長1.5 μm、配線ルール3 μmの

3. 半導体人工格子の応用

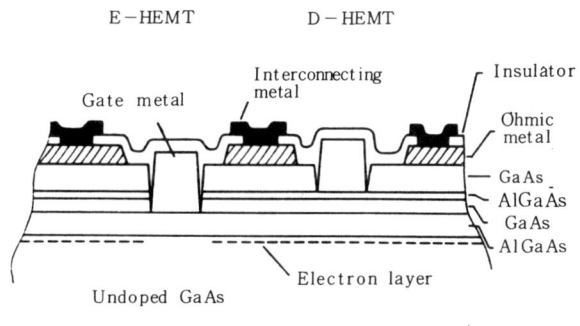

図 2.3.14 基本インバータ構造断面[39]

設計において，半導体ＬＳＩメモリとして初めて 1 ns の壁を破る 0.87 ns のアクセス時間が達成され，ＨＥＭＴＬＳＩの高速性が実証された．さらに最近 26864 素子を集積した 4 k ビット s ＲＡＭ も試作され，その特性が報告された[40),43)]．

前節で GaAs/p-AlGaAs ヘテロ接合界面の 2 次元正孔ガスについて述べた．この 2 次元正孔の移動度は低温で，ある程度大きな値を示すことから，デバイス応用の可能性がある．特に大規模集積化を考える場合，GaAs を基本材料とする場合にもシリコン集積回路のＣＭＯＳに対応したコンプリメンタリ（complementary）GaAs ＩＣが雑音余裕と消費電力の上で興味深い．しかしながら，これまで報告された p チャンネル GaAs ＪＦＥＴのトランスコンダクタンスは，5 mS/㎜と n チャンネルの1/10程度である[44)]．

GaAs/p-AlGaAs ヘテロ界面の 2 次元正孔ガスの移動度が 77 k において 5,000 ㎠/v・s に達することを考えた場合，低温動作の大規模集積回路に p チャンネルＨＥＭＴを利用することが考えられる[13)]．p 型選択ドープしたＨＥＭＴ（p-MODFET）において，トランスコンダクタンス，$g_m = 46$ mS/㎜ (77 k)[15)]，1 ゲート当たりの遅延時間として 233 ps が得られている．この，p-MODFET を用いて，図 2.3.15 が示すようなコンプレメンタリ基本回路 p-MODFET/n-HB ＭＥＳＦＥＴが試作された[45)]．プロセスを簡単にする必要性から n 型ＨＥＭＴを用いず，p-AlGaAs 層をヘテロ障壁と利用した単なる n 型ＭＥＳＦＥＴが組み合わされている．この 2 つのデバイスにおいて測定されドレイン電流とドレイン電圧の関係が図 2.3.16 である．両デバイスともに $V_D = 0.4$ V において I_D が飽和を示している．

今後，残された 2 次元正孔ガスの基本的な物性の研究と同時に，そのデバイス応用も一層進むものと思われる．

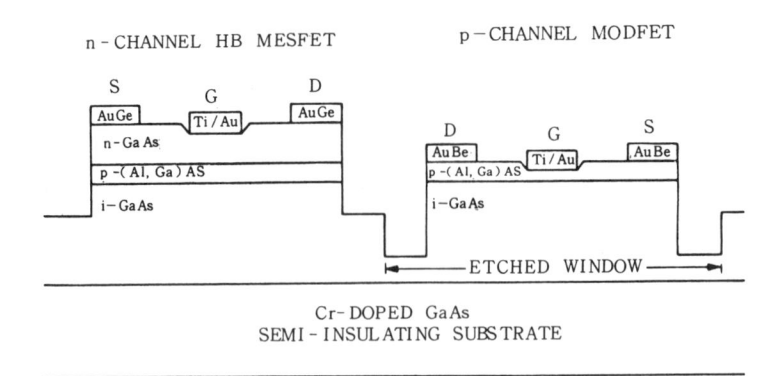

図2.3.15　2次元正孔ガスを用いたpチャネルMODFETとnチャネルMESFETによるコンプリメンタリ基本構造[45]

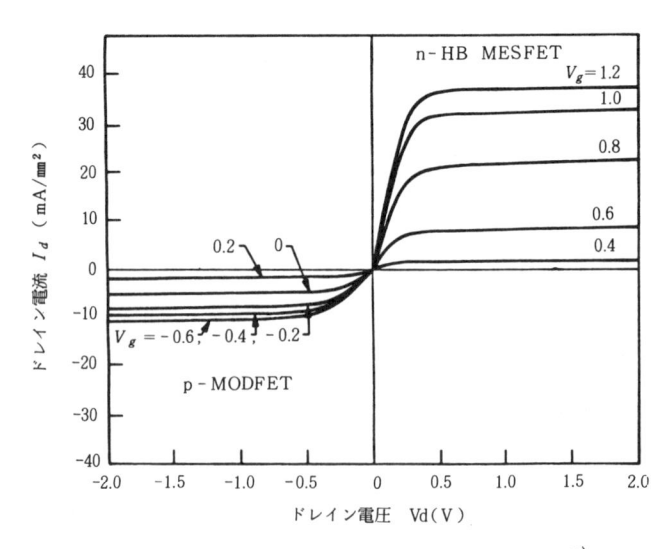

図2.3.16　コンプリメンタリ基本構成の素子特性[45]

3.1.3　半導体人工格子を用いた新機能素子

　前節では主として単一ヘテロ構造を用いた高速トランジスタについて述べた。それらは，ヘテロ界面に平行な高速電子輸送を電子素子に応用した例である。一方，ヘテロ界面に電界を平行あるい

3. 半導体人工格子の応用

は垂直に印加して，界面に垂直方向の電子の運動を利用した新しい素子も考えられている。これらは従来の半導体バルク素子にない人工格子を用いた新しい素子といえる。それぞれの特徴について簡単に説明しながら，種々の素子応用を紹介する[46]〜[62]。表2.3.2は，種々の半導体人工格子を用いた新機能電子素子をまとめたものである。

表2.3.2 人工格子を用いたデバイス

構　造	特　徴	素子応用
GaAs/AlGaAs 超薄膜5層構造	共鳴トンネル効果[46],[47]	超高周波発振器，増幅器[48],[49]
GaAs/AlGaAs 5　層　構　造	ホットエレクトロントンネリング[50]	HET[51],[52]
GaAs/AlGaAs （　多　層　）	実空間電子遷移による負性抵抗[53]	マイクロ波発振器[54]，実験周波数25MHzメモリ素子
AlGaAs/GaAs/AlGaAs	二つの量子井戸間の電子遷移	速度変調トランジスタ[55] 推定速度 $\tau < 1$ ps
GaSb/InAs/AlSb	ポリタイプ超格子組み合わせ方により多機能[56]	トンネルダイオード高速スイッチング素子[57]
GaAs/AlGaAs （　多　層　）	界面に垂直加速低雑音，高利得[57]	APD実験値 $\alpha/\beta \sim 10$ （$E = 2.7 \times 10^5$ V/cm）
GaAs/Al$_x$Ga$_{1-x}$As （$x = 0 \sim 0.3$）	傾斜型バンド構造[58] 低電圧，低雑音	APD理想的構造
InGaAs/GaSbAs	界面に平行に加速低雑音	APD推定値[59] $\alpha/\beta = 0.01 \sim 10^3$
n-GaAs/p-AlGaAs	界面に平行に加速低雑音	APD推定値[60] $\alpha/\beta \sim$ 350, V=0.5〜1.2 kV
GaAs/AlGaAs	極微細半導体細線 1次元超格子[61],[62]	超高速デバイス

(1) 電子の空間分布変調と素子応用

単一ヘテロ接合界面には，図2.3.17(a)に示すように2次元電子が分布する。この2次元電子ガスのフェルミエネルギーは，磁気抵抗に現われるシュブニコフ・ドハース（shubnikov de Hass：SdH）振動の周期から知ることができる。図2.3.17にはそれぞれの構造において測定されたSdH振動と，それから求めたエネルギー準位を示す[63]。このようなヘテロ接合を2つ結合すると，図2.3.17(b)(c)のように電子が量子井戸の中に閉じ込められる。このときGaAs層の厚さによって分布の

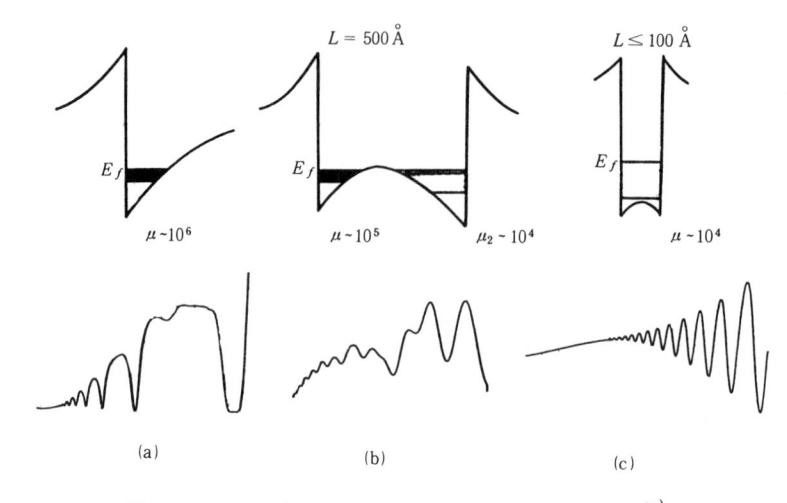

図2.3.17　GaAs/n-AlGaAsヘテロ構造の伝導帯バンド図[63]
それぞれの構造の試料を用いて測定した磁気抵抗の振動とそれを解析して得られた2次元電子準位が示されている。電子の移動度（4.2 k）の代表値も示す。

様子が異なることがわかる。GaAs層の厚さが$L \simeq 500$ Å程度では、GaAs層両端にそれぞれ独立して電子が分布する。一方、Lが小さくなると、図2.3.17(c)に示すように、2つの界面の電子は完全に1つの電子ガスに統合される。このような量子井戸中の電子状態は、ヘテロ界面の境界条件を考慮したポアソンの方程式とシュレーディンガーの波動方程式を解いて理論的に求めることができる。その一例として$L = 500$ Åの場合に得られた結果を図2.3.18に示す[63),64)]。ここで、図2.3.17(b)に示された実験結果を説明するために、Siドナー不純物の分布として実際の試料に合ったものを用いる必要がある。MBE法でn-AlGaAs/GaAs/n-AlGaAsヘテロ接合を繰り返し成長した場合、Siの拡散によって電子分布が非対称になる。すなわち、GaAs界面に60Åの不純物をドープしないAlGaAsスペーサーを成長した場合、n-AlGaAs上にGaAsを成長させた一方の界面においては、Siが界面まで拡散し、事実上AlGaAsのスペーサー層がなくなる[65]。このことを境界条件として計算に取り入れるため、図に示すように非対称なSi不純物分布を仮定する。その結果、図2.3.17(b)に示した実験結果をよく説明する非対称な電子分布が得られた。2つの異なった界面に分布する電子ガスの濃度には大きな差があり、この構造には全体として3種類の異なったサブバンド（一方のヘテロ界面では、電子は第2サブバンドにも分布するため）に2次元電子が分布することになる。このように電子分布が非対称になるばかりでなく、移動度にも差が見られる。それを示す直接的な証拠として図2.3.19が示す電子温度の電界依存性に注目したい。図2.3.17(b)に示された複雑なSdH

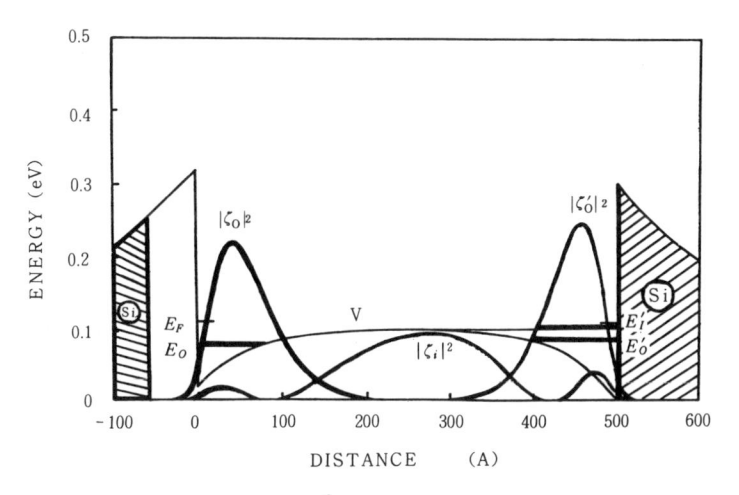

3. 半導体人工格子の応用

図 2.3.18 $L = 500$ Å のダブルヘテロ接合中の電子状態と2次元電子ガスの分布[64]

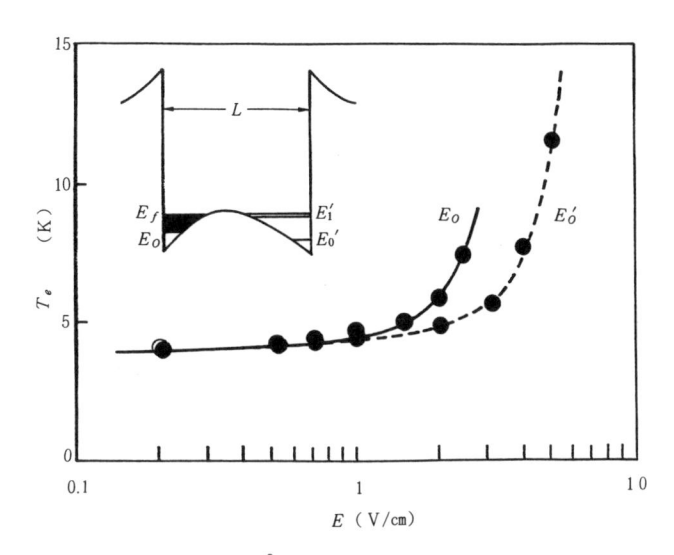

図 2.3.19 $L = 500$ Å 量子井戸中の2種類の電子ガスが電界 E のもとで加熱され，電子温度 T_e が格子温度 4.2 K から上昇する様子を示す[63]

第2章　半導体人工格子

振動は，3つの振動成分を含んでいるが，それぞれのフーリエ変換によって得られた振動成分が電界印加のもとで減衰する割合から電子温度が求められる。一方のヘテロ界面電子(低濃度電子ガス)の移動度が大きいため，他方に比べて，より低電界で温度が上昇していることがわかる。最近の成長技術を用いると，任意の電子濃度分布と移動度を得ることができる。

ここで非常に大きく移動度の異なる2つの電子チャンネルが多層ヘテロ構造中に作られた場合を考えよう。両チャンネルに分布する電子の総和は一定であるが，ゲート電圧によって2つのチャンネルの電子分布を変えて実効移動度が変化すれば，トランジスタとして動作する。一般のトランジスタにおいてはチャンネル中の電子数の変化によってコンダクタンスを変化させるのに対し，この方式では，電子の移動度の変化によってチャンネルコンダクタンスを変化させる[55]。その具体的なデバイス構造を図2.3.20に示すが，ゲート電界によってチャンネル中の平均電子速度を変調することから，速度変調トランジスタ（Velocity Modulation Transistor：VMT）[55]と名付

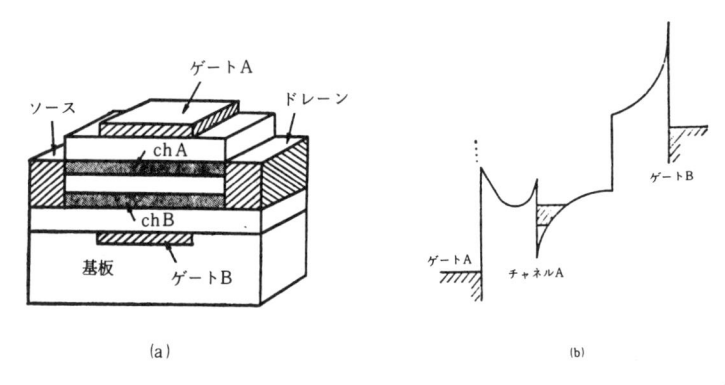

図2.3.20　速度変調トランジスタ[55]
(a)構造図，(b)ゲートAに正バイアス電圧が
印加されたときの伝導帯図を示す

けられた。(b)図には，ゲート電圧を印加したときのバンド図を示している。この場合チャンネルBの電子がなくなり，チャンネルAにのみ電子が分布する。このとき，もちろん印加電界によって電子は加熱されるので，電子分布は，零電界のときよりは空間的に拡がる。ゲート電界によって量子井戸の電子分布，すなわち，電子波動関数が変調される様子を図2.3.21に示す[66]。正のゲート電圧が印加された界面に電子分布が偏る様子がよくわかる。このような波動関数の電界変調を基本原理としたデバイスを，いかにうまくデバイス設計を行って，実際に高速で動作させるかが今後の興味深い問題である。

　量子井戸中の変化のみならず，2次元電子が高電界のもとで隣の層にわたって運動し，電子分布の変化を生ずる場合を次に考えよう。多層ヘテロ構造に高電界を印加した場合，量子井戸から隣の障壁層

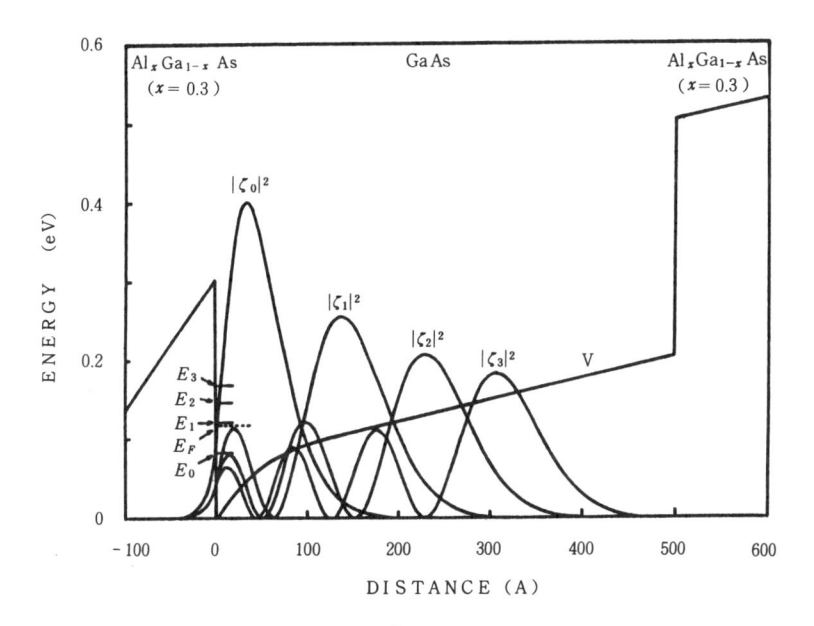

図 2.3.21　$L = 500$ Å の量子井戸構造にゲート電圧 0.4 V を印加したときの電子波動関数と電位を示す[66]
$T = 4.2$ K。

にホットエレクトロンが遷移し，その結果負性抵抗が現われる可能性は，すでに1973年に報告されている[67]。最近 GaAs / AlGaAs 多層構造を用いて，この実空間電子遷移効果（Real Space Electron Transfer Effect）について実験が行われた[53]。図2.3.22に示すような AlGaAs にはさまれた GaAs 量子井戸中の電子が，界面に平行な高電界によって加熱され，その運動エネルギーがヘテロ界面のポテンシャル障壁よりも大きくなると遷移が起きる[54]。AlGaAs 層へ溢れ出た電子は，GaAs 中より有効質量が大きくなると同時に散乱確率も変化し，移動度が一けた以下になる。このとき AlGaAs 層から GaAs 層へ電子の逆方向遷移も同時に生じ，平衡状態を保つが，電界が高くなるほど AlGaAs 中の電子分布が増大する。その結果，図2.3.22(b)に示すような $I-V$ 特性が観測される。急激な電流飽和あるいは，負性抵抗が生ずるしきい電界はガン効果のしきい電界と近い値であるため，両者の寄与を高電界で分離することは，GaAs/n-AlGaAs 系では難しい。しかし，この実空間電子遷移効果の特徴は電子の遷移確率をヘテロ構造によって制御することができることである。また高周波電界で電子加熱を行う場合，応答速度が問題となるが，GaAs および AlGaAs 両層を非常に薄くして構造を最適化するとピコ秒程度の応答が可能であると，ホットエレクトロンの

第2章　半導体人工格子

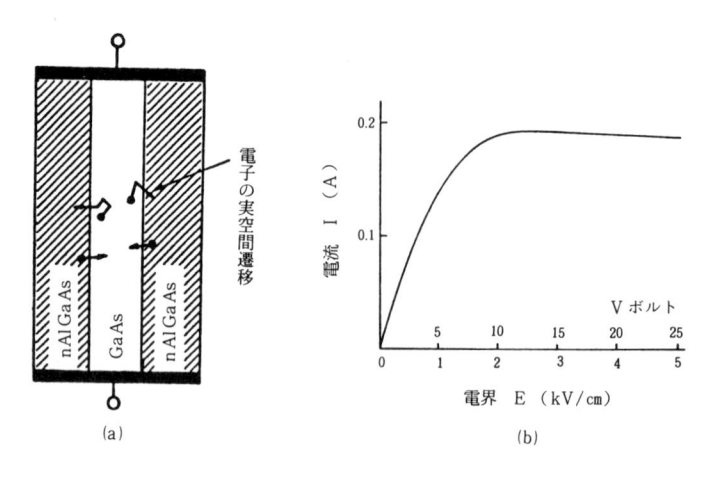

図2.3.22　実空間電子遷移効果の概念図(a)とその $I-V$ 特性(b)[54]

熱放出理論から推定されている。しかし実際に作られた発振器の動作周波数は，今のところ25MHz程度である[54]。

　電子の空間分布をより有効に変調し，デバイスとしての機能も改善する試みがなされている。電子がチャネル間を遷移しやすくするために，高電界によって電子を加熱すると同時に，正のバイアス電圧（基板電圧）を印加するデバイス構造（図2.3.23）がそれである[68]。図に示された電子分布が示す通り，2次元電子ガスが選択ドープされたGaAs/n-AlGaAs界面に形成されているが，一方の障壁はAlの組成が直線的に変化した不純物をドープしない Al_xGa_xAs（$x=0.34～0.1$）層でできていることに注目したい。そしてこの $Al_xGa_{1-x}As$ 層の下にはn型GaAs基板があり，そこに電極が付けられている。ソースとドレイン間の電圧が高くなり，GaAs層両側のポテンシャル障壁以上の運動エネルギーをもつ電子は，基板に印加された正バイアス V_{sub} に引かれて，アンドープのAlGaAs層を走り基板電極へ達する。この様子を図2.3.24の特性がよく示している[69]。基板には $V_{sub}=4V$ の正バイアス電圧が印加されている。ドレイン電圧が高くなるにしたがって，GaAsチャネル中の電子が加熱され，アンドープAlGaAs層にホットエレクトロンが注入される確率が増し，基板電流 I_{sub} が増大している。この変化に対応して，ドレインに達する電子数が減少し，I_D が小さくなる。基板に正バイアスを印加することによって，室温においても明瞭な負性微分移動度が観測されている。このデバイスはCHINT（Charge Injection Transistor）とも呼ばれている[69]。

　以上，ヘテロ接合によって形成された量子井戸中の電子を界面に平行な電界で加熱して，電子の空間分布を変調させるデバイスについて述べた。次節では，人工格子の特徴をより一層特徴づける

3. 半導体人工格子の応用

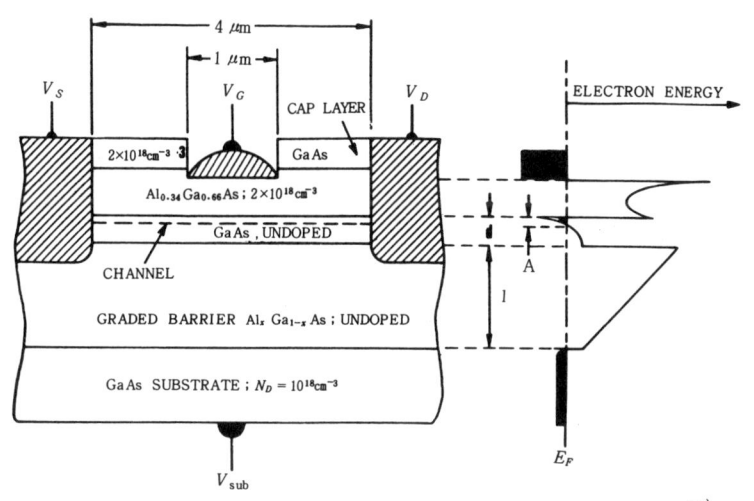

図2.3.23 ホットエレクトロンの実空間遷移を利用した素子構造と伝導帯構造[68]

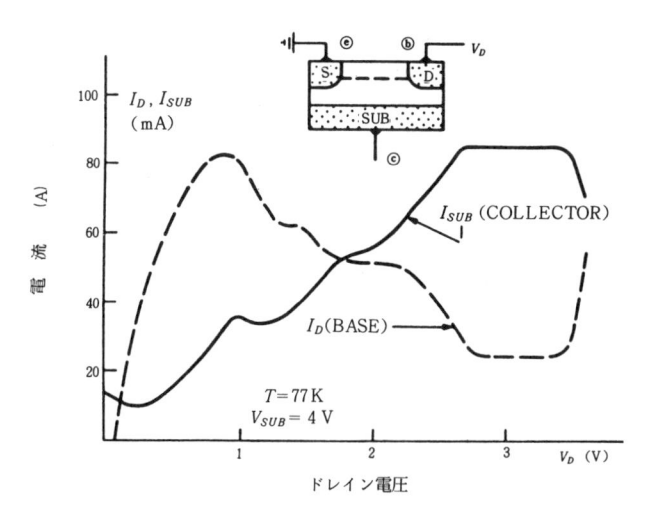

図2.3.24 CHINTの電流（ドレイン電流 I_D および基板電流 I_{sub}）ードレイン電圧特性 [69]

界面に垂直な電界のもとでの電子輸送の応用例を紹介しよう。

(2) トンネル効果とその応用

　GaAsとAlGaAsの超薄膜を多層に積層化して，成長した周期構造を超格子（Superlattice）と

第2章 半導体人工格子

呼ぶ。電子の障壁層であるAlGaAsが薄くなると，GaAs量子井戸中の電子波がAlGaAs層であまり減衰せず，隣の電子波と相互作用して量子準位間に結合が生ずる。その結果，隣と相互作用のない場合に縮退していた電子準位が分裂し，ミニゾーンからなるエネルギー帯が形成される。電子の波数 k が $k = \pm \dfrac{n\pi}{L}$ (L：超格子構造の周期)で与えられるミニゾーンの端では，ブラッグ条件が成り立ち電子波は全反射する。このため電子の散乱がほとんどなく電子が同位相で運動すると，直流電圧印加のもとで，電流は発振現象を示す可能性がある。これがブロッホ発振器の基本原理である[1]。

超格子の基本単位構造において，1つの薄いAlGaAs層を介した2つの量子井戸間のトンネル電流は最初，Esakiらによって観測された[46],[47]。その後約10年が経過して，進歩したMBE成長技術を使って作られた試料において，より明確な非線型を示す $I-V$ 特性が室温でも観測されるようになった。その代表的な構造を図2.3.25に示す[48]。左端の n^+ GaAs層 ($N_D \sim 10^{18} \text{cm}^{-3}$)の電子は，図(b)が示すようにバイアス電圧が印加されると，薄い $Al_xGa_{1-x}As$ 層 ($L \sim 50 \text{Å}$, $x \simeq 0.25 \sim 0.3$)に侵入しトンネル効果によって隣の層へと進む。真ん中にあるGaAs層 ($L' \sim 50 \text{Å}$, $N_D \simeq 10^{17} \sim 10^{18} \text{cm}^{-3}$)のエネルギー準位は閉じ込め効果によって，基底サブバンドが伝導帯の底から E_1 だけ高い位置にある。したがって注入された電子のエネルギーが，ほぼ真ん中の量子井戸のエネルギー準位に一致したとき，トンネル確率が大きくなる。この現象を共鳴トンネル（Resonant tunneling）現象という。この構造を用いて測定されたトンネル電流および，その1次微分 $\dfrac{dI}{dV}$ を図2.3.26に示す。290 k においても，共鳴トンネル効果が生じている。50 k 以下の低温では $V_{th} = 0.218$ V において，電流が極大になり，負性抵抗領域での電流の極大値と極小値の比は 6：1（逆方向4.8：1）と大きい。

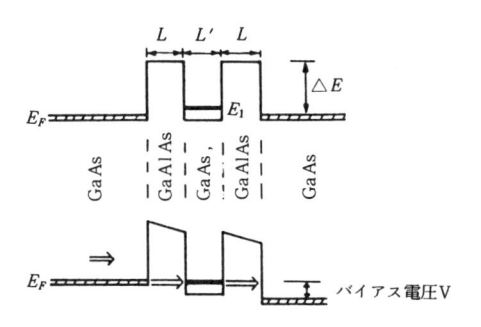

図2.3.25 量子井戸構造とバイアス印加したときの共鳴トンネル効果の概念図[48]

この素子にサブミリ波（138 GHz，761 GHz）および遠赤外域光（2.5 THz）を当て，その応答が調べられた[48]。2.5 THzにおける結果を図2.3.27に示す。直流バイアス電圧の関数として超高周波応答が示されている。破線は直流の $I-V$ 特性から得られた微分コンダクタンス $\dfrac{d^2I}{dV^2}$ であり，実線で示された出力信号とよく対応している。このような超高速応答の速度は電子がAlGaAs層をトンネルするのに要する時間が 10^{-13} 秒程度で非常に短いため，測定回路で決まると思われる。最近，この構造のGaAs量子井戸中の不純物濃度を低くして，トンネル電流を約100倍に増大し，マイクロ波発振器が作られた[49]。共振回路とのインピーダンス整合などを改善して，出力 5 μW，

3. 半導体人工格子の応用

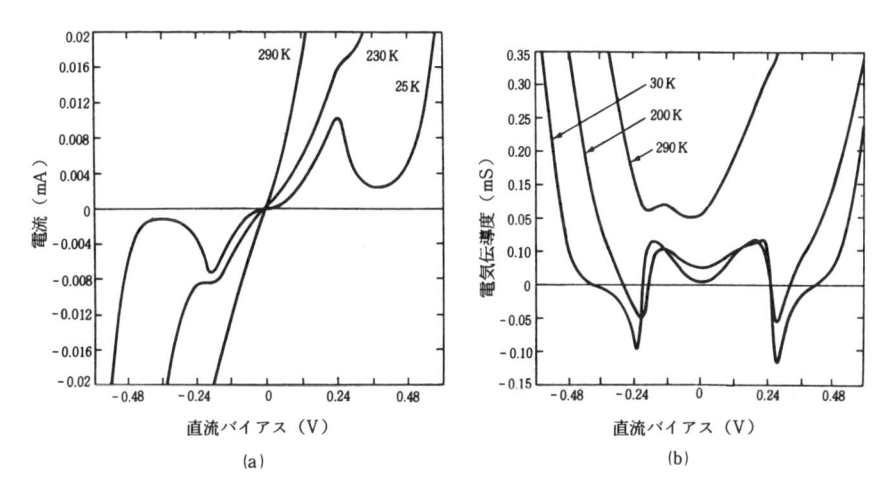

図 2.3.26 共鳴トンネル効果を示す $I-V$ 特性(a)
および $\left(\dfrac{dI}{dV}\right)-V$ 特性(b)

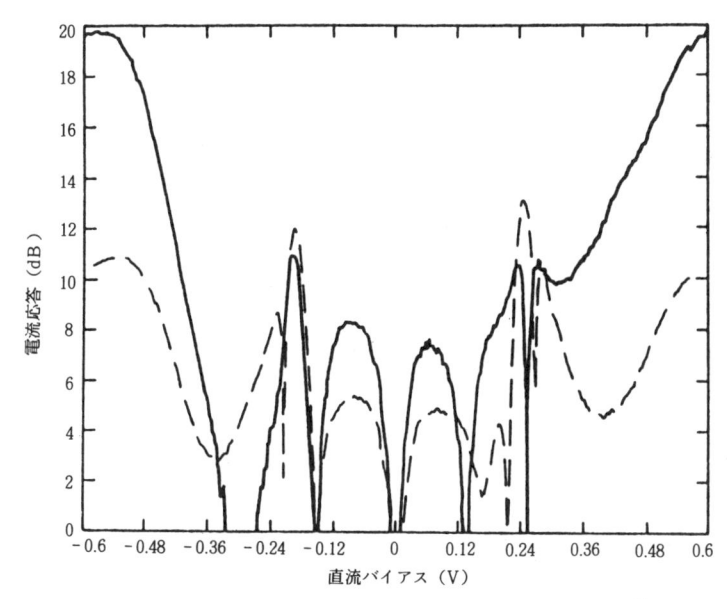

図 2.3.27 遠赤外光 (2.5 THz) を照射したときの電流応答[48]
縦軸の 0 dB は $0.3\,\mu A/W$ に対応する。破線は図 2.3.26の
直流特性から求めた $\dfrac{d^2 I}{dV^2}$ を示す。測定温度25 k

第2章　半導体人工格子

最高発振周波数18GHz，効率2.4％の発振器が試作され，200kの高温でも動作することが確認された。単一素子の出力は小さいが，これを集積化すれば，比較的容易に高出力が得られると思われる。

共鳴トンネル効果は，超薄膜のAlGaAsとGaAs層を組み合わせた図2.3.25のような構造において見られたが，これと同様な構造で各層の厚さを一けた程度大きくし，真ん中のGaAs層に電極をつけると3端子素子になる。この型のトランジスタの提案は古く，最初は酸化膜と金属を組み合わせたMOMOMホットエレクトロントランジスタが考えられた[50]。しかし，当初の薄膜成長技術ではデバイスを実現できなかった。最近MBE法によって良質のGaAs／AlGaAsヘテロ接合が得られるようになり，MOMOM構造に対応して，GaAs（M）とAlGaAs（O）層を組み合わせてトランジスタを作る提案がなされた[51]。すなわちTHETA（Tunneling Hot Electron Transfer Amplifier）[51]あるいはヘテロ接合ホットエレクトロントランジスタ（Hot Electron Transistor：HET）[52]と呼ばれる素子である。そのバンド構造とデバイス構造をそれぞれ図2.3.28および図2.3.29に示す。エミッターからヘテロ障壁にかかる高電場で加速された電子は，ベースとのヘテロ界面を電子波の量子力学的干渉によるトンネル現象（共鳴ファウラー・ノルドハイムトンネル現象）[70]によってベース領域に注入される[70],[71]。

このベース領域に注入されたホットエレクトロンはベース層が薄いと大部分の電子は散乱されずに，高エネルギーを保持したまま次のAlGaAs層を越えコレクターに達する。ベース層で散乱され運動エネルギーを失った電子は，ベース電流を形成する。したがってエミッターとベース間のバイアス電圧を変化することにより，コレクターへのトンネル電流を制御することができる。このトランジスタの特徴は高速のホットエレクトロンを用いる点である。ベース領域を薄くしてホットエレクトロンのベース領域での散乱確率を小さくする試みは，ヘテロバイポーラトランジスタにおいても同様である。

最近試作された素子（図2.3.29）においては[72]，エミッターとベース間のAlGaAs層が250Å，ベース層の厚さが，

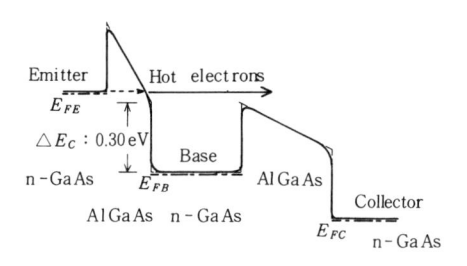

図2.3.28　ホットエレクトロントランジスタのバンド構造[52]

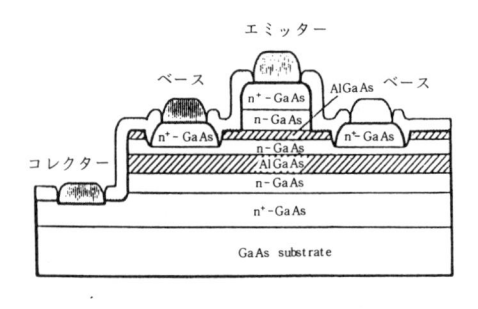

図2.3.29　HETの構造図[72]

3. 半導体人工格子の応用

1,000 Å, GaAsベースとコレクター間が1,500 ÅのAlGaAs層から形成されている。そしてMBE選択成長技術を使って、ベース電極が付けられている。この素子の低温での特性を図2.3.30に示す。77kでの電流利得として $h_{FE} = 1.0$ が得られた。すなわちエミッターからベースに注入されたホットエレクトロンの50%がコレクターに到達したことになる。解析によると、ベース領域での電子の平均速度は、7×10^7 cm/s であり、ベース領域の走行時間は約0.1 psecと非常に短い。AlGaAs層を薄くしてベース領域に注入されたホットエレクトロンエネルギーの最適化を図ると同時に、ベース層をさらに薄くすると、より高い利得が期待できる。

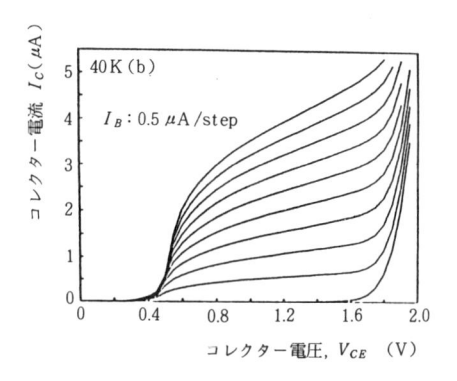

図2.3.30 ホットエレクトロントランジスタの $I_C - V_{CE}$ 特性[72]

(3) その他の新機能素子応用

ヘテロ界面に生じた伝導帯と価電子帯の不連続な構造を応用した代表的なデバイスにアバランシェ・フォトダイオード（Avalanche Photodiode : APD）がある[73]。GaAs/AlGaAs 超格子においては、伝導帯に現われる段差 ΔE_C が、価電子帯のそれの数倍も大きい。したがって、AlGaAsからGaAsへ電子が電界によって注入されたとき、この不連続エネルギー ΔE_C だけのポテンシャルエネルギーが電子の運動エネルギーに急激に変換される。すなわち、衝突電離を起こすしきい値が ΔE_C だけ小さくなったと考えられ、電子の衝突電離係数（α）が正孔（β）に比較してより大きくなり、低雑音で高利得のAPDが実現できた[57]。最近、この超格子APDのAlGaAs層を図2.3.31が示すようなAlの組成が直線的に変化した構造（傾斜型ポテンシャル超格子）に改良し、GaAs層から、AlGaAs層への伝導帯底の段差をなくし電子加速を容易にする工夫がなされた[58]。左端のp^+領域から光が入射し、電子-正孔対ができると、電子はポテンシャル変化の繰り返し構造の中を、加速と電離を繰り返して電子数を増倍しながら、右端電極に達する。このような超格子APDにおいては、各層の厚さを薄くすると、電子加速中のフォノン散乱によるエネルギー損失割合が減少し、特性が改善できると

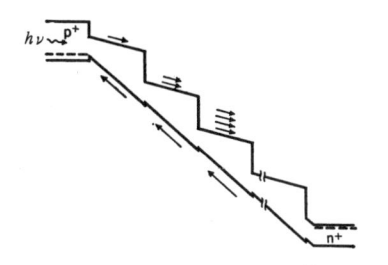

図2.3.31 傾斜型ポテンシャル構造を応用した超格子APD[58]

第2章 半導体人工格子

考えられる。急峻な Al の組成制御による不連続バンド構造と，Al の直線的な変化による傾斜型バンド構造の繰り返し構造をもつ超格子 APD は，デバイス特性の最適化を構造的に追求したよい一例である。

界面に平行な電子（正孔）加速を用いた APD についても興味ある提案がなされている[59),60)]。表2.3.2 が示すように異なった半導体ヘテロ接合を用いた報告があるが，基本的な考えは同じで電子と正孔を空間的に分離する方式である。実験結果はまだ報告されていないが，印加電圧をいかに低くできるかについてデバイス設計の問題が残っている。

ポリタイプ超格子[56)]は図 2.3.32 に示すように 3 種類の半導体の組み合わせによって生じた新しい物性を利用する構造である。この超格子の特徴は，InAs の伝導帯が GaSb の価電子帯と重なった構造を持っている点である。今，このヘテロ界面に垂直な方向に電界を印加すると，界面のバンドの曲がりが変化し，InAs 中の電子および GaSb 中の正孔の濃度が変化する。この電界効果を用いるとトランジスタ等のデバイスができる[57)]。3 種類の半導体の組み合わせを変化して，InAs/AlSb/GaSb 超格子を作り，AlSb を非常に薄くすると，GaSb と InAs 層の間にトンネル電流が流れ，この新しい構造のトンネル効果もまたデバイスに応用できる。薄い絶縁膜をはさんで電子と正孔が空間的に分離されているが，クーロン引力によって励起子をつくる。極低温で励起子がボーズ凝縮すると超流動状態となり，電子－正孔対による超伝導電流が流れる可能性も提案されている[74)]。

以上述べてきた超格子デバイスは，主として 2 次元電子の特性を利用したものである。この 2 次元電子面において，さらに一方向の電子の自由度を電位障壁によって拘束できれば 1 次元細線が実現できる。この極微細半導体細線においては，弾性散乱の確率が状態密度の 1 次元性から極度に軽減できることが示された[61)]。最近 GaAs/AlGaAs ヘテロ接合の組み合わせ構造を作って 1 次元細線が試作された。そのカソードルミネッセンスを測定して，予想される 1 次元電子準位に対応するエネルギーとの比較が行われた[62)]。今のところ予想された結果が出ない理由として，ヘテロ界面応力の影響が大きいと考えられているが，今後の研究進展に興味が持たれる。

本節では選択ドープしたヘテロ接合および種々の超格子構造における電子物性とその電子素子へ

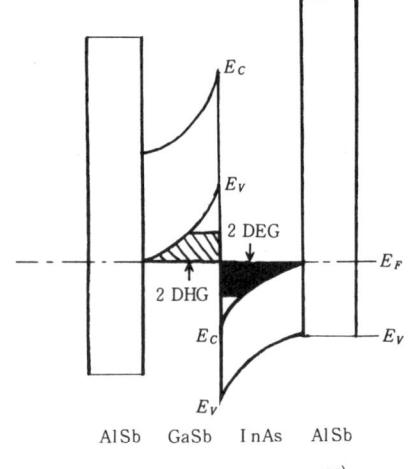

図 2.3.32 ポリタイプ超格子[56)]

3. 半導体人工格子の応用

の応用について述べた。ここでは述べなかったが，歪超格子，不純物分布を制御したnipi超格子あるいはⅡ-Ⅵ族化合物半導体を用いた超格子の研究も行われている。以上述べた種々の電子素子は，今後人工格子の最適設計とその精密加工により，一層特性が向上すると思われる。

文　献

1) L.Esaki, et al., *IBM J. Res. & Dev.*, **14**, 61 (1970)
2) R.Dingle, et al., *Appl. Phys. Lett.*, **33**, 665 (1978)
3) T.Mimura, et al., *Jpn. J. Appl. Phys.*, **19**, L 225 (1980)
4) K. Inoue & H.Sakaki, *Jpn. J. Appl. Phys.*, **23**, L 61 (1984)
5) 彦坂，安倍，他，電子通信学会技術研究報告，**SSD 84**, 23 (1984)
6) N.H.Sheng, *Tech. Papers of IEDM*, 352 (1984)
7) 榊，応用物理，**51**, 182 (1982)
8) 井上正崇，電子通信学会誌，**66**, No.8 808 (1983)
9) J.R.Arthur, *J. Appl. Phys.*, **39**, 4032 (1968), *surf. sci.*, **43**, 449 (1974)
10) 高橋 清，"分子線エピタキシー"，工業調査会
11) H.L.Störmer et al., *Appl. Phys. Lett.*, **44**, 139 (1984)
12) M. Inoue, S.Hiyamizu, et al., unpublished
13) H.L.Störmer K.Baldwin, A.C.Grossard, and W.Wiegmann, *Appl. Phys. Lett.*, **44**, 1062 (1984)
14) S.Tiwari, W.I.Wang, *Electron Device Lett.*, **EDL-5**, 333 (1984)
15) M. Hirano, et al., *Jpn. J. Appl. Phys.* **23**, L 868 (1984)
    R.A.Kiehl, et al., *IEEE Electron Device Lett.*, 印刷中
16) K.Hess, *Proc. 3rd Int. Conf. Hot Carriers in Semiconductors*, *J. de Phys. Suppl.*, **C7**, 3 (1981)
17) M. Inoue, et al., *Proc. 3rd Int.Conf. Hot Carriers in Semiconductors*, *J. de Phys. Suppl.*, **C7**, 3 (1981)
18) M. Inoue, et al., *Proc. Int. Conf. on Solid State Devices*, *Jpn. J. Appl. Phys.*, **22**, Suppl. 22-1, 357 (1983)
19) T.J.Drummond, W.Kopp, R. Fischer and H.Morkoc, *J. Appl. Phys.*, **53**, 1028(1982)
20) M. Inoue, et al., *Jpn. J. Appl. Phys.*, **22**, L213 (1983)
21) M. Inayama, et al., *Tech. Repts. Osaka Univ.*, **33**, 271 (1983)
22) D.Widiger, K.Hess and J.J.Coleman, *IEEE Electron Device Lett.*, **ELD-5**, 266 (1984)
23) J.Shah, et al., *Proc. Int. Conf. on Phys. of semiconductors*, (1984, San Fransisco) to be published
24) M.Tomizawa, K.Yokoyama and A.Yoshii, *IEEE Electron Device Lett.*, **EDL-5**, 464 (1984)
25) M.Abe, T.Mimura, N.Yokoyama and H.Ishikawa, *IEEE Trans. Microwave Theory*

and Techniques, **MTT-30**, 992 (1982)

26) T.Mimura, S.Hiyamizu, K. Joshin, K.Hikosaka, *Jpn. J. Appl. Phys.*, **20**, L317 (1981)
27) T.Mimura, K. Joshin, S.Hiyamizu, M.Abe, *Jpn. J. Appl. Phys.*, **20**, L598(1981)
28) L.H.Camnitz, P. J.Tasker, H.Lee, D. Van Der Merwe, L.F.Eastman, *Tech. Papers of IEDM*, 360 (1984)
29) 三村高志, 他, 1984 電気4学会連合大会予稿集, 3-33 (1984)
30) T.Mimura, et al., *Jpn. J. Appl. Phys.*, **20**, L317 (1981)
31) T.Hotta, et al., *Jpn. J. Appl. Phys.*, **21**, L122 (1982)
32) K.Ohata, et al., 1983 *IEEE Int. MTT-S Microwave Symp. Digest Tech. Papers*, 434 (1983)
33) D.Delagebeaudeuf, et al., *Electron Lett.*, **16**, 667 (1980)
34) 木下, 他, 59年度春季応物講演会, 1p-N-13 (1984)
35) K. Matsumoto, et al., *Electro. Lett.*, **20**, 462 (1984)
36) P.M.Solomon, C.M.Knoedler, S.L.Wright, *IEEE Electron Device Lett.*, **EDL-5**, 379 (1984)
37) Y.Katayama, et al., *Jpn. J. Appl. Phys.*, **23**, L150 (1984)
38) T.Baba, T.Mizutani, M.Ogawa, K.Ohata, *Japanese Journal of Appl. Phys.*, **23**, L654 (1984)
39) K.Nishiuchi, et al., *ISSCC*, 48 (1984)
40) S. Kuroda, T.Mimura, et al., *Tech. Repts. of GaAs IC Symposium*, 125 (1984)
41) P.N.Tung, et al., *Electronics Lett.*, **18**, 517 (1982)
42) J.V.Dilorenzo, et al., *IEDM Dig. Tech. Papers*, 578 (1982)
43) A. Shibatomi, et al., *Tech. Papers of IEDM*, 340 (1984)
44) R. Zuleg, J.K.Notthoff and G.L.Troeger, *IEEE Electron Devices Lett.*, **EDL-5**, 21 (1984)
45) R.A.Kiehl, A.C.Grossard, *IEEE Electron Devices Lett.*, (1984)
46) R. Tus, L. Esaki, *Appl. Phys. Lett.*, **22**, 562 (1973)
47) L.L.Chang, L.Esaki, R.Tus, *Appl. Phys. Lett.*, **24**, 593 (1974)
48) T.C.L.G.Sollner, et al., *Appl. Phys. Lett.*, **43**, 588 (1983)
49) T.C.L.G.Sollner, et al., *Appl. Phys. Lett.*, **45**, 1319 (1984)
50) C.A.Mead, *Proc. IRE*, **48**, 359 (1961)
51) M.Heiblum, *Solid-St. Electron*, **24**, 343 (1981)
52) N.Yokoyama, et al., *Japanese Journal of Appl. Phys.*, **23**, L311 (1984)
53) K.Hess, et al., *Appl. Phys. Lett.*, **35**, 469 (1979)
54) P.D.Coleman, et al., *Appl. Phys. Lett.*, **40**, 493 (1982)
55) H. Sakaki, *Jnp. J. Appl. Phys.*, **21**, L381 (1982)
56) L.Esaki, et al., *Jnp. J. Appl. Phys.*, **20**, L529 (1981)
57) F.Capasso, et al., *Appl. Phys. Lett.*, **40**, 38 (1982)
58) G.F.Williams, et al., *IEEE Electron Device Lett.*, **EDL-3**, 71 (1982)
59) T.Tanoue, et al., *Appl. Phys. Lett.*, **41**, 67 (1982)
60) F.Capasso, *Electron Lett.*, **18**, 12 (1982)

文　献

61) H.Sasaki, *J. Vac. Sci. Techol.*, **19**, 148 (1981)
62) P.M.Petroff, et al., *Appl. Phys. Lett.*, **41**, 635 (1982)
63) M.Inoue, *Proc. of Int. Conf. on Superlattice, Microstructures, and Microdevices, Superlattices and Microstructures*, Academic Press. to be published
64) C.Hamaguchi, et al., to be published
65) S.Sasa, et al., *Jpn. J. Appl. Phys.*, 印刷中
66) C.Hamaguchi, et al., *Japanese Journal of Appl. Phys.*, **23**, L132 (1984)
67) Z.S.Gribnikov, *Soviet Phys.— Semiconductors*, **6**, 1204 (1973)
68) A.Kastalsky, et al., *IEEE Electron Device Lett.*, **EDL-5**, 57 (1984)
69) S.Luryi, et al., *IEEE Transactions on Electron Devices*, **ED-31**, 832 (1984)
70) T.W.Hickmott, P.M.Solomon, et al., *Phys. Lett.*, **44**, 90 (1984)
71) I.Hase, et al., *Electronics Lett.*, **20**, 491 (1984)
72) N.Yokoyama, et al., *Tech. Papers of IEDM*, (1984)
73) R.Chin, et al., *Electronics Lett.*, **38**, 467 (1980)
74) Y.E.Lozovik, *Solid State Commun.*, **19**, 391 (1976)

第2章　半導体人工格子

3.2　光素子への応用

今井　元*

3.2.1　はじめに

　光素子は，光通信，情報処理等の分野での重要素子として，近年急激な進歩を遂げたものである。とくに光源である半導体レーザは，1970年林，M. B. Panish（ベル研究所）による室温連続発振の報告[1]以来，特性向上はめざましい。しきい値電流においては当初の数百mAから，乾電池でも動作可能な十mAまで下がり，また寿命においてもマッチの火と比べられた当初から，シリコン素子レベルに迫るものとなり，素子に最も高い信頼度が要求される海底ケーブル方式に適用されようとしている。また，発振波長範囲もガリウム・ヒ素／ガリウム・アルミニウム・ヒ素系の$0.7 \sim 0.8$ μm帯から，インジウム・リン／インジウム・ガリウム・ヒ素・リン系の$1.2 \sim 1.5$ μm帯と大きく広がってきている[2]。

　これに対して受光素子も$0.7 \sim 0.8$ μm帯でのシリコン素子，$1.2 \sim 1.5$ μm帯のゲルマニウム素子，ガリウム・インジウム・ヒ素／インジウム・リン系の開発が進められており，後者のⅢ-Ⅴ族を用いた受光素子は低雑音・低暗電流化を狙ったものとして期待されている[3]。

　これらの進歩を支えたものとして，液相エピタキシャル成長技術の向上の他，ウエハプロセス技術，ボンディング技術の改良がある。その結果，これら光素子の現状特性は半導体材料本来の物理定数で定められる限界に近づいたものとなっている。

　しかし，各分野でのこれら光素子に対する要求は年々高度化し，たとえば光通信においてはギガビット／秒（1ギガビット＝1×10^9ビット）以上の超大容量化，また情報処理においては発振波長の短波長化が望まれている。これらの要求を満たすには，半導体レーザでは低しきい値化とバンドギャップエネルギ差の大きい材料の採用が，受光素子では低雑音化が不可欠といえる。前述したようにすでに特性限界にきている現在の材料を用いる限り難しく，新しい材料の開発や新しい原理の適用が盛んに行われている。新しい材料は成長技術・ウエハプロセス技術でまだまだ実用には遠い。

　近年，にわかに注目を集めてきているのが，超格子構造[4]である。これは，半導体層のサイズを極端に小さく，たとえば電子のド・ブロイ波長よりも小さくしたもので，これにより，通常の連続したエネルギバンド構造を離散的にすること（量子サイズ効果）ができる。このことにより，新しい物理現象が得られ，光素子においても，半導体材料系を変えることなく，従来での壁を突破できるものである。こうした技術は超格子技術として光素子のみならず電子素子でも重要視されている。

　この量子井戸構造を適用した半導体レーザ，受光素子の構造は各種報告されており，また，素子特性としても従来では得られなかった際立ったものが報告され始めている。近々，光素子において，主役の座を担うものとして期待されている。

　以下の各節において，超格子構造を半導体レーザに適用した量子井戸型レーザの特徴，および報

---

　*　Hajime　IMAI　㈱富士通研究所

3. 半導体人工格子の応用

告された構造,特性例,また受光素子に適用したときの特徴,効果を説明する。さらにその他の応用として,最近報告された双安定素子などについても説明する。

3.2.2 半導体レーザへの応用

(1) 量子井戸型半導体レーザの機構[5),6)]

半導体レーザはダブルヘテロ構造といって,注入されたキャリヤを効率よく再結合発光させるために,発光層(活性層)をバンドギャップエネルギの大きい半導体層(クラッド層)でのサンドイッチ構造を採用している。図2.3.33に模式図と順方向にバイアスしたときのエネルギバンド構造を示す。中央の凹んだ領域が活性層でその両側がクラッド層である。活性層には注入キャリヤが井戸のように貯り,効率よく再結合することになる。また,このクラッド層は活性層より屈折率が小さいため発生した光を導波するという機能も持っている。

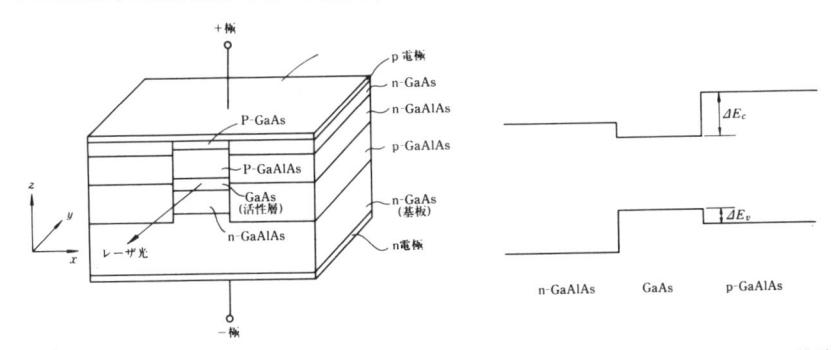

(a) 0.8 μm帯半導体レーザの模式図 　　(b) 順方向バイアス時のエネルギバンド構造

図2.3.33　半導体レーザの構造(ガリウム・ヒ素／ガリウム・アルミニウム・ヒ素(GaAs/GaAlAs)系材料)

通常の半導体レーザでは活性層の厚さをキャリヤの拡散長より短くすることで,注入キャリヤの分布を均一化し,半導体レーザの低しきい値化,高効率化を図っている。量子井戸型半導体レーザは,活性層の厚さ(z軸方向)を前述したように電子のド・ブロイ波長より薄くしたものである。このように薄くなると電子は放物線状のエネルギをとれなくなり,離散したエネルギ(量子化状態)となる。これを式で表わすと次式のようになる。

$$E = E_c + E_{nz} + \hbar^2(k_x^2 + k_y^2)/2m^*$$

ここではz軸をキャリヤの注入方向とし,E_{nz}はn番目の量子化レベル,m^*は電子の有効質量である。E_{nz}はこの井戸の深さが十分深いときには,次式のように表わされる。

$$E_{nz} = \hbar^2 \pi^2 n^2/(2m^* L_z^2)$$

L_zは井戸の幅(活性層の厚さ)である。ガリウム・ヒ素／ガリウム・アルミニウム・ヒ素のヘテロ接合では伝導帯のエネルギ段差(ΔE_c)がバンドギャップエネルギ差の0.85倍となる[7)]ため充満

第2章 半導体人工格子

帯のエネルギ段差が小さく正孔に対しては量子化状態が少ない。このエネルギ状態を図2.3.34に示す。n_L, n_H は軽い正孔と重い正孔に対する量子化レベルである。

次にこのようなエネルギをもつキャリヤの状態密度 ρ_c は階段状になり、次式で表わされる。

$$\rho_c = (m^*/\pi\hbar^2 L_z)\,\mathrm{Int}\left[\frac{E-E_c}{\varDelta E_{1c}}\right]^{1/2}$$

ただし、$\varDelta E_{1c} = (\pi^2\hbar^2)/(2m^* L_z^2)$ である。三次元自由キャリヤの場合は $E^{1/2}$ に比例するので、バンド端の状態密度は量子井戸構造をとることにより著しく増加する。図2.3.35に二次元状態、三次元状態の状態密度を示す。量子井戸構造（二次元状態を参照）の場合、サブバンド端での状態密度が前述したように大きいため、再結合は主としてサブバンド間で起こる。

このような量子井戸構造をもつ半導体レーザにキャリヤが注入された場合、電子を例にとると、ヘテロ接合から注入されるため、活性層に到達した電子のエネルギは少なくとも活性層とクラッド層での $\varDelta E_c$ 以上のエネルギをもつホットな状態になっている。この電子がフォノンとの相互作用により、量子井戸内で緩和する。この緩和の仕方が前述した二次元状態密度に強く依存している[8]。通常の三次元状態ではこのLOフォノンの放出および吸収確率 I_{em}, I_{abs} は遷移の終状態密度に比例するので、

$$I_{abs} \propto \sqrt{E+\hbar\omega_{LO}} > \sqrt{E-\hbar\omega_{LO}} \propto I_{em}$$

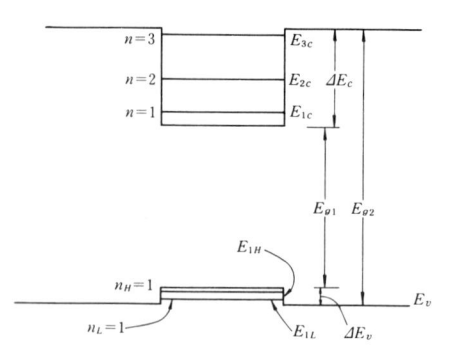

図2.3.34 量子井戸構造のエネルギバンド構造（Lは軽い正孔、Hは重い正孔を示す。）

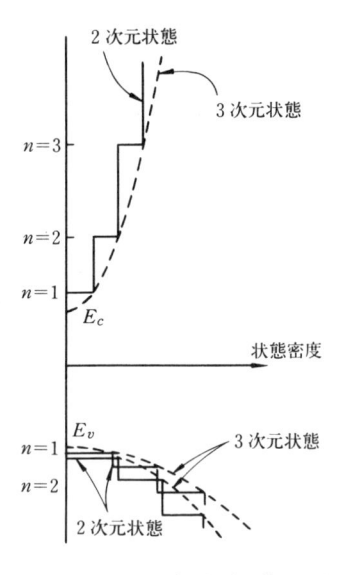

図2.3.35 量子井戸構造の状態密度

となる。しかし、量子井戸構造で状態密度が一定の領域ではフォノンの放出が強く行われ、電子の緩和が速く生じる。このため、電子の平均自由行程がこのLOフォノン散乱で規程され、量子井戸層の幅 L_z が平均自由行程より大きいときには、注入電子は十分井戸の内で緩和することになる。

図2.3.36に L_z のいくつかの値に対する電子の緩和の様子を示す[9]。注入電子はヘテロ接合端では

3. 半導体人工格子の応用

ボルツマン分布をしているとする。図中のクロスハッチで示している。この図の場合，クラッド層のアルミニウム・ヒ素の混晶比は 0.4 である。L_z が 200 Å の場合には電子は井戸の底の方まで緩和するが，100 Å 以下になると電子の分布が高エネルギ側へ移り，緩和が進んでいないことがわかる。この図は 77 K の場合であり，室温になると平均自由行程が短くなるので，緩和は速い。また正孔の平均自由行程は電子より小さいので，正孔の緩和は十分進み，井戸の底まで緩和するものと考えられる。

量子井戸構造をもつ半導体レーザはバンド端の状態密度が大きいこと，また注入キャリヤが十分たまることから，再結合が効率良く行われる。そのため，レーザ発振のための利得が大きく，低しきい値化が期待できる。しかし，その反面，活性層が薄くなるため，光導波機構からみると光の閉じ込めが弱くなり，かえってしきい値が高くなることがある。このため，現在まで各種の構造が提案され，解析・実験データが報告されている。次節でこれらについて説明する。

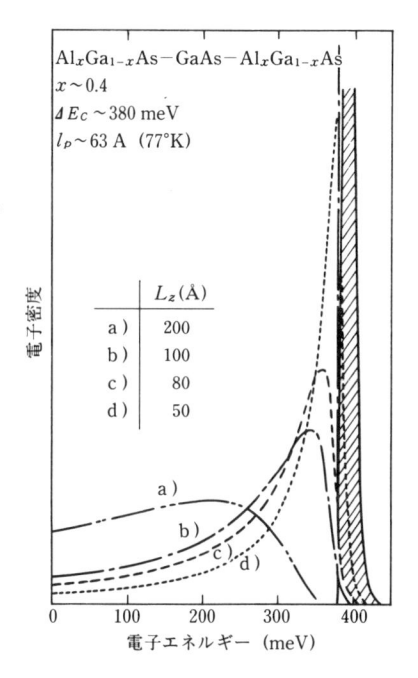

図中グラフ:
$Al_xGa_{1-x}As - GaAs - Al_xGa_{1-x}As$
$x \sim 0.4$
$\Delta E_c \sim 380$ meV
$l_P \sim 63$ Å (77°K)

	L_z(Å)
a)	200
b)	100
c)	80
d)	50

縦軸: 電子密度　横軸: 電子エネルギー (meV)

図 2.3.36　ホットエレクトロンの LO フォノンによる量子井戸への緩和

(2) 量子井戸型半導体レーザの特性

量子井戸を形成するには，従来から使用されている液相エピタキシャル（LPE）成長法を用いると成長速度が大きいため，300 Å 以下の薄層を均一に制御よく積むことは難しい。分子線エピタキシャル（MBE）成長法，気相エピタキシャル（VPE）成長法，有機金属気相（MOCVD）成長法は，キャリヤガス供給量，温度の精密制御により成長速度を遅くすることができ，薄層の均一成長が LPE 成長法より可能である。これらの詳しい機構については前節までに説明されているので参照してほしい。

量子井戸型半導体レーザには活性層が一層の量子井戸で形成される単一量子井戸型レーザと多層の量子井戸で形成される多重量子井戸型レーザの二種類がある。これらの構造を最初に報告[10),11)]したのは R. D. Dupuis ら（イリノイ大）で，MOCVD 法により形成されている。単一量子井戸型素子の特性例を図 2.3.37 に示す。しきい値，効率ともに従来のダブルヘテロ構造型半導体レーザに遜色のない特性が得られている。

第2章 半導体人工格子

　量子井戸型半導体レーザで興味ある報告として，バンドフィリング効果を利用して，短波長での発振が可能になることがある．図2.3.38に共振器長を短くし，共振器のQ値を下げて発振しきい値を上げたときの光励起発振スペクトルを示す[12]．励起を上げていくとスペクトルが短波長側へ移動しており，3×10^4 W/cm^{2}の励起では〜8,000 Åでの発振がみられ，バンドギャップエネルギの高エ

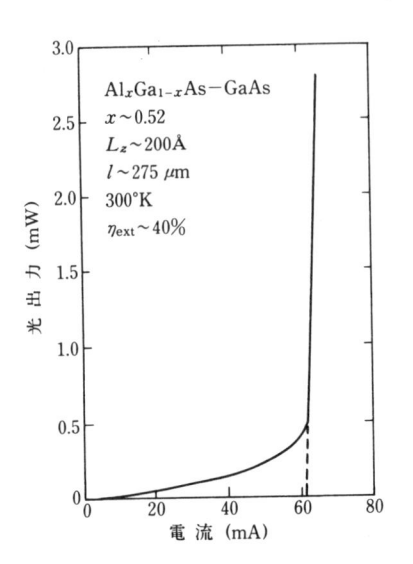

図2.3.37　GaAs単一量子井戸型半導体レーザの光出力-電流特性（cw動作）

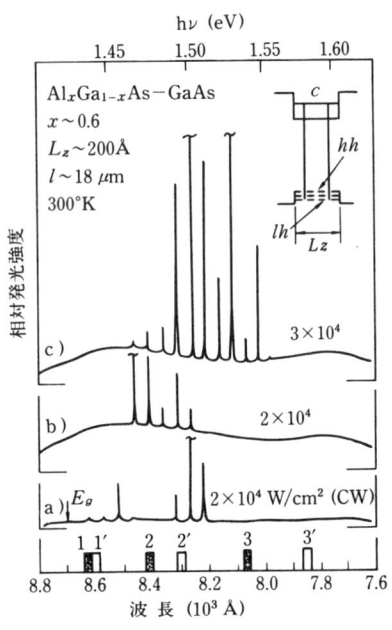

図2.3.38　GaAs量子井戸のバンドフィリング

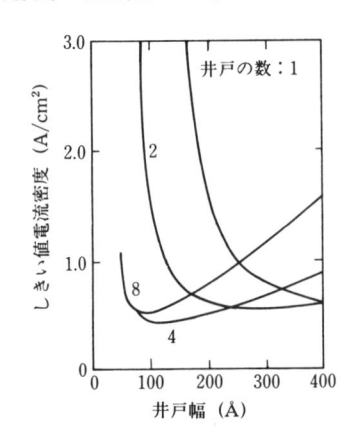

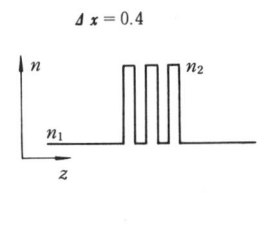

図2.3.39　量子井戸型半導体レーザのしきい値電流密度の井戸幅依存性

3. 半導体人工格子の応用

ネルギ側+125mVまで発振が可能であることがわかる。電流注入の場合でも同様の現象は観測され，R. D. Burhamらのグループ（ゼロックス社）は10Åという超薄層の多重量子井戸型半導体レーザで6,400 − 6,600Åの可視光の発振を得たとの報告[13]をしている。

量子井戸型半導体レーザのしきい値電流の杉村（電電公社）による解析結果を図2.3.39に示す[14]。図中での井戸の数が1の場合は従来型を薄膜した場合（単一量子井戸型）に対応する。これによると，最低しきい値は4層のときに得られる。単一量子井戸型の場合，しきい値が薄くなるに従って急上昇するのは，前述したように光の閉じ込めが弱くなることが主原因のようである。

光の閉じ込めを改善した構造図を図2.3.40に示す。ここでは3種類示してあるが，いずれも光の閉じ込めを良くするため，井戸両側のクラッド層の組成を変えて屈折率をあげている。

図中の(a)は改良型量子井戸構造，(b)と(c)は傾斜屈折率型（GRaded INdex；GRIN）量子井戸構造である。(a)の場合のしきい値電流は杉村により解析されており[14]，図2.3.41に示す。これより，単一量子井戸型半導体レーザでもしきい値の低下は認められ，最低しきい値電流密度として〜200A/cm²が期待されることがわかる。この値は従来型の半導体レーザでの値に比して1/4〜1/6の値となっている。

実験値については，W. T. Tsangら（AT &

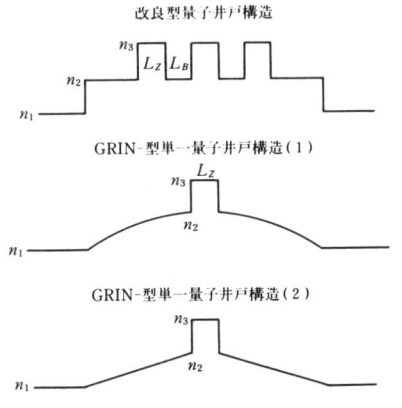

図2.3.40 光閉じ込めを改善した量子井戸構造

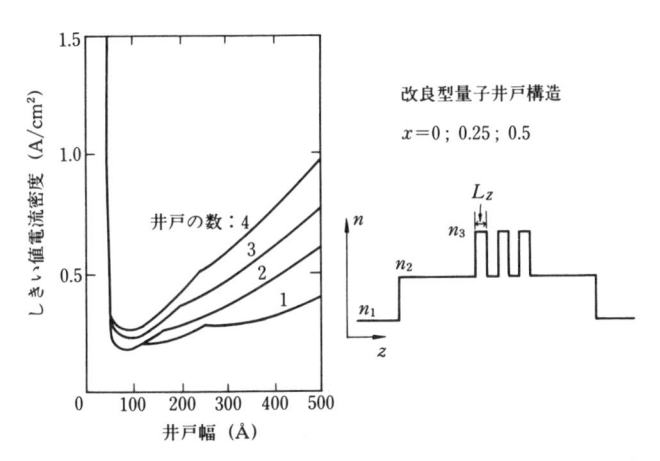

図2.3.41 改良型量子井戸型半導体レーザのしきい値電流密度の井戸幅依存性

第2章 半導体人工格子

T，ベル研究所[15]，S. P. Herseeら（トムソン社）[16]の報告があり，これらをまとめて図2.3.42に示す。GRIN型の単一量子井戸型レーザで低しきい値のものが得られ，解析結果との良い一致が見られる。とくにGRIN型の半導体レーザで量子井戸幅としきい値との関係をみると，図2.3.43に示すように60Åのときに最低しきい値が得られる[17]。

発振しきい値電流密度（J_{th}）の温度依存性をT_0値（$J_{th} = J_0 \exp(T/T_0)$）で評価するが，初期の量子井戸型半導体レーザでは180～437Kという驚異的な値[18]を示した。通常のガリウム・アルミニウム・ヒ素系レーザでは，〜150Kなので，この値は十分大きい。理論的解析によると，しきい値電流は伝導帯電子のエネルギ分布に依存する。量子井戸構造ではそれが狭くなるため，高いT_0値が期待される。

量子井戸型半導体レーザの微分効率は35%/端面以上[19]と大きい値が報告されている。これは微分効率を決める要因が自由キャリヤの吸収損であり，この吸収損は光の閉じ込め係数に依存するからである。量子井戸型半導体レーザではこの閉じ込め係数が小さく，低しきい値化の阻害要因になっていたが，ここでは逆に高効率化に役立っているのである。

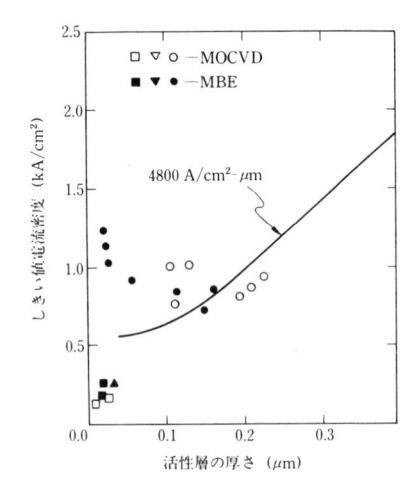

図2.3.42 単一量子井戸型○，多重量子井戸型△およびGRIN型単一量子井戸型半導体レーザ□のしきい値電流密度の活性層厚依存性

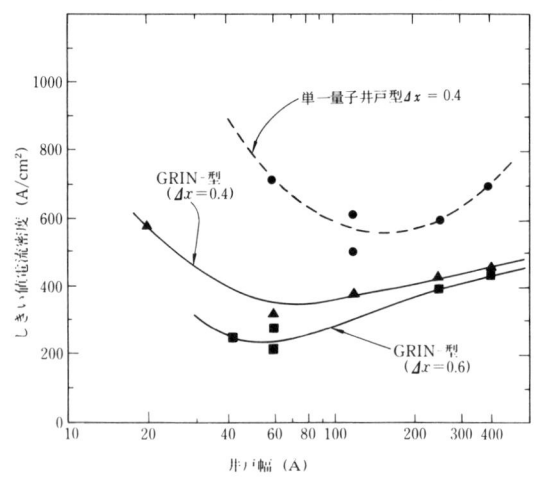

図2.3.43 単一量子井戸型半導体レーザのしきい値電流密度の井戸幅依存性

これまで，主としてガリウム・アルミニウム・ヒ素系の材料を用いた半導体レーザについて述べてきた。現在，光通信でキー素子として注目を浴びているインジウム・ガリウム・ヒ素・リン／インジウム・リン系の材料を用いた1μm帯の半導体レーザに適用したとき，特性改良がみられるかは重

3. 半導体人工格子の応用

大な関心事である。とくにこの$1\,\mu m$帯レーザは，T_0値が$60-80\,K$と$0.8\,\mu m$帯レーザと比べてもともと小さいことから，量子井戸構造を採用することにより改善されることが期待される。温度特性を決めている一要因と考えられているオージェ再結合係数を二次元状態と通常の三次元状態で求めた結果を図2.3.44に示す[20]。オージェ再結合係数は量子化されることにより，状態の数が減ることになり，小さくなるため，オージェ再結合時間は長くなる。

$1.3\,\mu m$帯でVPE成長法を用い，量子井戸型半導体レーザを作り求めたしきい値電流とT_0値の井戸幅依存性を図2.3.45に示す[21]。この結果からわかるように$0.8\,\mu m$帯半導体レーザで見られたような大きな改善は見られない。このことは，種々の議論を呼ぶところであるが，一つには結晶成長技術が十分精練されていないこと，また一つには，$1\,\mu m$帯半導体レーザのしきい値電流，温度依存性を決める要因がオージェ機構以外にもあることなどが考えられ，今後の開発が期待されるところであろう。

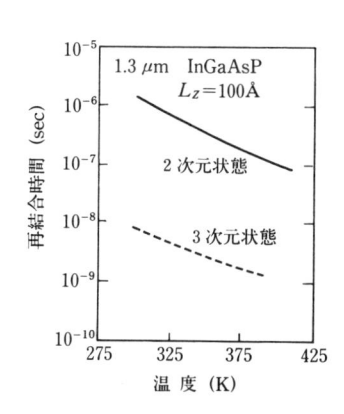

図2.3.44 オージェ再結合時間の温度依存性（インジウム・ガリウム・ヒ素・リン（InGaAsP）系材料）

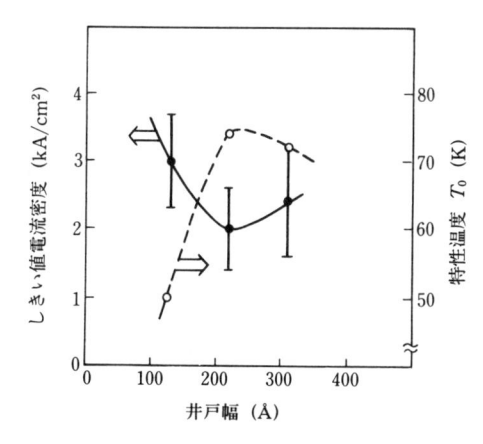

図2.3.45 $1.3\,\mu m$帯半導体レーザのしきい値電流密度と特性温度（T_0）の井戸幅依存性

(3) 半導体レーザへの他の応用例

薄膜化することにより，量子井戸を形成するという応用例以外に興味深いものとして，面発光レーザ[22]への適用がある。

面発光レーザは基板に対して垂直方向にレーザ光が得られるということから，集積化や二次元マトリクス化への適用が容易という利点がある。

この面発光レーザを単一波長で発振させるために分布帰還構造を形成するときにこの薄層を積層にすることが必要とされる。分布帰還は光の導波路に回折格子を形成することにより，波長を選択するものである。この回折格子としてたとえば一次の回折格子を用いるとすると周期が〜120 nm

第2章　半導体人工格子

となる。これを積層構造で実現するには，屈折率の異なる二つの材料を〜60nmずつ，交互に積むことが必要となる。

図2.3.46にガリウム・ヒ素層とガリウム・アルミニウム・ヒ素層を多層構造にした素子の断面模式図を示す。図にはそのときの屈折率の分布も示す。この積層構造を用いて作ったTJS (Transverse Junction Stripe) 型半導体レーザの構造模式図を図2.3.47に示す。電流は左から右に流れ，p－n接合部で再結合発光し，レーザ光が上方に取

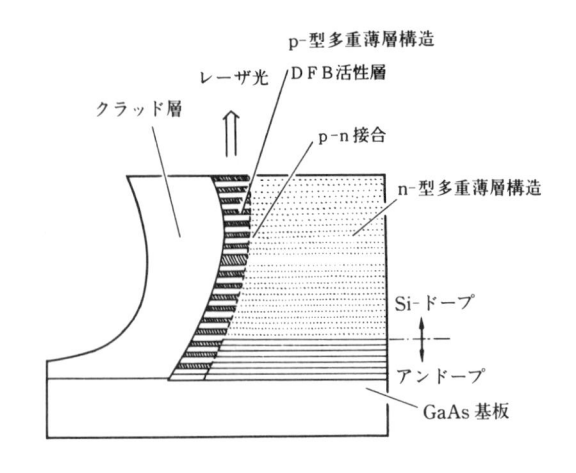

図2.3.46　AlGaAs/GaAs 多層膜を用いた分布帰還型（DFB）面発光レーザの断面の模式図（右側ステップからの撰択Zn拡散によって，p型AlGaAsクラッド層およびp型分布帰還型活性層が形成される。）

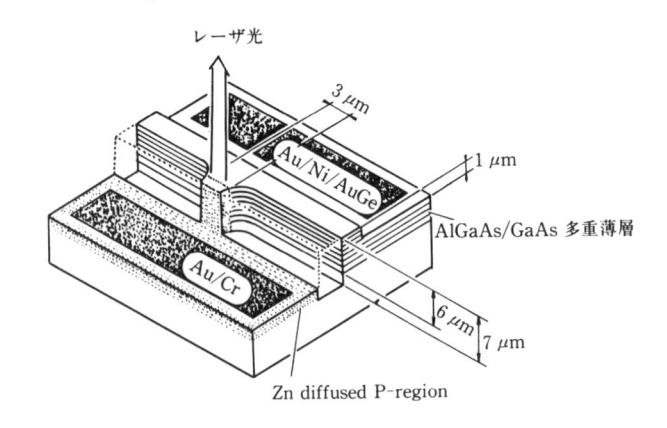

図2.3.47　分布帰還型面発光レーザの見取り図

り出される。このレーザを用い，低温でパルス発振し，その発振波長の温度依存性から分布帰還型レーザモードであることが報告されている[23]。

この例のように，薄膜化技術は新しいタイプの半導体レーザを生むことができると期待される。

3. 半導体人工格子の応用

3.2.3 受光素子への応用

(1) アバランシホトダイオード[24]

受光素子にはホトダイオード，ホトトランジスタ，アバランシホトダイオードなど各種あるが，ここではアバランシホトダイオードについて説明する。受光素子に適用する場合は，薄膜化することによる量子化現象を直接利用するものではないが，こうした薄膜を多層化したとき，とくにアバランシホトダイオードにおいて，従来にない興味ある効果が得られると期待されている。

アバランシホトダイオードには前述したようにシリコン，ゲルマニウム，ガリウム・インジウム・ヒ素／インジウム・リンを用いたものが報告されている。何度も述べたように，光通信に用いる波長が1 μm帯へ移行してからゲルマニウムやガリウム・インジウム・ヒ素／インジウム・リン系が盛んに開発されている。

ここで，アバランシホトダイオードの性能を大きく左右する増倍雑音について説明する。光を感知して生じる光電流に伴う雑音電流はショット雑音が主であるが，この雑音はアバランシ増倍過程で増幅され，さらにこの増倍過程の統計的ゆらぎが加わって増倍される。この後者の増倍過程を評価するパラメータを過剰雑音係数という。この過剰雑音係数の大小がアバランシホトダイオードの受信感度を決める一番大きな要因である。この値は物質定数である電子と正孔のイオン化率（α，β）に強く依存し，R. J. McIntyre（RCAカナダ社）によると，この比（α/βまたはβ/α）が大きく，しかもイオン化率の大きい方のキャリヤとしてアバランシ増倍領域に注入したときに低雑

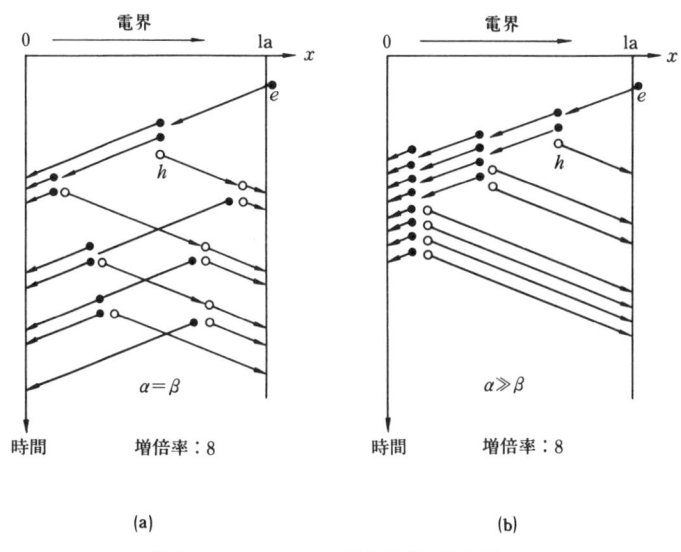

図 2.3.48 アバランシ増倍過程の模式図

第2章　半導体人工格子

音化される[25]。この様子を図2.3.48に示す。図中の(a)は α と β が等しい場合，(b)は α が β より著しく大きい場合で，各々アバランシ増倍領域を模式的に示している。(a)の場合，右側の領域端から注入された一個の電子は，走行しながら格子と衝突を繰り返し電子と正孔対を発生する。この場合，発生した電子は左側へ，正孔は右側へ走行する。α と β と等しいことから，各々のキャリアは衝突を繰り返し，電子・正孔対を発生しながら進む。ここで，電子が到達する左端でみると，右側から注入された信号に対応する一個の電子に関係する電子が，図の縦軸が時間軸なので，時間的に広がって到達することがわかる。この広がりが，先に述べた過剰雑音係数に対応する。一方，α が大きい(b)図の場合は，一回の衝突で生じた正孔は右端に到達するまで衝突を繰り返さないため，左端へ到達する電子の広がりは(a)の場合と比べると狭くなる。この図は定性的説明だが，キャリアのイオン化率比が大きいほど良くなることが理解される。

ゲルマニウムでのこのイオン化率比（β / α）は1.4と小さいため，大きい材料として，また1 μm帯で使える材料としてガリウム・インジウム・ヒ素／インジウム・リンが候補として開発されている。開発当初は光吸収層とアバランシ増倍層を同じ層としたものが提案されたが，この場合トンネル電流の影響[26]が大きく，現在は光吸収層とアバランシ増倍層を分離したものが主流になっている。この構造の模式図を図2.3.49に示す。この図では光吸収は n 型ガリウム・インジウム・ヒ素層で生じ，アバランシ増倍は n − インジウム・リンで生じさせている。しかし，アバラ

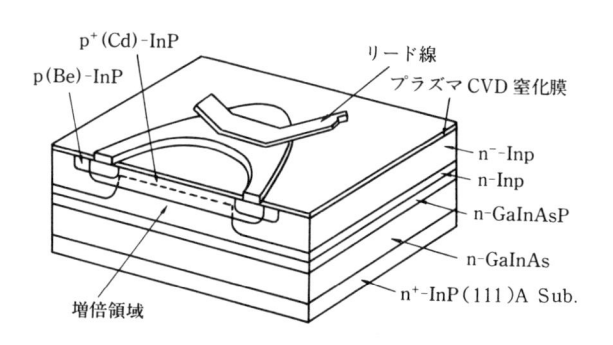

図2.3.49　アバランシホトダイオード一部切断構造模式図（ガリウム・インジウム・ヒ素／インジウム・リン（GaInAs／InP）系材料）

ンシ増倍に用いているインジウム・リン層のイオン化率比（β / α）は〜2.5[27]とゲルマニウムより大きいが，低雑音化には最低必要といわれている値10に比べると小さい。このことより新しい材料，機構の開発が強く望まれている。

(2) 超格子型アバランシホトダイオード

キャリアのイオン化率比を大きくすることで，バンドギャップエネルギの異なる二種の半導体薄層を積み重ねる構造が，F.Capassoら[28]（ＡＴ＆Ｔベル研究所），R.Chinら[29]（イリノイ大学）により提案されている。図2.3.50にガリウム・ヒ素・ガリウムとアルミニウム・ヒ素で構成された素子の模式図を示す。図からわかるように i 層で形成された領域は，ガリウム・ヒ素とガリウム・アルミニウム・ヒ素の超薄層（超格子）の積層になっており，アバランシ増倍領域となっている。

3. 半導体人工格子の応用

　この素子に逆バイアスを加えたときのエネルギバンド図を図2.3.51に示す。充満帯のエネルギ段差（ΔE_v）は小さく無視できるのに対し，電子の方は伝導帯のエネルギ段差（ΔE_c）の影響をうける。この結果，光吸収で発生した電子がこの領域を走行し，ガリウム・アルミニウム・ヒ素層から

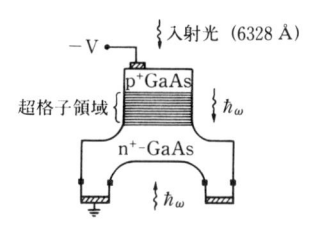

図2.3.50　超格子型アバランシホトダイオードの構造断面模式図

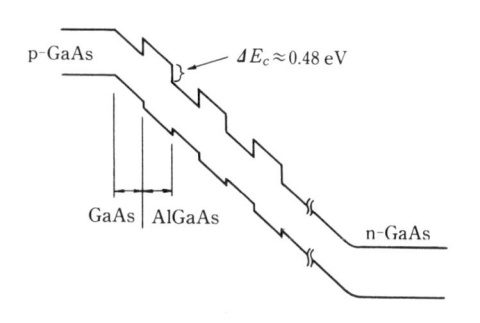

図2.3.51　超格子型アバランシホトダイオードの逆バイアスでのエネルギバンド構造

　ガリウム・ヒ素層へ移ったとき，このエネルギ段差を余分に受けることになる。このことは，電子の衝突電離に必要なエネルギがΔE_cだけ小さくなるようにみえる。このために，電子のイオン化率は物質固有の値より大きくなることに相当する。正孔に対してはΔE_vが無視できるため，電子と同じ効果は期待できない。図2.3.52に図2.3.50の構造で求めた電子・正孔のイオン化率の電界依存性を示す[30]。この図からα/βが10となり，ガリウム・ヒ素での本来の値1を大きく上回ることがわかる。

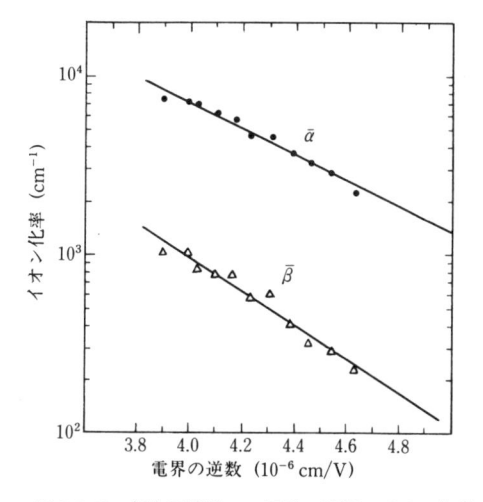

図2.3.52　超格子構造での正孔・電子のイオン化率

　このように超格子型をとることにより，イオン化率の向上が期待されるので，インジウム・ヒ素・リン系にも適用できるかが検討されている[31]。

3.2.4　その他の応用

　最近，光素子の急激な進歩により，光での信号処理機能素子が検討され始めている。この信号処理を考えた場合，基本となる要素の一つは双安定素子である。この双安定素子に超格子構造を適用

第2章 半導体人工格子

した報告について説明する。

　超格子構造にするとエネルギ状態が量子化することはすでに述べたが，これを初めて実験的に確かめたのが，R.Dingleら[32]（ベル研究所）の光吸収の実験である。この結果を図2.3.53に示す。この図からわかるように量子化レベルに相当した吸収線がみられる。図2.3.54は超格子層を積層にして，サンドイッチにしたｐｉｎダイオードである[33]。光が透過しやすいようにガリウム・ヒ素基板

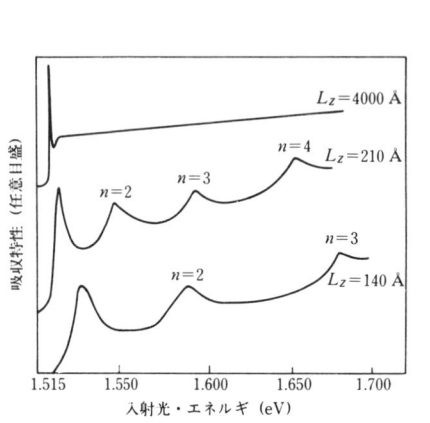

図2.3.53 量子井戸構造の光吸収特性

図2.3.54 双安定素子構造の断面模式図

に窓を開けてある。この素子の光吸収を測ると，逆バイアスを深めると，量子化レベルに対した吸収線は小さくなっている。最近報告された双安定スイッチは，この効果を利用し，図2.3.55のような配置で実現するものである[34]。

　入射光が入るとそれに相当した光電流が流れるため，抵抗での電圧降下が大きくなり，素子の端子間電圧は下がる。それに合せて吸

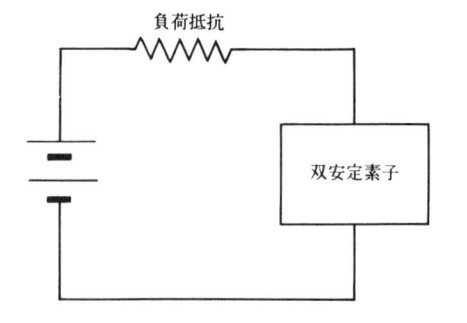

図2.3.55 双安定素子の動作回路例

収係数の増加がみられ，ますます光電流が流れるようになり（正帰還），急激に透過光は減少する。また，入射光が遮られるときは逆の過程をたどることになる。このとき，入射光と透過光の関係をみると，ヒステリシスが生じ，双安定性が実現されるものである。D.A.B.Millerらは，この素子のスイッチエネルギが4 FJ／μm^2と報告している[34]。

3. 半導体人工格子の応用

この素子を用いると光の変調も可能であり、報告例がある[33]。

その他の応用例として、格子定数の異なる材料を積層すると、歪が発生し、素子の寿命を阻害するが、超格子層を挿入することにより、この歪を逆に利用し、格子間隔をかえ、新しい物性を得ようという試みがある。具体的な素子化はまだだが興味深い。

薄膜化により新しい物理が期待され、人工格子として、今後大いに注目されている。

文　献

1) I. Hayashi, M. B. Panish, P. W. Foy, S. Sumski, *Appl. Phys. Letters*, **17**, 1709 (1970)
2) たとえばH. C. Casey, Jr., M. B. Panish, Heterostructure Lasers , Academic Press (1978) New York
3) K. Yasuda, Y. Kishi, T. Shirai, T. Mikawa, S. Yamazaki, T. Kaneda, *Electron. Letters*, **20**, 158 (1984)
4) V. N. Lutskii, *Phys. Status Solidi* (*a*), **1**, 199 (1970)
5) N. Holonyak, Jr., R. M. Kolbas, R. D. Dupuis, P. D. Dapkus, *IEEE*, **QE-16**, 170 (1980)
6) 八百, O plus E, 99 (1981)
7) R. Dingle, W. Wiegmann, C. H. Henry, *Phys. Rev. Letters*, **33**, 827 (1974)
8) 5)を参照
9) H. Shichijo, R. M. Kolbas, R. D. Dupuis, P. D. Dapkus, *Solid State Commun.*, **27**, 1029 (1978)
10) R. D. Dupuis, P. D. Dapkus, N. Holonyak, Jr., R. M. Kolbas, *Appl. Phys. Letters*, **35**, 487 (1979)
11) R. D. Dupuis, *Appl. Phys. Letters*, **35**, 311 (1979)
12) R. D. Dupuis, P. D. Dapkus, R. M. Kolbas, N. Holonyak, Jr., *IEEE. J. Quantum Electron.*, **QE-15**, 756 (1979)
13) M. D. Camras, N. Holonyak, Jr., K. Hess, J. J. Coleman, R. D. Burnham, D. R. Scifres, *Appl. Phys. Letters*, **38**, 118 (1981)
14) A. Sugimura, *IEEE. J. Quantum Electron.*, **QE-20**, 336 (1984)
15) W. T. Tsang, *Appl. Phys. Letters*, **40**, 217 (1982)
16) S. D. Hersee, M. Bradley, B. de Cremoux, J. P. Duchemin, 'GaAs and Related Conpounds', 1982 Inst. Phys. Conf., №65, 281
17) S. P. Hersee, B. de Cremoux, J. P. Duchemin, *Appl. Phys. Letters*, **44**, 476 (1984)
18) R. Chin, N. Holonyak, Jr., A. Vojak, K. Hess, R. D. Dupuis, P. D. Dapkus, *Appl. Phys. Letters*, **36**, 19 (1980)
19) R. D. Dupuis, P. D. Dapkus, R. Chin, N. Holonyak, Jr., S. W. Kirchoefer, *Appl. Phys. Letters*, **34**, 265 (1979)

第2章　半導体人工格子

20) A. Sugimura, *Appl. Phys. Letters*, **42**, 17 (1983)
21) L. C. Chin, A. Yariv, *IEEE. J. Quantum Electron.*, **QE-18**, 1406 (1982)
22) Y. Motegi, H. Soda, K. Iga, *Electron Letters*, **18**, 437 (1982)
23) M. Ogura, T. Yao, 16th Intern. Conf. on Solid State Devices and Materials, C-2-4, Kobe (1984)
24) たとえばG. E. Stillman, C. M. Wolfe, 'Avalanche Photodiodes', Semiconductors and Semimetals vol. 12, Academic Press, 1977, New York
25) R. J. McIntyre, *IEEE Trans. Electron Devices*, **ED-13**, 164 (1966)
26) Y. Takanashi, M. Kawashima, Y. Horikoshi, *Japan. J. Appl. Phys.*, **19**, 693 (1980)
27) T. Shirai, T. Mikawa, T. Kaneda, A. Miyauchi, *Electron. Letters*, **19**, 534 (1983)
28) F. Capasso, W. J. Tsang, A. L. Hutchinson, G. F. Williams, *Appl. Phys. Letters*, **40**, 38 (1982)
29) R. Chin, N. Holonyak, Jr., G. E. Stillman, J. Y. Tang, K. Hess, *Electron. Letters*, **16**, 467 (1980)
30) 28) 参照
31) 逢坂, 米野, 尾関, 金田, 昭和58年秋応用物理学会予稿集, 155
32) 7) 参照
33) T. H. Wood, C. A. Burrus, D. A. B. Miller, D. S. Chemla, T. C. Damen, A. C. Gossard, W. Wiegmann, *Appl. Phys. Letters*, **44**, 16 (1984)
34) D. A. B. Miller, D. S. Chemla, T. C. Damen, T. H. Wood, C. A. Burrus, A. C. Gossard, W. Wiegmann, 1984 Annual Meeting-OSA, ThF4, San Diego (1984)

第3章　アモルファス半導体人工格子

広瀬全孝*, 宮崎誠一**

1. はじめに

　半導体技術の著しい進歩によって，半導体薄膜の成長を原子レベルの精度で制御し，キャリアのド・ブロイ波長と同程度の超薄膜およびそれらを多層に積層した周期構造，いわゆる人工超格子の製作が可能になってきた。これによって，超格子構造に発現する種々の量子力学的現象を利用した新機能素子の開発研究が，理論面からだけでなく実験的にも活発に行われている。とくに，結晶半導体からなる人工超格子では，第2章で述べられているように，その内部に存在する人工的に織り込まれた周期ポテンシャルによってバンド内のキャリア状態が，量子サイズ効果やトンネル効果の影響を受けるため，バルク半導体には見られない特異な電気伝導機構や光学的特性を示すことがわかっている[1]〜[3]。また，さまざまな素子応用が提案，検討されている（2章3節参照）。

　このような半導体人工超格子の研究は，単結晶半導体材料を対象として，理論と実験の両面から行われてきたが，最近になって，アモルファス半導体からなる人工周期構造（アモルファス半導体人工超格子）の研究が始められている[4]〜[12]。人工超格子構造における量子サイズ効果は，定性的には，人工超格子構造内のポテンシャル井戸層の幅が，井戸層内のキャリアのド・ブロイ波長と同程度あるいはそれ以下になった場合に生じる。

　したがって，結晶半導体に比べ，一般に，キャリアの有効質量が大きく，ド・ブロイ波長が短いアモルファス半導体からなる人工超格子では，量子サイズ効果は，結晶人工超格子よりも，ポテンシャル井戸の幅が狭い場合や低温の場合に観測可能となる。実際には，種々のアモルファス人工超格子において，ポテンシャル井戸幅が約50Å以下の場合に，量子サイズ効果が確認されている（この値は，$GaAs/Ga_xAl_{1-x}As$ 結晶人工超格子の場合の約200Åに比較してかなり小さい）。たとえば，カルコゲナイド系アモルファス材料$As_{40}Se_{60}$と$Ge_{25}Se_{75}$からなる人工超格子構造において，量子サイズ効果による$As_{40}Se_{60}$井戸層の光学吸収端および赤外振動モードの短波長シフトが報告されている[4]。さらに最近になって，水素化アモルファスSi（a-Si：H）膜と関連した材料a-Ge：H膜[7],[8], 半導体性 $a-Si_{1-x}N_x$：H膜[11],[12], 絶縁性 $a-Si_{1-x}N_x$：H膜[6]〜[11], 絶縁性 $a-Si_{1-x}C_x$：H膜[5],[7],[8], 絶縁性 $a-Si_{1-x}O_x$：H膜[9] などとの組み合せによって構成されたアモルファス半導

---

*　Masataka HIROSE　広島大学　工学部
**　Seiichi MIYAZAKI　広島大学　工学部

第3章　アモルファス半導体人工格子

体人工超格子において，光学吸収端およびフォトルミネッセンススペクトルの短波長シフトや井戸層に平行方向の電気伝導における伝導度の減少と活性化エネルギーの増大などから量子効果の存在が確められている。

筆者らの研究グループでは，a-Si:H膜をポテンシャル井戸層に用い，バリア層に半導体性a-Si$_{1-x}$N$_x$:H膜（$x \simeq 0.2$）[13]およびストイキオメトリックな絶縁性a-Si$_{1-x}$N$_x$:H膜（$x \simeq 0.57$）を用いたa-Si:H/a-Si$_{1-x}$N$_x$:H人工超格子の研究を行ってきた。本章では，これらの研究から明らかになったa-Si:H/a-Si$_{1-x}$N$_x$:H人工超格子の物性を中心に述べる。さらに，アモルファス半導体人工超格子のデバイス応用についても議論する。

"人工超格子"という語は，本来結晶材料における原子の規則配列（格子）の周期に対し，キャリアのド・ブロイ波長程度に，より長い周期の人工的な超周期構造が存在する場合に使用されるが，本章では，原子の規則配列すなわち長距離秩序が存在せず，ランダムな原子配列をもつアモルファス材料においても，多層周期構造をもつ系をその周期性に着目して"アモルファス人工超格子"と呼ぶことにする。

2. アモルファス半導体人工超格子の製作

結晶半導体材料からなる人工超格子構造の製作では，各層の格子定数がほぼ一致し得る材料の組み合せであることが必要であり，また原子レベルでの膜厚や組成を制御するために，2章2節で述べられている分子線エピタキシ（MBE）技術や有機金属化学気相成長（MOCVD）技術などの高度な結晶成長技術が要求される。これに対し，アモルファス材料からなる人工超格子の製作においては，原子配列の不規則性と結合角のゆらぎが存在するために各層間の格子整合条件が大幅に緩和されるので，その設計，製作の自由度が比較的大きい。

また製作技術においてもアモルファスSi系では，プラズマCVD法[14]を用いることによって，300℃程度の低温で膜厚や組成を原子レベルで制御可能であり，かつ大面積化も容易である。同様な理由から，カルコゲナイド系人工超格子の製作では，スパッタ蒸着法[4]が用いられ，a-Si$_{1-x}$O$_x$:H膜の製作には，酸素プラズマ陽極酸化法[9]が用いられている。

アモルファスSi系で用いられているプラズマCVD法で多層薄膜構造を製作する場合，各層において設計値通りの組成を持ち，とくに急峻な組成プロファイルを持つヘテロ接合界面を実現するために，(1)反応容器内の原料ガス滞留時間（residence time）を膜成長速度に比べ十分短くすることや，(2)各層製作ごとに，放電を停止し，反応容器内の真空引きおよび残留ガスのパージが行われている。また，均一な超薄膜の膜厚制御のために，各層の成長速度は，0.1～1Å/sec程度に制御されている。

3. アモルファス半導体人工超格子の構造

設計値通りに人工超格子構造が製作されているかどうかは、Auger電子分光（AES）やX線光電子分光（XPS）による構成元素の深さ方向プロファイル、およびX線回折におけるブラッグ反射角の測定から評価される。さらに直接的には、透過型電子顕微鏡（TEM）を使った断面観察によって評価される。図3.3.1は、a-Si:H（50Å）／a-Si$_{1-x}$N$_x$:H（50Å）（$x \simeq 0.2$）人工超格子試料のAESによるSiおよびN原子の深さ方向プロファイルを示す[12]。

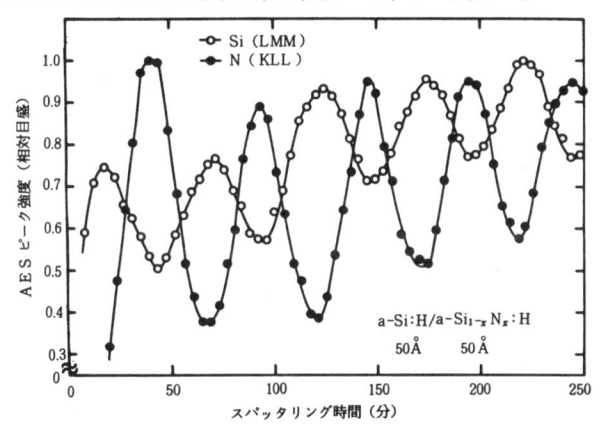

図3.3.1　a-Si:H（50Å）／a-Si$_{0.8}$N$_{0.2}$:H（50Å）人工超格子構造におけるSiおよびN原子のAuger 電子分光による深さ方向のプロファイル

SiおよびN原子いずれも、それぞれの最大ピーク強度を1として規格化してある。ヘテロ接合界面の急峻性に関しては、参照試料として、界面の構造遷移層が1〜2分子層であることがわかっている熱酸化SiO$_2$／Si構造[15]の深さ方向プロファイルとの比較を行った。この結果a-Si:H／a-Si$_{1-x}$N$_x$:H（$x \simeq 0.2$）の界面は、原子レベルで十分平坦で急峻に形成されていることがわかる。

図3.3.2は、B. Abelesら[6]によって測定されたa-Si:H（41Å）／絶縁性a-Si$_{1-x}$N$_x$:H（27Å）、41周期の人工超格子試料のX線回折（波長1.54 Å）パターンを示す。1次のブラッグ反射角から決定される構造周期と設計値（各層の成長速度から計算される構造周期）は、よく一致している。さらに、回折ピークの半値幅や高次のピークとの相対強度は、原子レベルでの界面の平坦性と急峻性を示している。

第3章 アモルファス半導体人工格子

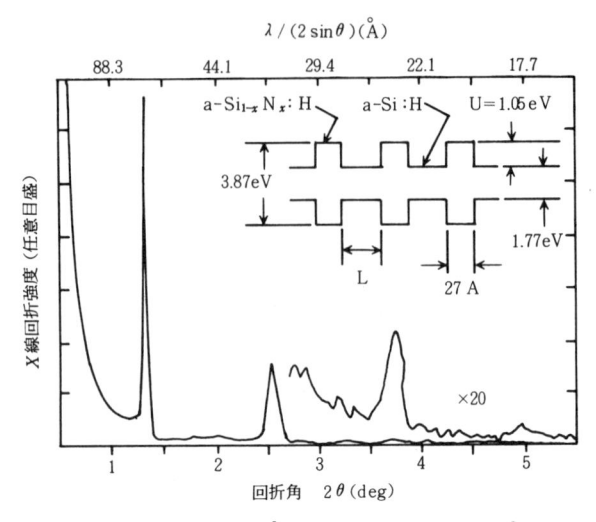

図3.3.2 a-Si:H(41Å)／a-Si$_{1-x}$N$_x$:H(27Å)(41周期)／石英基板試料のX線(波長1.54Å)回折パターン[6](挿入図はこの人工超格子構造のエネルギー・バンド図を示す。)

4. 光学的特性

人工超格子において，ポテンシャル井戸層の幅がキャリアのド・ブロイ波長程度まで狭くなったときに量子サイズ効果によって，バンド内電子，正孔の占有する準位が量子化される結果，光学吸収端の短波長シフトすなわち実効的な禁制帯幅の増大が観測される。図3.4.1は，a-Si:H/a-Si$_{1-x}$N$_x$:H(100Å)($x\simeq0.57$)人工超格子におけるa-Si:H井戸層の光学的禁制帯幅 Eg の井戸層幅依存性を示す。井戸層幅の減少に伴い，井戸層幅50Å以下において，量子サイズ効果による光学的禁制帯幅Eg

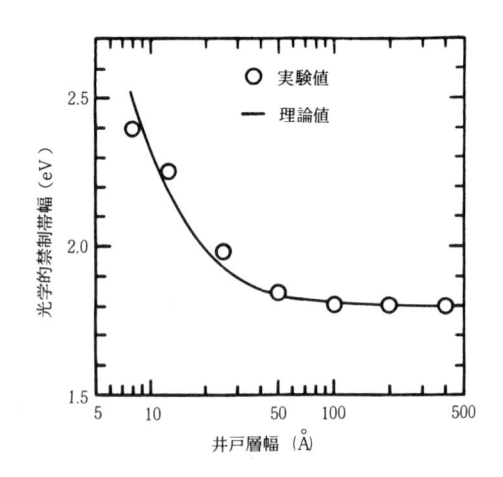

図3.4.1 光学的禁制帯幅の井戸層幅依存性(a-Si:H／a-Si$_{0.43}$N$_{0.57}$:H人工超格子)〔実線は単一量子井戸モデルによる理論値($m_e^*=0.6\,m_o$, $m_h^*=m_o$)〕

146

4. 光学的特性

の増加が観測される。

また，図中の実線は，単一の箱形ポテンシャル井戸モデルから計算された実効禁制帯幅を示す。この場合，伝導帯および価電子帯のポテンシャル井戸の深さとしては，それぞれの材料の内部光電子放出スペクトルから定められた仕事関数と光学的禁制帯幅（バルク試料）の違いから，いずれも 1.7 eVを仮定してある[16),17)]。さらに，電子および正孔に対する有効質量としては，それぞれ $0.6\,m_0$, m_0（m_0：自由電子の質量）を選ぶことによって，実験値と非常に良い一致をみる。

アモルファス半導体の大きな特徴は，禁制帯中に準連続的に分布し，バンド端に向って増大する局在準位を持っていることである。これらの局在準位密度分布およびバンドテイルは，アモルファス半導体のバルク諸物性（移動度，寿命，光学吸収端など）に強い影響を与えている[18)]。このためこれらの局在準位やバンドテイルの状態がフォトルミネッセンス（PL）によって調べられている[19)]。量子サイズ効果は，一般に，バンド内状態に現われるが，アモルファス人工超格子におけるフォトルミネッセンス（PL）の測定から，局在準位間の発光再結合に対しても，量子効果とみられる現象が観測されている。筆者らは，Ar$^+$イオンレーザ（波長 514.5 nm）を励起光として，a-Si:H／a-Si$_{1-x}$N$_x$:H 人工超格子のフォトルミネッセンスを温度80Kで調べた。n$^+$c-Si基板上の a-Si$_{0.8}$N$_{0.2}$:H（50Å）/a-Si:H（50Å），20周期の人工超格子試料のPLスペクトルを図3.4.2の曲線Aに示す[12)]。比較のために，a-Si:H層および a-Si$_{0.8}$N$_{0.2}$:H層のそれぞれの合計膜厚に相当する厚さをもつa-Si$_{0.8}$N$_{0.2}$:H（1000Å）/a-Si:H（1000Å）/n$^+$c-Si 基板の二層構造試料B，a-Si$_{0.8}$N$_{0.2}$:H（1000Å）/n$^+$c-Si 基板のバルク単層試料C，a-Si:H（1000Å）/n$^+$c-Si 基板のバルク単層試料Dのスペクトルが，図中に示してある。

人工超格子構造の試料Aは，ガウス分布型スペクトルに分解すると，1.37 eVの主ピークと 1.19 eVの副ピークに分解され，

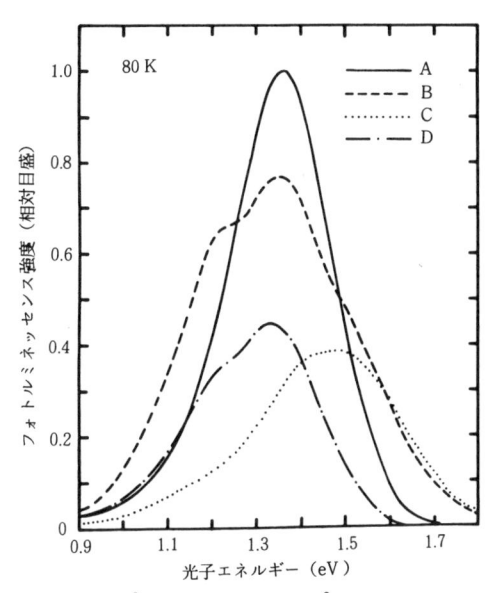

A：a-Si:H（50Å）/a-Si$_{0.8}$N$_{0.2}$:H（50Å）（20周期）/n$^+$c-Si基板
B：a-Si$_{0.8}$N$_{0.2}$:H（1000Å）/a-Si:H（1000Å）/n$^+$c-Si基板
C：a-Si$_{0.8}$N$_{0.2}$:H（1000Å）/n$^+$c-Si基板
D：a-Si:H（1000Å）/n$^+$c-Si基板

図 3.4.2　温度80Kにおけるフォトルミネッセンス・スペクトル

第3章 アモルファス半導体人工格子

いずれも 0.24 eV の半値幅をもつ2つの発光バンドで構成されている。これは，a-Si:H バルク試料D（光学的禁制帯幅 E_{opt} = 1.72 eV，伝導度の活性化エネルギー E_a = 0.61 eV）の発光スペクトルと本質的に同じである。試料B，Cで認められる a-Si$_{0.8}$N$_{0.2}$:H層（E_{opt} = 1.96 eV, E_a=0.64 eV）から生じる 1.48 eV の発光バンドは，人工超格子構造では観測されない。発光強度は，人工超格子試料が最も強い。これらの結果は，バリア層（a-Si$_{0.8}$N$_{0.2}$:H）内の光生成キャリアが，a-Si:H 井戸層へ流れ込み蓄積され，ここで発光再結合していることを示している。また光生成キャリアの表面再結合がバリア層の存在により効果的に抑制されるためにPL強度の増加が起こっていると考えられる。さらに，主ピーク 1.37 eV バンドのPL強度が，バルク試料に比べ著しく大きく，副ピーク 1.19 eV バンドのPL強度は小さい。このことは，量子化によってキャリア密度分布が二次元的性質を持つために，禁制帯内の深い局在準位を通しての発光再結合確率が低下する結果起こると考えられる。

a-Si:H / a-Si$_{0.43}$N$_{0.57}$:H（100Å）人工超格子の場合，a-Si$_{0.43}$N$_{0.57}$:H バリア層は，光励起されず，ルミネッセンスは，a-Si:H 井戸層でのみ生じる。人工超格子のスペクトルは，井戸幅 100Å以上では基本的にバルクの a-Si:H のスペクトルと同一である。しかし井戸層幅50Å以下の人工超格子では，図3.4.1 でみられる光学禁制帯幅の増大とともに，ルミネッセンススペクトルに変化が生じてくる。すなわち，図3.4.3 および図3.4.4 でみられるように井戸層幅50Å以下において，PLピーク位置の高エネルギーシフト，その半値幅の増加およびPL積分強度の増大が観測される[11]。ここでPL積分強度の算出には，各試料の a-Si:H 層の全膜厚，反射率および励起光の吸

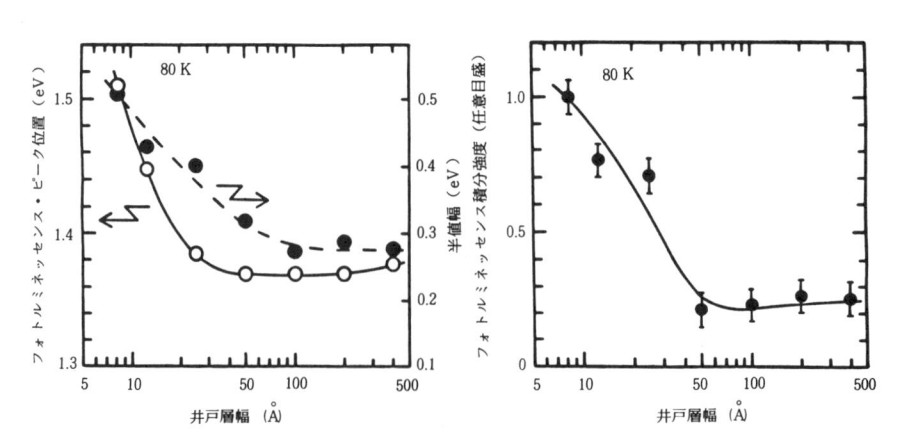

図3.4.3 フォトルミネッセンス・ピークのエネルギー位置とその半値幅の井戸層幅依存性（a-Si:H/a-Si$_{0.43}$N$_{0.57}$:H人工超格子）

図3.4.4 フォトルミネッセンス・スペクトルの積分強度の井戸層幅依存性（a-Si:H/a-Si$_{0.43}$N$_{0.57}$:H人工超格子）

4. 光学的特性

収係数の違いが考慮されている。図3.4.3および図3.4.4に表わされているPLスペクトルの変化は，キャリアの量子化によるバンド端の高エネルギー側へのシフトによって禁制帯内の深い準位へのキャリア捕獲確率が減少することで説明される。すなわち，禁制帯内の浅い発光準位を介する発光再結合の増大と深い準位を介する非発光再結合の抑制によって生じていると考えることができる。

さらに，a-Si:H／半導体性a-Si$_{0.8}$N$_{0.2}$:H人工超格子構造において，電子と正孔をa-Si:H層に閉じ込めるような構造の存在を確認する目的で，またa-Si:H／絶縁性a-Si$_{0.43}$N$_{0.57}$:H人工超格子においては，超格子内のヘテロ接合界面の捕獲準位による内蔵電界の有無とa-Si:H量子井戸中でのキャリアの波動関数の空間的な拡がりを見積もるために超格子の方向に印加した電界によるPL強度の変化を調べた。超格子方向に電界を印加するためにn$^+$結晶Si基板上に製作した人工超格子構造の上に半透明のAu（200Å）電極を蒸着し，この電極を通して，励起光入射およびルミネッセンスの観測を行った。図3.4.5の曲線Mは，図3.4.2の試料A，a-Si:H（50Å）／a-Si$_{0.8}$N$_{0.2}$:H（50Å）（20周期）／n$^+$c-Si基板のPL積分強度を膜厚方向に（人工超格子方向）に印加した電界強度に対してプロットしたものである[11]。比較のために超格子試料Aと同じ全膜厚（2000Å）をもつ，バルクa-Si:H膜Sに対する結果も示されている。いずれの試料も電界を印加しない場合のPL強度を1として規格化した。Auとアモルファス人工超格子およびa-Si:Hが，ショットキ・バリアを形成するために，電界を印加しない場合空乏層は，薄膜の全領域に拡がっており，これに対応する内部電界が存在する。レーザ光照射下，外部回路が短絡状態では，この内部電界は幾分弱められている。試料S（a-Si:H）では，Au電極に正バイアス印加時（+）にAu／a-Si:H ショットキ・バリアは順バイアスされる。ショットキ・バリアの高さは約1.0 eV[17]あるので，正電界（+）強度の増加に伴って〜5×10^4 V／cm（外部印加電圧〜1V）までは，内部電界が弱められる。その結果電子と正孔は内部電界により空間的に分離しにくくなり，ルミネッセンス強度は，わずかに増加する。それ以上の電界強度

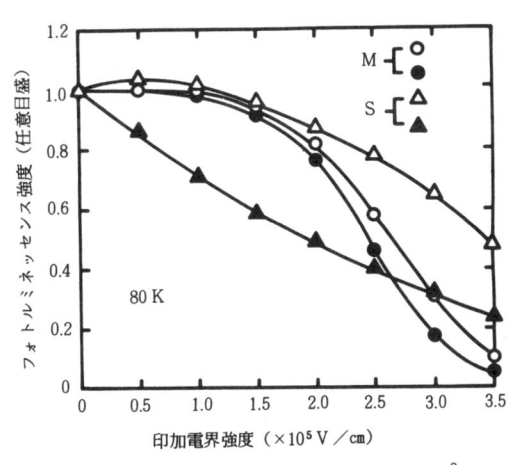

M：図3.4.2の試料A，S：a-Si:H（2000Å）／n$^+$c-Si，○，△はAu電極に正バイアスを，●，▲は負バイアスを印加したもの。

図3.4.5 フォトルミネッセンス強度の外部印加電界強度依存性

第3章 アモルファス半導体人工格子

では,外部印加電界による逆方向の内部電界が増加し,PL強度はなだらかに減少する。ショットキ・バリアに対して逆バイアス条件となる負電界印加時(-)には,キャリアの電界分離がさらに強められ,正電界印加時に比べPL強度の減少の度合い(クエンチング効果)は,大きくなっている。

これに対し,人工超格子試料では,ショットキ・バリアによる内部電界が存在するにもかかわらず,PL強度は,外部印加電界の極性にあまり強く依存せず,電界強度~1.5×10^5V/cmまでは,わずかに減少するに過ぎない。それ以上の電界強度では急速に減少し,約3.5×10^5V/cmでは,ほとんど消光される。

このことは,次のように説明される。人工超格子構造内に存在するa-$Si_{0.8}N_{0.2}$:Hポテンシャルバリアのために,a-Si:H井戸層内で光生成された電子,正孔およびバリア層から流れ込んだキャリアは,井戸層内に蓄積される。弱い内部電界下($<1.5\times10^5$V/cm)では,電子は,浅いポテンシャル井戸から流出するが(図3.4.6),井戸層内の正孔は,十分深い井戸のために流出できない。このため電子は正孔の強いクーロン力に束縛されて十分には電界分離されず,PL強度はほとんど変化しない。しかし,内部電界が2×10^5V/cmを越えるようになると,井戸層内に閉じ込められている正孔がバリア層をトンネルして流出する割合が増大する。その結果,光生成キャリアの電界分離が強まり,PL強度は急速に減少すると考えられる。

a-Si:H/絶縁性a-$Si_{0.43}N_{0.57}$:H(100Å)人工超格子の場合には,PLクエンチ

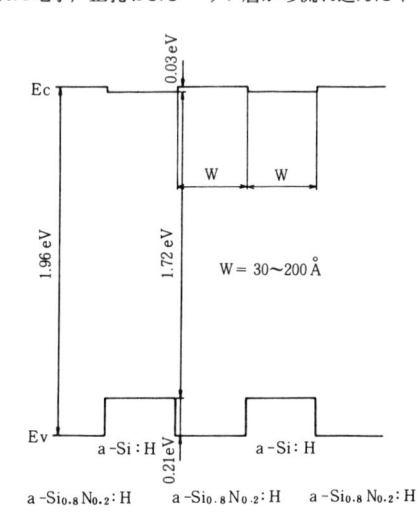

図3.4.6 a-Si:H/a-$Si_{0.8}N_{0.2}$:H 人工超格子におけるエネルギー・バンド図

ングは,a-Si:H井戸層内での光生成キャリアの空間分離が起こるなら観測可能である。図3.4.7は,a-Si:H/絶縁性a-$Si_{0.43}N_{0.57}$:H人工超格子(バンド図は図3.4.8)のPL積分強度を人工超格子方向に印加した電界の関数として示したものである[11]。ここで電界強度は,a-Si:H井戸層内の平均電界強度を表わし,その算出には,各層の膜厚と誘電率の違いが考慮されている。井戸層幅が十分広い場合には,ヘテロ接合界面近傍に蓄積された光生成キャリアによって外部印加電界が遮蔽され井戸層中央部には弱電界領域が生じる。その結果,この領域で光生成キャリアの空間分離が不十分であるため外部印加電界によるPLクエンチング効果は生じにくい(井戸層幅400Å以上の場合)。井戸層幅400Åから100Åの範囲では,ルミネッセンス・クエンチングの効果は,井戸層幅

4. 光学的特性

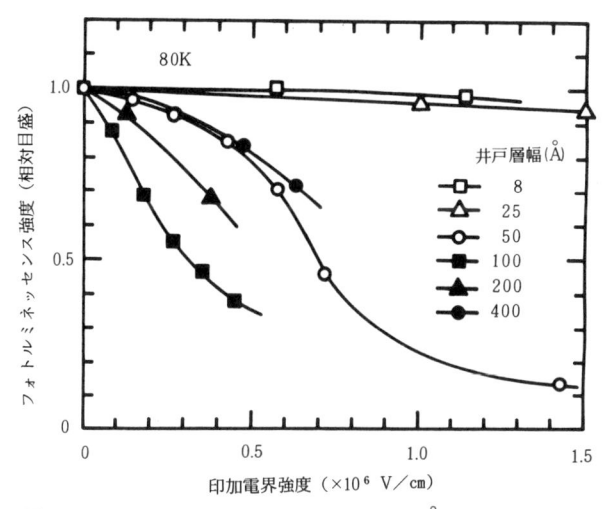

図3.4.7 a-Si:H／a-Si$_{0.43}$N$_{0.57}$:H(100Å)人工超格子のフォトルミネッセンス強度の外部印加電界強度依存性

の減少とともに大きくなる。このことは，上述の光生成キャリアの遮蔽効果の減少によって，光生成ホールと電子が効果的に井戸層内で古典的な意味で分離することを示している。さらに，50Å以下の井戸層をもつ試料に対しては，井戸層幅の減少とともに，再びPLクエンチング効果が弱まってくる。これは，量子効果が関与しており，電子とホールの波動関数が空間的に重なり始めることを示している。

この結果は，光学的禁制帯幅やフォトルミネッセンスの測定において，

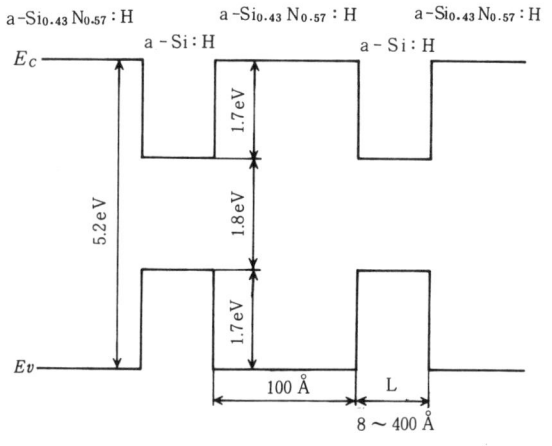

図3.4.8 a-Si:H／a-Si$_{0.43}$N$_{0.57}$:H 人工超格子におけるエネルギー・バンド図

量子サイズ効果が観測され始めることとよく一致している。とくに，井戸層幅25Å以下の場合には，~10^6V/cmの電界強度下でも，クエンチング効果がほとんど観測できない。これは，キャリア波動関数の空間的な拡がりが少なくとも25Åより大きいことを示している。また，バンド内キャリアと局所平衡状態にあるバンドテイル内発光準位にあるキャリア波動関数の拡がりも25Å程度あると考

151

えることも可能である。なお，外部電界によるPLクエンチング効果の測定から明らかなように，ヘテロ接合界面でのキャリア捕獲準位（界面準位）による内蔵電界の発生は十分小さいことの直接的な証拠となっていることも注目すべき点である。

5. 電気伝導

アモルファス半導体人工超格子の層方向の面内電気伝導は，バルク半導体には見られない特徴を示す。a-Si:H／a-Si$_{0.8}$N$_{0.2}$:H人工超格子構造の面内電気伝導を調べるために石英基板上に人工超格子を製作し，さらに表面保護膜としてa-Si$_3$N$_4$:H膜（300Å）をプラズマCVD法で成長させた。人工超格子の各層に対するオーミック接触を得るためにマスクパターニング後，サイドエッチングを行い電極間隔1mmのギャップセル型に，Ni-Cr電極を蒸着した。

図3.5.1は，周期の異なるa-Si:H／a-Si$_{0.8}$N$_{0.2}$:H人工超格子（各層20層）試料に光強度2mW／cm^{2}のAM1スペクトル（擬似太陽光スペクトル）光を照射したときの光電流密度の電圧依存性を示す[12]。人工超格子のような多層膜の場合，層方向に流れる電流は，バリア層と井戸層で均一でなく，電流密度で表わすことは正確には適当でないが，各試料の全膜厚の違いを考慮する必要から，ここでは便宜上平均電流密度で表わしている。バルク状態に相当するa-Si:Hとa-Si$_{0.8}$N$_{0.2}$:H単一層（各膜厚2000Å）からなる試料でのみ全バイアス領域を通してオーミック伝導特性を示す。その他の試料では，オーミック伝導領域と非線形伝導領域が存在する。

低バイアス領域（〜1V以下）では，いずれの試料もほぼオーミック特性を示し，各層厚の減少に伴い光電流密度の顕著な増大傾向がみられる。中バイアス領域（1〜10^{2}V）では，$J_p \propto V^n$（$1 < n < 2$）で表わされる空間電荷制限電流特性を示す。この空間電荷制限電流特性は，周期400Åの試料において

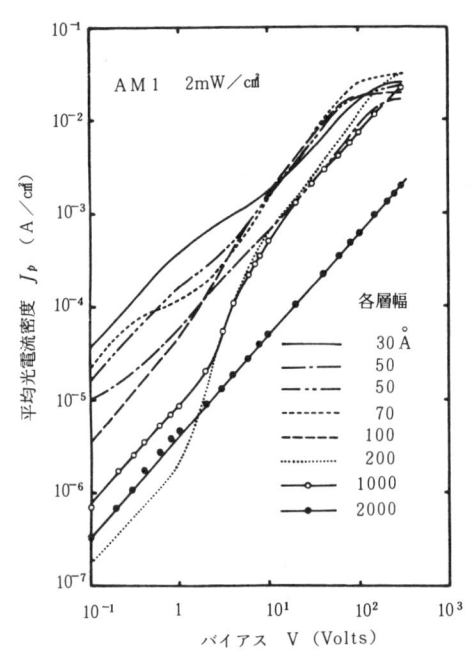

図3.5.1 種々の層厚を有するa-Si:H／a-Si$_{0.8}$N$_{0.2}$:H人工超格子試料の平均光電流密度−電圧特性（層に平行方向）

5. 電気伝導

とくに顕著に観測され,人工超格子の周期の減少とともに再び $n=1$ のオーミック特性に近づいている。さらに高バイアス領域（〜100V以上）では,光電流密度の飽和現象がみられる。

このような特異な電圧—光電流特性は,擬似二次元電子の伝導特性によるものとして説明される。すなわち室温における a-Si:H／a-Si$_{0.8}$N$_{0.2}$:H 人工超格子系のエネルギー・バンドでは,伝導帯側の a-Si:H 膜のポテンシャル井戸（30meV）は浅く,熱エネルギー 26meV でぼけているが,価電子帯側では,熱エネルギーより十分深い井戸（210meV）が存在する（図3.4.6）。したがって,光照射下において a-Si$_{0.8}$N$_{0.2}$:H バリア層内で光生成された正孔は,a-Si:H 井戸層内へ流入する。さらに,a-Si$_{0.8}$N$_{0.2}$:H バリア層内の光生成電子も,この正孔による二次元的空間電荷とのクーロン相互作用によって a-Si:H 井戸層へ引き込まれる。その結果,伝導電子の擬似二次元伝導が薄い a-Si:H 井戸層中で実現すると推測される[12]。この擬似二次元電子ガス状態では,実効散乱確率は,三次元電子ガス状態に比べ減少するため,本質的に移動度の増大（すなわち光伝導度の増大）が期待される。人工超格子の周期が減少すると,正孔がバリア層内で再結合または捕獲されることなくポテンシャル井戸層へ拡散することにより流入する効率が増大する結果,電子の井戸層への流入割合が増大すると考えられる。このことも低バイアス領域で,格子周期の減少に伴い光電流が増大する原因となる。

数V以上の中バイアス領域では,擬似二次元電子キャリアの実効移動度の増大によって電子が電極間を走行する時間が,その材料の誘電緩和時間（〜0.1sec）よりも短くなるために,光電流は空間電荷制限を受けるようになる。しかし,各層が薄い場合には,電子に対する浅いポテンシャル井戸のため隣接する a-Si:H 層に擬似的に閉じ込められた電子の層間相互作用が強まる。このため電流密度の増大に伴い a-Si$_{0.8}$N$_{0.2}$:H 中へ電子がオーバフローし始める。その結果,二次元伝導の性質が弱まり,みかけ上,再び移動度の低下が起こる。その結果,顕著な空間電荷制限電流特性は再び観測されなくなる。高バイアス領域での飽和現象に関しては,現在のところ,まだよくわかっていないが,電界強度の増加によって a-Si$_{0.8}$N$_{0.2}$:H バリア層で光生成された電子のうち,a-Si$_{0.8}$N$_{0.2}$:H 層から a-Si:H 井戸層へ流入することなく流れる割合が著しく増大し,実効移動度が大きく減少することが考えられる。

6. アモルファス半導体人工超格子のデバイス応用

上述のように,アモルファス人工超格子においても,結晶人工超格子と同様な量子サイズ効果が生じるために,結晶半導体超格子で提案されているようなデバイス応用が考えられる。アモルファス半導体では,格子の規則性に短距離秩序は存在するものの長距離秩序がないため,キャリア移動度が小さい（アモルファスSiでは,電子移動度が $1 cm^2/V \cdot sec$ 程度）。しかし,人工超格子の層方向の電気伝導では,量子サイズ効果によるキャリアの二次元性のために移動度の増大が期待でき,

第3章 アモルファス半導体人工格子

従来のデバイスの性能を大幅に向上させる可能性がある。さらに，アモルファス半導体における光学遷移は，運動量kの選択則が重要でなくなるため，結晶半導体に比べその光吸収係数が大きく，超薄膜でも有効に光吸収が起こる。したがって，とくに光電変換デバイスへのアモルファス人工超格子の応用では利点が大きい。

ここでは，いくつかのデバイス応用例を紹介する。アモルファス薄膜電界効果トランジスタ（TFT）のチャネル部にヘテロ接合人工超格子構造を使用した場合，井戸層内での量子サイズ効果による移動度の増大とチャネル層がゲート絶縁膜と半導体界面を離れて形成されるために絶縁膜および界面の捕獲準位や固定電荷によるキャリア捕獲や散乱の影響が抑制されることが期待され，高速動作可能なＴＦＴが実現できるであろう。また，井戸層の光学的バンドギャップに対応する光照射に対しては，高感度なフォトトランジスタとして動作可能である[20]。図3.6.1に示されるように，電子と正孔に対するポテンシャル井戸が，それぞれ隣接する層に別れて存在する人工超格子構造（ヘテロ接合型やn^+ip^+i型）においては，量子サイズ効果と光生成キャリアの空間分離輸送による再結合確率の減少によってキャリアの移動度と寿命が増大するため，高効率，高速応答可能なアモルファス半導体受光素子が得られる[21]。

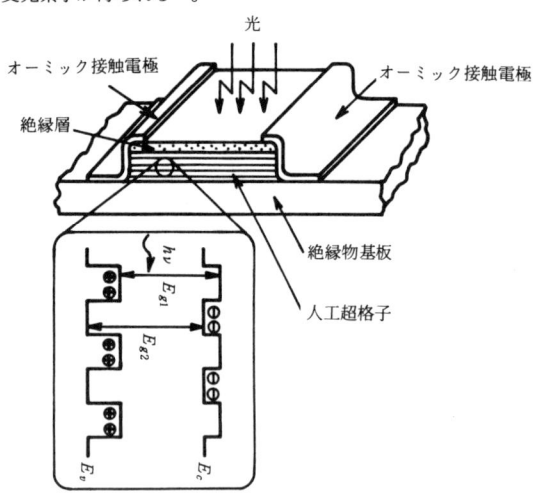

図3.6.1　アモルファス超格子構造を用いた受光素子（ヘテロ型）

アモルファス半導体における発光は，一般に禁制帯内に存在する局在準位間の発光であるため，発光した光が自己吸収される割合もきわめて小さく，間接遷移型の結晶半導体に比べて，発光効率は高い。ただし，局在準位を介する非発光再結合成分も大きく直接遷移型の結晶半導体発光素子に比べると，その発光効率はかなり低い。図3.6.2に示すように，p^+in^+素子のi層の部分にヘテロ接合人工超格子を用いた素子は，外部から注入されたキャリアを有効にポテンシャル井戸へ閉じ込

6. アモルファス半導体人工超格子のデバイス応用

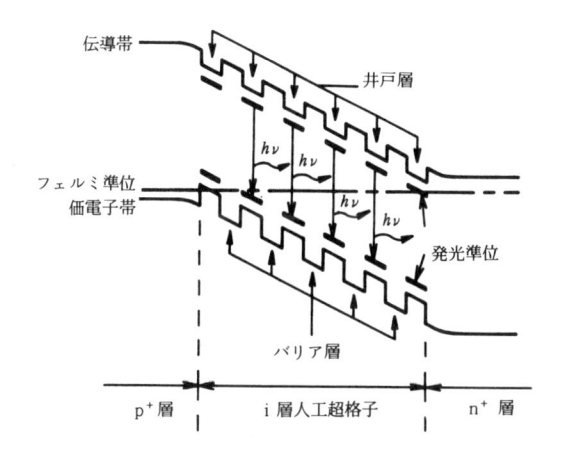

図 3.6.2 アモルファス超格子構造を用いた発光素子のエネルギー・バンド図

めて蓄積し，発光効率を上げることができる[22]。この発光素子は，とくにパルス動作に適しており，多量のキャリアを注入したときに，パルス電界除去後も，i層内に残存するキャリアが井戸層に閉じ込められ，内部電界により逆方向に分離されることなく発光するために高輝度の発光素子となり得る。さらに，井戸層の幅を適当に選ぶことによって，結晶半導体人工超格子で提案されているような井戸層内での電子と正孔の空間分離[23]を内部電界により生じさせればその発光を高速度でスイッチングすることが可能である。

7. おわりに

半導体人工超格子構造は，固有の量子効果のためにバルク半導体にみられないユニークな物性を示す。すでに，結晶超格子を用いた新機能デバイスの提案や試作研究が進められているが，アモルファス半導体超格子の研究は，まだ始まったばかりで，デバイス応用は進んでいない。しかし，結晶半導体超格子で観測されるのと類似の量子サイズ効果の存在が次第に明らかにされつつある。量子サイズ効果は，キャリアの寿命や移動度の著しい増大を引き起こすため，本来移動度が低く，キャリア寿命の短いアモルファス半導体デバイスの性能を画期的に向上させる可能性がある。

また，最近ヘテロ接合を有するアモルファス半導体デバイスにおいても，結晶半導体デバイスと同様，そのヘテロ接合界面がその特性に大きく影響を与えることが明らかになり，界面物性を研究するうえで，多数の界面をもつ人工超格子構造が有用となるであろう。この意味において，アモルファス人工超格子の物性について，理論と実験の両面から研究を進めることが望まれる。

第3章 アモルファス半導体人工格子

文　献

1) L. Esaki and L. L. Chang , *Phys. Rev. Lett.*, **33** (1974) 495.
2) R. Tsu, A. Koma and L. Esaki , *J. Appl. Phys.*, **46** (1975) 842.
3) R. Dingle, W. Wiegmann and C. H. Henry , *Phys. Rev. Lett.*, **33** (1974) 827.
4) T. Ogino, A. Takeda and Y. Mizushima , Collected papers of 2nd Intern. Symp. in Molecular Beam Epitaxy and Related Clean Surface Techniques (Tokyo, 1982) 65.
5) H. Munekata and H. Kukimoto , *Jpn. J. Appl. Phys.*, **22** (1983) L 544.
6) B. Abeles and T. Tiedje , *Phys. Rev. Lett.*, **51** (1983) 2003.
7) T. Tiedje, B. Abeles, P. D. Persans, B. G. Brooks and G. D. Cody , *J. Non-Cryst. Solids*, **66** (1984) 345.
8) B. Abeles, T. Tiedje, K. S. Liang, H. W. Deckman, H. C. Stasiewski, J. C. Scanlon and P. M. Eisenberger , *ibid.*, **66** (1984) 351.
9) J. Kakalios, H. Fritzsche, N. Ibaraki and S. R. Ovshinsky , *ibid.*, **66** (1984) 339.
10) T. Tiedje, C. B. Roxlo, B. Abeles and C. R. Wronski , Extended Abstracts of the 5 th Intern. Conf. on Solid State Devices and Materials (Kobe, 1984) 531.
11) S. Miyazaki, N. Murayama, M. Hirose and M. Yamanishi , Technical Digest of the 1st Intern. Photovoltaic Science and Engineering Conf. (Kobe, 1984) 425.
12) M. Hirose and S. Miyazaki , *J. Non-Cryst. Solids*, **66** (1984) 327.
13) H. Kurata, M. Hirose and Y. Osaka , *Jpn. J. Appl. Phys.*, **20** (1981) L 811.
14) 菊地　誠監修，田中一宜編著，「アモルファス半導体の基礎」，オーム社（昭和57年）p. 149.
15) C. R. Helms, Y. E. Strausser and W. E. Spicer , *Appl. Phys. Lett.*, **33** (1978) 767.
16) S. Yokoyama, N. Kajihara, M. Hirose and Y. Osaka , *J. Appl. Phys.*, **51** (1980) 547.
17) T. Yamamoto, Y. Mishima, M. Hirose and Y. Osaka , *Jpn. J. Appl. Phys.*, **20** (1981) Suppl. 20-2, 185.
18) W. E. Spear and P. G. LeComber , *J. Non-Cryst. Solids*, **8-10** (1972) 767.
19) R. A. Street , *J. de Phys.*, **c 4** (1981) c4-283
20) 広瀬・宮崎，特許出願番号 59-147957
21) 広瀬・宮崎，特許出願番号 59-147958
22) 広瀬・宮崎，特許出願中
23) M. Yamanishi and I. Suemune , *Jpn. J. Appl. Phys. Lett.*, **22** (Jan. 1983) 222

第4章　磁性人工格子

新庄輝也*

1. はじめに

　図4.1.1のように，強磁性物質Aと，他の物質Bを交互に積層して理想的な人工格子が形成されたと仮定する。このような人工格子の磁性は全体が一様な強磁性体とどのような点で異なるかを考えてみよう。物質BはAと異なる強磁性体あるいは反強磁性体であっても良いが，まず簡単のためいわゆる非磁性物質を想定する。一般に磁気的相互作用の及ぶ距離はごく短いものであり，数原子層をへだてると非常に弱くなり，室温での磁性を考える際には無視できる程度に小さくなる。したがって図4.1.1におけるD_B(この場合，非磁性層の厚さ)が1 nm以上であれば各々のAの層は独立した磁性薄膜として振舞うと考えてよい。飽和磁化やキューリー点はD_A(強磁性層の厚さ)に依存し，サイズ効果が全体の磁性を支配していると見なすことができる。後に実例を示すように，金属Fe薄膜の場合，約1.0 nmが室温で強磁性秩序を安定に保つ限界値で，それより薄い場合は磁化は熱振動し，いわゆる超常磁性と同様の現象を示す。

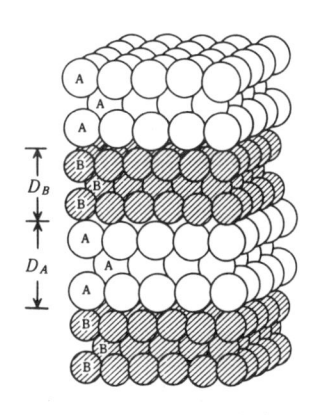

図4.1.1　人工格子の概念図
（物質A, Bをそれぞれ3原子層ずつ積み重ねた場合。）

　人工格子は見方を変えると界面に属する部分を相対的に著しく増加させたものともいえる。その意味では微粒子の場合と同様，界面の効果が全体に及ぼす影響が重要となる。非磁性物質と接する界面ではFe原子の磁気モーメントがどのような界面効果を受けるかは筆者らが10年来，メスバウアー分光法によって検討してきた課題である。界面磁性の研究内容は他に著したので，詳細はそちらを参照して頂きたい[1]が，界面のFe原子の磁気モーメントは接する非磁性物質に依存し，若干の増加を示す場合（実例はMgO[2], MgF_2[2]あるいはAg[3]と接するFe界面）や減少を示す場合（Cu[4], V[5], Sb[2], Mg[6]などと接するFe界面）があるが，顕著な界面効果が見られるのは第一原子層に限られているというのが結論であった。つまりD_Aが10原子層以上あればマクロな磁化に対する界面効果の影響はごくわずかである。仮に第一原子層で磁化の若干

---

*　Teruya SHINJO　京都大学　化学研究所

第4章 磁性人工格子

の増加があったとしても, 非磁性層の存在を考慮すると単位体積あたりの磁化が全体として増加することは不可能である。界面原子の磁気モーメントがバルクの値よりも小さい場合は全体の磁化は当然減少する。界面での反応性が高くて,界面では化合物的な電子状態が形成されてしまうと界面原子の磁気モーメントは消失してしまうこともある。(たとえばSbと接するFeやCoの界面), この場合も当然体積あたりの磁化は減少することになる。

磁性材料の観点からは,自然に存在しうる強磁性体よりも大きな磁化を持つ物質を合成することが一つの夢である。人工格子によって体積あたりの磁化を増加させる可能性があるとすれば物質Bとして非磁性体のかわりに磁気モーメントの大きい原子(たとえば稀土類金属,fcc 状態のMn あるいはイオン状態のFe^{3+}やMn^{2+}など)を配置し強磁性結合状態を持たせることであるが通常の磁気的相互作用は反強磁性的であり,そのような状態の実現は残念ながらかなり難しいと思われる。

磁性体の特性を支配する重要な因子の一つは磁気異方性である。この点に関していえば人工格子はかなりいろいろな可能性を含んでいる。一般に磁性薄膜の磁化は形状異方性の影響で面内を容易方向としていることが多い。しかし膜厚D_Aが減少するにつれて界面の寄与が相対的に重要になる。最近垂直磁化膜が記憶材料として注目されているが, 物質Bの影響で異方性が大きくなる場合や容易方向が面に垂直になるケースも予想される。将来は人工格子の磁気異方性の大きさや方向が三次元的に制御できるようになり, 記憶材料などに結びつく可能性が考えられる。物質Bが反強磁性であれば交換異方性を作り出すことも可能である。一方, 人工格子の光磁気効果や磁気抵抗効果などはまだ十分な研究は行われていないようである。

さて, あまり現実から離れた議論を展開しているように受取られては困るので, ここで実際にはどのような人工格子が生成可能なのかに話を転ずることにする。まず我々の行っている試料生成法を紹介し, Fe-V系およびFe-Mg系人工格子についての結果と磁気的な性質を多少詳しく述べる。さらにその他の組み合せ, あるいは我々以外のグループの研究などを簡単にサーベイした後一般的な考察に立戻ることにする。

2. 人工格子の生成

薄膜の生成法としては真空蒸着法とスパッター法が知られているが我々は超高真空蒸着法によって人工格子を生成している。最近3年間にわたって使用してきた装置の概要は図4.2.1の通りであり, 蒸発源の加熱には電子銃2基 (2 kW) を用いている。電子銃は蒸発源を直接加熱するので, ルツボを加熱する方式に比べると不純物の混入が少なく, 真空度の低下も避けられる。また, 融点の高い金属に対してはとくに有効である。主排気装置にはクライオポンプを使用し, 到達真空度は 10^{-8}Pa 台である。なお, 蒸着中は真空度がやや低下するが, 通常10^{-7}Pa 領域を保持している。超高真空中では蒸発原子は衝突相手がなく, ビームとなって飛行するので, ルツボと基板の中間にあ

2. 人工格子の生成

るシャッターの開閉によって蒸着膜厚が制御できる。基板部には水晶発振式膜厚測定素子が取りつけられ,プログラム付膜厚測定器（Inficon IC 6000）に接続されている。この膜厚測定器の指令によって二つのシャッターの開閉が行われる。たとえば物質Aを厚さa, 物質Bを厚さbに交互に蒸着し,各層の蒸着の間にいつも一定の休憩時間（たとえば5 s）を置く,などのプログラムを作る。

シャッターの開閉は圧縮空気によって速やかに行っているが,0.1 nm単位の膜厚制御を可能にするためには蒸着速度は余り速くはできない。現在,蒸着速度は0.02 nm/s程度である。したがって,必然的に真空度はかなり良いことが要求される。なお,現在のところ,蒸着過程の繰り返し回数は100ないし200回であるが蒸着速度が遅いため,全体で数時間を要する。図4.2.1中に書かれているモニター用膜厚センサはシャッターの開閉とは無関係に蒸発状況を監視するためのものである。基板は液体チッソによって冷却し,通常200〜250 K付近の温度に保持している。このため蒸着膜内での拡散は防止され,組成の点からいって「けじめ」のよい界面が得られる。一方,結晶成長はかなり阻止されるので,試料全体を単結晶的に成長させることは不可能である。我々は基板材料としてガラスやマイラー膜などの配向性のない材料を用いているので蒸着膜は非常に小さい粒子サイズを持つ微結晶の集りとなる。しかしながら微結晶はランダムに配向するのではなく,きわめてよく配向した,いわゆるtexture構造を示すことが後の実例でわかる。

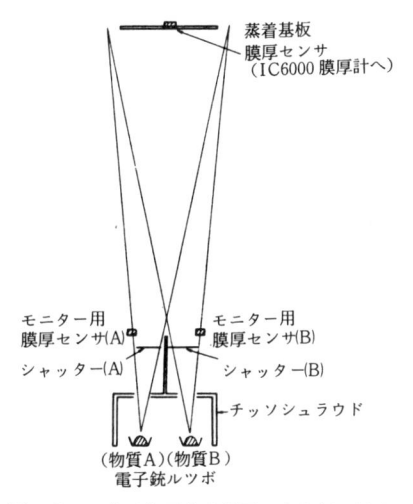

図4.2.1 人工格子生成装置の中心部の概略

得られた人工格子薄膜の磁気的性質をSQUID磁力計の他,メスバウアー分光法や中性子回折あるいはNMRを利用して微視的に研究している。次に示すように我々はFeと他の物質の組み合せによる人工格子の生成を行っているが,これらの試料には^{57}Feメスバウアー分光法が利用できるという大きな利点がある。

3. Fe-V人工格子[5]

人工格子の実例としてFeとVからなる多層膜について,まず紹介する。FeとVはともにbcc構造を持つ3d金属で,かなり類似した所もあるが原子半径は約6％異なっている。

一般に,2種類の物質を交互に蒸着した多層膜に予定通りの周期性が形成されたかどうかは,ま

第4章 磁性人工格子

ず,X線回折によって判定される。たとえばFeを厚さa,Vを厚さbずつ積層すると人工的組成変調の波長は$(a+b)$のはずである。X線回折によって,この周期$D=a+b$に対応するBragg反射が観測される。通常 Braggの式$2d\sin\theta=n\lambda$におけるdは結晶中の面間隔を意味するが,ここでは人工周期Dがあてはめられる。Dをかなり長い周期とするとθは相当小さな角度となる。図4.3.1(a)にはFe-V多層膜の示す小角領域のX線回折パターンの一例が示されている。FeとVの組み合せは次に紹介するFe-Mgの場合に比べると,かなりX線回折に対する条件は悪い(散乱能の差が小さく,バックグラウンドも余り小さくできない)。しかし,図に示すように,Dに対応する小角のピークが明らかに観測され,その角度から実際に作成された試料中に存在するDの長さが決定される(ただしθが$2°$以下の低角度では屈折の効果による補正が必要である)。

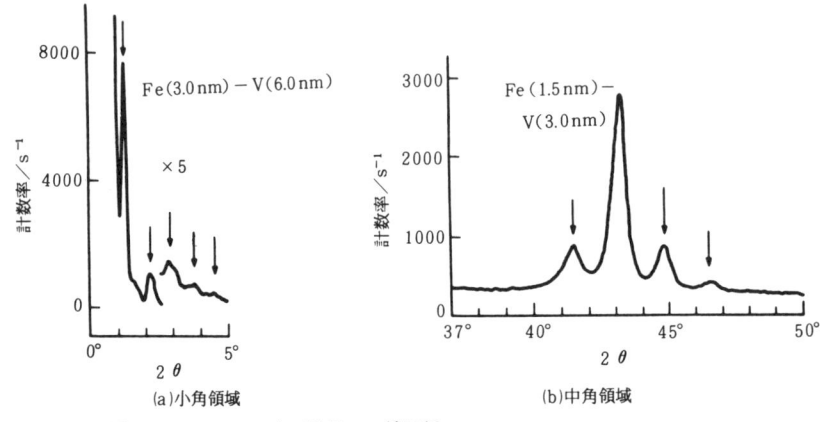

図4.3.1　Fe-V人工格子のX線回折パターン
(a)小角領域　　(b)中角領域

Fe-V多層膜に対し,X線の散乱ベクトルを膜面と垂直とした通常の$\theta-2\theta$測定を行うとbcc構造に対応する(110)ピークが強く現れるが,その他のピークはほとんど見られない。したがって膜面内に(110)が配向したbcc構造をとっていることがわかる。図4.3.1(b)に見られるように(110)ピークの周囲にはサテライトピークが観測される。

(110)方向の面間隔の平均値を$\bar{d}$とし,人工周期Dが長波長の変調として重なっているとすると,サテライトピークの現れる角度は$2\sin\theta/\lambda=(1/\bar{d})\pm(n/D)$で表され,この式から$D$の値を求めることができる。すなわち,FeとVの層がそれぞれ非常に厚い場合は別々のdの値に対応する回折ピークが現れるはずであるが,数nm以下の薄さの多層膜になると平均化された値,$\bar{d}$の場所の主ピークと,長周期Dに対応するサテライトが観測されることになる。このサテライトピークの強度を解析するとFe層とV層の(110)面間隔はそれぞれのバルクの値にかなり近いと考えられる。

図4.3.2は今までに作成されたFe-V多層膜試料の構成を示したものであり,縦軸,横軸はそれ

3. Fe−V人工格子

それVおよびFeの一層の厚さを意味する。○印は2種類のX線回折によって周期性が確認された試料であることを示し，△印はどちらか一方の方法でしか観測されず，×印はX線で周期性の証拠が確認できなかったという意味である。実験の手順としてはFe(2.5 nm)−V(5 nm)の厚さから始め，人工周期が確認されると次第に各々の膜の厚さを薄くする方向へ進んだ。X線の測定結果だけから判断すると次のような結論が得られる。まず，Fe(0.8 nm)−V(0.8 nm)より厚い膜では，かなり品質の高い人工周期が実現される。Fe(0.4 nm)−V(0.8 nm)， Fe

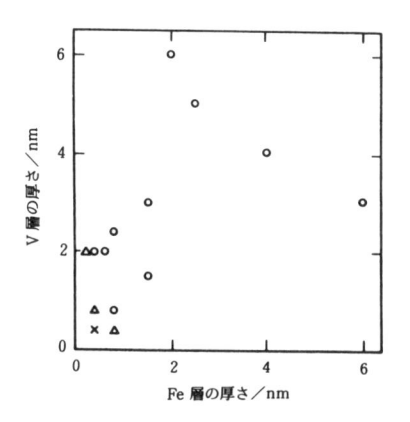

図 4.3.2　Fe−V人工格子の構成成分

(0.8 nm)−V(0.4 nm)あるいは，Fe(0.2 nm)−V(2 nm)でも周期性が作られていることは確認できるが，結晶としての完全性は低くなる。Fe(0.4 nm)−V(0.4 nm)つまり2原子層ずつ規則正しく積層することには成功していない。Fe(0.4 nm)−V(0.4 nm)以外の試料についてX線で求めた人工周期の長さと膜厚計が設定した値を比較したのが図 4.3.3 である。

すでに説明したように小角領域および中角領域のX線回折から試料中に実現された人工周期の長さが求められる。図から明らかなように「実現した周期」と「設計図の周期」はかなりよく一致している。すなわち膜厚計で決定したそれぞれの層の厚さの絶対値が相当信頼できることがわかる。たとえば，0.4 nmのFe層とは2原子層の厚さのFe膜を意味すると考えて大きな間違いはない。ただし，よく見ると，X線による値は膜厚計による値よりやや大きくなっている。これは実際に作られた試料は空格子点など格子欠陥を含むため，若干伸びているためか，単なる膜厚計の測定

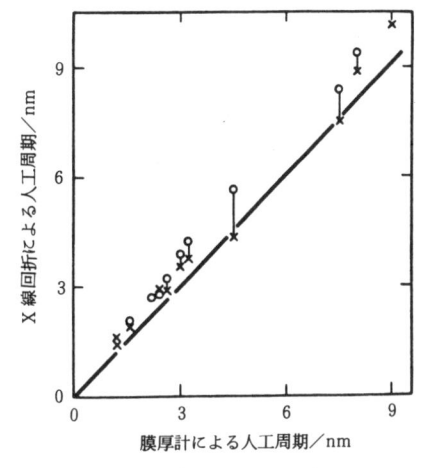

図 4.3.3　X線回折による人工周期の測定値（実現した周期）と膜厚計による人工周期の設定値（デザイン値）の比較

誤差か，まだ断定できない。膜厚計は0.1 nm単位の測定に十分な感度を持つものの，絶対値には数％程度の誤差が生じることはやむを得ない。多層膜の構造を明らかにするには種々の角度からX線を入射させて検討する必要があり，現在，測定は進行中である。現段階で結論できることは，Feと

第4章 磁性人工格子

Vは bcc 構造を取って，（110）面が膜面を形成するような配向を持ち（〔110〕texture），coherentに積み重ねられて人工格子が生成されているという点である。なお（110）X線回折ピークはかなりブロードであるが，ブロードとなる原因が結晶粒径が有限であるためと仮定すると粒径は膜面内では約15 nm，垂直方向では20 nmという値が得られる。すなわち直径15 nm，長さ20 nm程度の柱状結晶が形成されていることが示唆される。ただし線幅を広げる原因は他にも考えられるのでこのサイズは最小に見積もった数値である。しかし単一結晶を形成しているグレインがかなり微細なものであることは間違いない。

この結果からある程度結晶学的な多層膜の構造のイメージが得られるが，界面で原子配列がどの程度の面積にわたってフラットかなどについてはさらに検討が必要である。

Fe-V人工格子の磁性を考察するためにはメスバウアー分光測定が有効である。ここではメスバウアー効果の原理を解説している余裕はないので，詳しくは教科書[7]を見て頂くとし，磁気的秩序を持つ場合6本に分裂した吸収スペクトル，磁気的に秩序がない場合やスピンが存在しない場合はシングルピークのスペクトルが現れると了解しておいて頂きたい。磁気的秩序状態では電子スピンの影響で原子核に大きな磁場（内部磁場）が働き，核スピンがゼーマン分裂を示す。そのために吸収スペクトルは6本に分かれ，その分裂の大きさが内部磁場に比例する。内部磁場と電子の磁気モーメントは大体比例する。電子の磁気モーメントの大きさが一種類であれば内部磁場も一種類でシャープな6本の吸収が見られるのに対し，種々の大きさが存在すれば，それらの重なりとしてスペクトルはブロードになる。

図4.3.4はFe-V人工格子の^{57}Feのメスバウアースペクトルである。厚さはFe層を示し，V層は約2 nmでFe層同士は十分離れており磁気的には独立した薄膜を観察していることになる。なお左側はメスバウアー吸収スペクトルで右側はその結果を解析して得た内部磁場分布である。まず室温の結果を見ると，厚さ1.5 nmではシャープな6本のスペクトルが現れ，界面層の寄与と思われる内部磁場の小さな部分がわずかに線幅を広げる結果を与えている。界面のFe原子は多少磁気モーメントが減っており，250～60 kOeの内部磁場を示しているものと考えられる。0.8 nm以下では0.2 nmごとに変化があり0.4 nmではついに磁性のない様相を示す。一方，4.2Kのスペクトルを見ると，やはり1.5 nmの場合はかなりシャープな6本のスペクトルである。0.8 nmでは界面層の寄与（約260 kOe）とバルク的な寄与（約330 kOe）が同等程度であり，0.8 nmが4原子層の膜とすると納得できる結果である。0.6 nm以下では次第に非磁性部分が増加し，0.2 nmではほとんど磁性はなくなる。この結果だけでは0.2 nmのFe層は常磁性なのかあるいはFe原子の磁気モーメントそのものがなくなってしまっているのか判定できないが4.5 Tの磁場を加えてもまったく内部磁場が誘起されていないことから，モーメントがなくなっていると考えるべきであることがわかった。要約すると次のようである。VにサンドイッチされたFe薄膜の場合，4原子層以上の厚さがあれば全体は強磁性であり，界面原子でのみ若干モーメントは減少しているとすれば解釈できる。0.2 nmになればFe原子

3. Fe−V人工格子

(a) Fe−V人工格子のメスバウアースペクトル（室温）
　　数値はFe層の厚さ

(b) Fe−V人工格子のメスバウアースペクトル（4.2K）

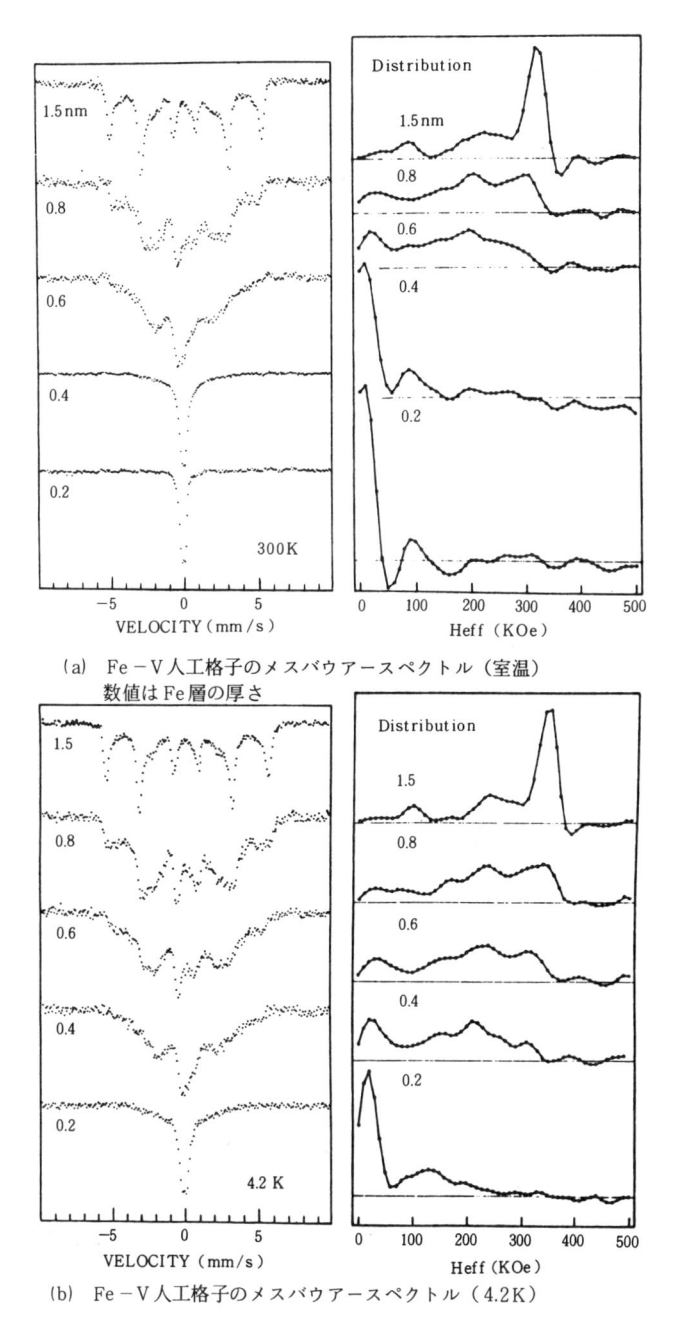

図 4.3.4

第4章 磁性人工格子

は局在磁気モーメントを失ってしまう。

　ところで界面では，どの程度相互拡散があるかを考える場合，磁性の研究から得られる結果が有用な情報を与えてくれる。界面で反応が起こって金属間化合物などが生成される場合は別として，epitaxyが成り立つ界面でわずかな拡散が起こっているかどうかを結晶学的手段から判定するのは不可能に近い。

　たとえばGaAs型半導体はMBE法によって非常に結晶性のよい多層膜が形成されるが，界面での拡散がどの程度かを判定するのは非常に困難である。一方，我々のFe－V多層膜の場合は磁性の測定によって，ある程度ミクロな検討を行うことができる。界面での磁性を調べるため，界面層の^{57}Feのメスバウアー効果や^{51}VのNMRによって内部磁場を測定するが，その磁場分布の議論から界面の原子配列について考察することができる。内部磁場分布の解析の結果の一例は次のようである[8]。

　FeとVの界面において，FeとVの入り混じりは3原子層にわたっているとする。すなわち，V層からFe層へ各原子層の組成が（100V，0Fe），（95V，5Fe），（50V，50Fe），（5V，95Fe），（0V，100Fe）と変化しているとして，内部磁場の分布を予想すると，^{57}Feについても^{51}Vについても，よく測定値を再現することができることがわかった。つまり原子配列についてはFeとVの界面での入り乱れは2,3原子層に限られていると考えてよい。なおFe層の中心部（つまり界面から数原子層離れた場所）のV濃度や，V層中心部のFe濃度が無視できる程度であることもメスバウアースペクトルの解析から確認されている。上にあげた数値は試料によって異なる性質のものであるが，この程度の界面の入り乱れは現実にはやむを得ないのではないかと考えている。なお磁性の考察の詳細は原著論文を参照して頂きたい[5),8)]。

4. Fe－Mg人工格子[9)]

　次にFeとMgの多層膜についての結果を説明する。FeとMgは非常に異質な金属同士で，液相でさえほとんど溶け合わない。安定な結晶構造はFeがbccであるのに対し，Mgはhcpであり，原子半径はMgの方が20％以上大きい。つまり，FeとMgの合金は作りようがなく，今までFe－Mg合金の性質の研究はあり得ないものであった（液相を急冷しただけでは非晶質合金も生成できない）。この2種類の金属を交互に蒸着すると非常にきれいな人工周期性が作られることを紹介する。図4.4.1には小角X線回折のいくつかの例が示されている。Fe－Vの場合よりX線回折についての条件が恵まれており，たとえばFe（0.8 nm）－Mg（2.4 nm）の試料のパターンでは高次のピークまで，きわめて明瞭に観測される。またFeが単原子層つまり0.2 nmとなった場合でも3次までのピークが観測された。

　いくつかの試料についてFe－Vのときと同様に蒸着時に膜厚計が設定した周期とX線によって観

4. Fe-Mg 人工格子

測された値を比較したのが図 4.4.2 である。やはり 0.1 nm の単位で両者はよく一致しており，予定した通りの周期性が実現していることが明らかである。現在までに生成した最も短い周期は Fe（0.4 nm）-Mg（0.4 nm）であり，X 線では約 0.9 nm の周期が実現していることが確認された。これは Fe 2 原子層, Mg 2 原子層を重ねたものと考えざるを得ない。Fe と Mg は熱平衡状態ではまったく混じり合わず，自然界ではお互いに顔を向け合いたがらない組合せといってもよい。それが 2 原子層ずつ重ね合されれば Fe の隣りには必ず Mg, Mg の隣りには必ず Fe が来るという配置を余儀なくされているということになる。つまり物質のすべてが界面部分から構成されているわけで，熱平衡状態では存在しえない新物質と呼んでもよい。

Fe と Mg の各々の層がどのような結晶構造を持っているかを知るためには中角度の X 線回折が必要であるが，Fe はやはり *bcc* 構造の（110），Mg は *hcp* の（0.01）が膜面内に配向していることが認められる。すなわち，Fe も Mg も非晶質やランダムな配向をするのではなく，一定の規則性を持っている。しかし，それぞれの層が薄くなるとピークは非常にブロードとなり，結晶性がかなり悪くなることを示している。2 原子層ずつといった薄い層が 2 次元的に形成されるためには界面で Fe 原子と Mg 原子がでたらめであるとは考えられず，なんらかの規則を持って接しているものと思われるが，さらに詳細な X 線による検討を今後進

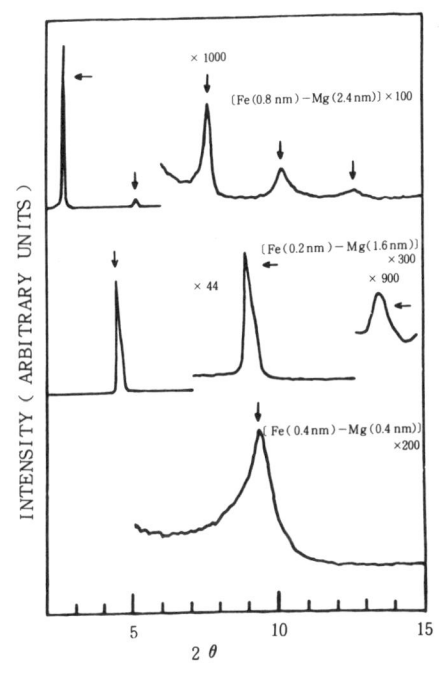

図 4.4.1　Fe-Mg 人工格子の X 線回折パターン（小角領域）

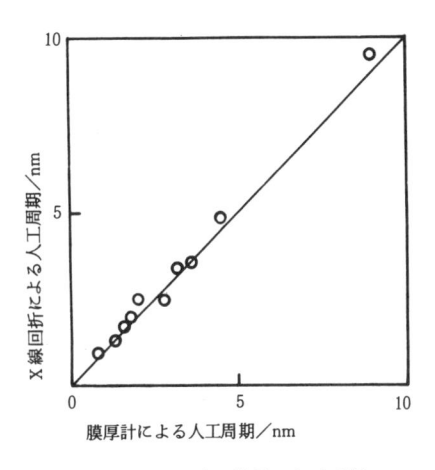

図 4.4.2　Fe-Mg 人工格子における超周期の「デザイン値」と「実現した値」の比較

第4章　磁性人工格子

める予定である。

　界面でのFeとMgの結合性についても興味が持たれるが，本来溶け合わない組合せであるため，相互拡散の危険性が少なく，界面の組成の「けじめ」は必然的にかなり良好であろう。Fe－Mg人工格子は非平衡状態の物質であるという点では典型的なもので少し温度を上げると2相分離の方向へ変化していく（ただし室温ではかなり安定である）。

　図4.4.3にはFe－Mg人工格子のメスバウアースペクトルが示されている。Fe－Vの場合と同様Fe層が1.5 nmのときは室温でもかなりシャープな6本の吸収スペクトルが得られる。しかし0.8 nm以下では内部磁場は消失してしまい，室温では磁化の方向が熱エネルギーによって変動していることを示している。Fe薄膜の磁化が空間的に安定している厚さの限界値はサンドイッチする物質に依存するがおおよそ1.0 nmあたりである。ところが4.2 Kでは0.2 nmの厚さにいたるまで明瞭な6本のスペクトルで，内部磁場がゼロの成分は存在していない。つまりすべてのFe原子はバルクに近い磁気モーメントを持ち強磁性配列していることを示している。この点はVでサンドイッチした場合とまったく異なっており，Mgと接するFe原子の3d電子状態はあまり大きな変化を受けていないように思われる。もう1つの興味深い結果は6本の吸収の相対強度比に現れている。磁性体の示す6本の吸収スペクトルの相対強度比は内部磁場方向に依存する。もし内部磁場方向が観測するγ線の方向と平行であれば3：0：1：1：0：3の強度比，垂直であれば3：4：1：1：4：

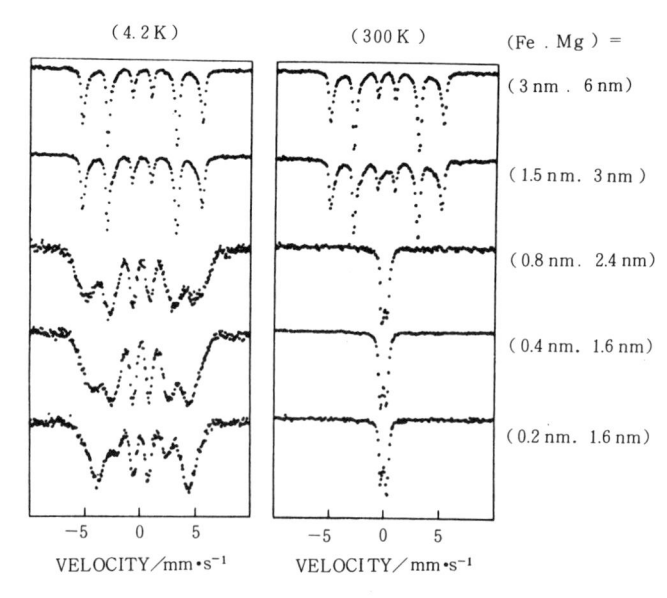

図4.4.3　Fe－Mg人工格子のメスバウアースペクトル
4.2 Kおよび300 K

4. Fe−Mg人工格子

3の強度比を示す。粉末試料であれば内部磁場の方向はランダムで，両者を平均した3：2：1：1：2：3の強度比が観測される。さて磁性体の薄膜では形状異方性の影響で磁化は面内に向いているため γ 線の方向とは90°をなし，その結果3：4：1：1：4：3の強度比を示すのが普通である。Fe−V人工格子でも1.6 nmのFe−V人工格子のスペクトルが示す通りである。ところが Fe（0.2 nm）−Mg（1.6 nm）の試料のスペクトルはまったく異なった強度比を示し3：0：1：1：0：3にかなり近い。内部磁場の方向はむしろ面に垂直に近い。すなわち磁化が垂直に近い方向をとっていることを意味している。この原因は形状異方性よりも界面層の異方性への寄与が優越しているためであろう。表面（界面）異方性がexplicitな形で現れている証拠であるとすれば大変面白い結果である。しかしこの垂直磁化はキューリー点が室温よりはるかに低いもので非常に弱い磁化であり，実用材料に結びつくような意味の垂直磁化とはかなり趣きが異なる。一方，室温でメスバウアースペクトルが内部磁場を示さないといっても本当の意味の常磁性ではない。強い磁場を加えると室温でもかなり大きな磁化が誘起される。したがって強磁性的近距離相互作用はかなり生き残っており，いわゆる超常磁性とよく似た振舞といえよう。

結論的にまとめると，
(1) 界面原子の磁気モーメントの減少はごくわずかである。
(2) 単原子層の厚さでも強磁性をもつ。
(3) 非常に薄くなると（1ないし2原子層）磁化は垂直方向を容易方向とする。

などがFe−V人工格子と比較した際のFe−Mg人工格子の特徴といえる。

Fe層の厚さが単原子層程度になったときどのような構造を持っているのか，本来結合力が非常に小さいFeとMgの間にはどのような結合が生じているのかなど，Fe−Mg人工格子は今後研究すべき興味深い問題をいろいろ提供してくれる新物質である。

5. その他の人工格子の報告例

上に述べたFeとVの組合せは固溶し合う金属元素同士，FeとMg はまったく固溶もせず，金属間化合物も作らない元素同士の組合せの典型的な例ということができる。この他，固溶はしないが金属間化合物を作りうるという組合せがあり，我々の調べた物質の中ではFeとSb[10]，CoとSb[11]がこれに該当する。これらの組合せの場合もSb層は約1.5 nm，FeやCoの層は0.2 nmの薄さまで人工格子の生成が実現できることがわかった。ただし界面では金属間化合物に似た状態が作られており，ちょうど1原子層に対応するCoやFeが非磁性の状態になっていることがメスバウアーやNMRの結果から明らかになった。このような微視的な検討はメスバウアー分光法やNMRのような手段で磁気的性質を通してはじめて調べうるものである。

界面の構造を考察するためには結晶学的手段だけでは十分ではなく，種々の方法を併用しなけれ

第4章 磁性人工格子

ばならない。

すでに述べたようにFeとVの界面では相互の拡散は事実上1原子層内にとどまっているが，かなり類似したケースと見なされるFeとMnでは5原子層程度にわたって拡散している層があることがNMRの結果から示されている[12]。この例からも明らかなように人工格子の界面の結晶学的完全性や化学組成の点からの「けじめ」の度合は多様であり，金属の組合せ，生成条件などに大きく依存するものと考えなければならない。

我々の研究以外を紹介するスペースが僅かになってしまったが，金属元素同士の人工格子はアメリカでもさかんに研究されている。しかし，Nbを中心とした超伝導性の研究が主流であり，磁性についての報告はあまり多くはない。超伝導性については別の解説があるのでここでは磁性に関する報告をいくつかサイトしておく。磁性超格子として最も古くから，また最も盛んに研究されたのがNi-Cuである。とくに強磁性共鳴の解析から，界面効果によってNiの磁気モーメントは増加しているという説[13]が出されたため一時大いに注目された。しかしその後いくつかの追試が行われ，結局Niの磁化は減少しているという平凡な結論に終わってしまった[14]。なおベル研のグループ[14]のNi-Cu試料はかなり単結晶的なものであり，結晶性の点からはかなり完全度の高い人工格子である。すなわち基板を高温にして膜を生成した。しかしその結果拡散を抑制することができず組成の変調は角型よりもサイン波型になってしまっている。

その他磁性元素を含む人工格子としては，

  Mn-Ni およびMn-Co [15]
  Mo-Ni [16),17]
  Fe-Cu [18]
  Pd-Co [19]

などの実験例が報告されている。

人工格子の構成成分は結晶性である必要はなく一方がアモルファス相，あるいは双方がアモルファス相でもよいことが示されている。東北大金研グループ[20]はCを含むFe層とアモルファスSi層の多層膜をスパッター法で作成し，1.8nm程度まで人工周期を短くした人工格子ができることを報告している。

磁性体としては金属のみならずフェライトをはじめとする酸化物も重要であるが，NiO-CoOなどの人工格子の研究も最近始められている[21]。

6. おわりに

人工格子の重要性，あるいは人工格子に対する我々の興味，といったものを大きく二つに分けると次のようにいえる。一つは基礎研究に適した理想的な状態（いわゆるモデルシステム）を設計通

5. その他の人工格子の報告例

りに作りうるという点，もう一つは自然界には存在しえない新物質が作りうるという点である。基礎研究に関していえば，人工格子が興味深い研究対象であることは明らかであり，いくつかの成果がすでに得られている。上に述べたように，人工格子の構成元素はかなり広い範囲で自由に選ぶことができ，場合によっては単原子層にまで薄くできるということは種々のモデルシステムのアイデアに結びつく。二次元磁性体や二次元超伝導性の研究といった例がただちに浮んでくる。

第2の点からいうと最終的には応用に結びつき，新材料として利用できるものを得ることが望まれる。残念ながら今のところ応用面では特筆すべき成果はないようであり，今後の研究を待たねばならない。しかし種々の新物質が合成できることが明らかであり，応用に結びつくことは早晩実現されるであろう。人工格子そのものが利用されるケース以外にも，人工格子を熱処理することによって熱平衡状態に移行する中間状態として望ましい物質が得られる可能性も考えられる。人工格子として出発状態を設計しておき，生成される物質の粒度や配向を制御してみようという試みもありうる。

我々の経験をまとめてみると，

(1) 超高真空中で低温基板（無配向性）に低速で蒸着することにより，人工周期性をもつ多層膜（人工格子）が得られる。

(2) 人工周期の波長は場合によっては1 nm以下，また一方の層については単原子層にまで短くできる。

(3) 3nm程度の波長を持つ人工格子は非常に広汎な組合せについて可能である（選択の自由度はかなり大きい）。

(4) 各層は非常に微細な結晶粒からなり明らかな配向性を持つ（texture構造）。

(5) 低温基板に蒸着しているため界面での化学的組成変調に関する「けじめ」はかなり良い。

などである。磁性の研究では試料全体が単結晶であることは必ずしも要求されないが，もし人工格子全体を単結晶化する必要があれば基板温度はある程度高くしなければならないと思われる。その場合拡散を抑制して単結晶成長が可能な温度が最適条件となるが実現可能かどうかは元素の組合せにも依存する。場合によってはそのような最適条件は存在しえないことも予想される。

薄膜作成技術の進歩によって人工格子の生成とその研究が近年急速に盛んになったが，現在研究は進展中であって結論的な記述は非常に難しい。今までに得られた結果を見ると，この分野の展開の広がりが当初予想されたものよりもかなり大きくなりつつあるといえる。2種類の元素の組合せの1組に対してでも十分な検討を行うにはかなりの労力と時間が必要である。人工格子生成の可能性がある組合せの中で，今までに検討されたのはごく一部であり，大半はまだまったく手がつけられていない現状である。したがってどのような新物質が作り出されるか今後が楽しみである。

第4章 磁性人工格子

文　献

1) 新庄輝也, 表面科学, **5**, No.1 (1984) 48
2) S. Hine, T. Shinjo, T. Takada, *J. Phys. Soc. Jpn.*, **47** (1979) 767
3) A. H. Owens, C. L. Chien, J. C. Walker, *J. Phys. (France)*, **40** (1979) C2-74
4) J. Lauer, W. Keune, T. Shinjo, *Physica*, **86-88 B**, (1977) 1407
5) N. Hosoito, K. Kawaguchi, T. Shinjo, T. Takada, Y. Endoh, *J. Phys. Soc. Jpn.*, **53** (1984) 2659
6) T. Shinjo, K. Kawaguchi, R. Yamamoto, N. Hosoito, T. Takada, *Solid State Commun.*, **52** (1984) 257
7) たとえば　新庄輝也, 実験物理学講座, **24**, 共立出版, p. 404 (1980)
8) K. Takanashi, H. Yasuoka, K. Kawaguchi, N. Hosoito, T. Shinjo, *J. Phys. Soc. Jpn.*, **53** (1984) 4315.
9) 速報は文献6), full reportは準備中
10) T. Shinjo, N. Hosoito, K. Kawaguchi, T. Takada, Y. Endoh, Y. Ajiro, J. M. Friedt, *J. Phys. Soc. Jpn.*, **52** (1983) 3155
11) K. Takanashi, H. Yasuoka, K. Takahashi, N. Hosoito, T. Shinjo, T. Takada, *J. Phys. Soc. Jpn.*, **53** (1984) 2445
12) 筆者ら, 未発表
13) B. J. Thaler, J. B. Ketterson, J. E. Hilliavd, *Phys. Rev. Lett.*, **41** (1978) 336
14) E. M. Gyorgy, J. F. Dillon Jr., D. B. McWhan, L. W. Rupp Jr., L. R. Testardi, *Phys. Rev.*, **B 25** (1982) 6739
15) M. B. Stearns, *J. Appl. Phys.*, **53** (1982) 2436
16) I. K. Schuller, M. Grimditch, *J. Appl. Phys.*, **55** (1984) 2491
17) C. Uher, R. Clarke, G. Zheug, I. K. Schuller, *Phys. Rev.*, **B 30** (1984) 453
18) H. J. G. Draaisma, H. M. van Noort, F. J. A. deu Broader, ICTF (1984, Stockholm) で発表
19) P. F. Carcia, A. Suna, ICTF (1984, Stockholm) で発表
20) たとえば　N. S. Kazama, H. Fujimori, *J. Mag. Mag. Mater.*, **35** (1983) 7
21) T. Terashima, Y. Bando, *J. Appl. Phys.* to be published.

第5章　金属人工格子

山本良一*

1. はじめに

近年，新しいエキゾチックな超伝導体が次々と発見されている。例えば$CeCu_2Si_2$，UBe_{13}，UPt_3のような重いフェルミ粒子超伝導体，$(Bi_{1-x}Pb_x)O_3$のような電子密度の低い超伝導体，$(TMTSF)_2X$（XはPF_6など）のような有機超伝導体，そして低次元超伝導体などである[1]。特に材料物性の異方的な低次元物質は最近の固体物理学の主要な研究テーマの一つである。$(SN)_x$のような無機高分子，$TaSe_3$，TaS_2のような遷移金属カルコゲナイドのような化合物として自然界に存在する物質以外に，今日では人工的に熱力学的に非平衡な低次元物質（超微粒子，極細線，超格子など）を作製することができる。ここでは超伝導超格子について紹介する。全体が一つの単結晶になっているような金属人工格子はNb／Ta（NbとTaが積層してできる多層膜を意味するものとする）しか知られておらず[2]，そういう意味からすれば超格子という呼び方は不適当であるので以後は多層膜と呼ぶことにしたい。

半導体の分野と比較して金属多層膜の研究は着手されたばかりであり研究例はまだ非常に限られている。二元系の多層膜について考えてみても，金属元素65種類から二つとる組み合わせの数は約2,000であるが，既に研究が着手された系は2%にも満たない。金属多層膜の構造はオーダー（構

表5・1

金属多層膜	作製法	積層周期(Å)	研究内容	参考文献
Al／Ge	電子ビーム	60～500	T_c, H_{c2}	3)
Nb／Al	スパッター	40～300	T_c, 電子状態密度 $N_s(E)$	4)
Nb／Cu	スパッター	10～10,000	T_c, H_{c2}	5)
Nb／Ge	スパッター	10～200	Ge層はアモルファス，Nb層は多結晶，T_c, H_{c2}	6)
Nb／Ta	MBE／スパッター	20～200	単結晶のエピタキシャル成長，T_c, $N_s(E)$	2)
Nb／Ti	スパッター	10～200	Ti相は準安定なbcc相，T_c, H_{c2}	7)
Nb／Zr	スパッター	10～200	Zr相は準安定なbcc相，T_c	8)
Pb／Bi	電子ビーム	700～800	J_c	9)
Pb／Ag	電子ビーム	20～300	T_c, Δ	10)
Mo／Ni	スパッター	14～40	電気抵抗	11)

* この表はBeasley[12]によるものに新しくいくつかの文献をつけ加えたものである。

---

* Ryoichi YAMAMOTO　東京大学　工学部

造的秩序と化学的秩序)とコヒーレンシー(積層方向と積層面内の両方)によって特徴付けられる。従来の研究では構造についての研究がきわめて不十分であり,構造と物性の相関についてもこれからの課題である。表5・1にこれまで研究されて来た超伝導多層膜を示す。この表からわかるように第二種超伝導体同士あるいは第二種超伝導体と半導体,その他の金属との組み合わせが多い。これは超伝導多層膜を擬二次元超伝導体のモデル物質と見なして理論の検証に役立てようとする意図のもとに研究が進められたためである。本章では実験的に十分に研究されているこれらの擬二次元超伝導体を中心に述べることにする。実験結果の説明に入る前に擬二次元第二種超伝導体の理論の簡単な復習をしておこう。

2. 擬二次元ジョセフソン結合超伝導体の臨界磁場

Nb/Ge,Nb/Cu のような第二種超伝導体と超伝導性を示さない金属あるいは半導体との多層膜について考える。個々の Nb 層は二次元 Ginzburg-Landau (GL) 理論に従うものと仮定し,Nb 層間はジョセフソン結合によって結ばれているとすると,系の自由エネルギーは,

$$F = \sum_{i,j} \left[\int dx dy \{ \alpha |\psi_i|^2 + \frac{\beta}{2} |\psi_i|^4 + \frac{\hbar^2}{2m^*} |\nabla_{2D}\psi_i|^2 + \eta_j |\psi_i - \psi_j|^2 \} \right] \quad (1)$$

で表現される。温度が超伝導遷移温度 T_c に近い場合には,層間のコヒーレンス距離 $\xi_z(T)$(ここで層に垂直な方向を Z 方向にとる)が積層周期 S に比べて十分長く,(1)式の最終項は微分で置き換えられる。したがって,自由エネルギーは三次元の場合の異方性を考慮した GL 理論に帰着してしまう。言い換えれば有効質量近似が成立する。Lawrence-Doniach[13] は層に垂直な方向(積層方向)の電子運動に対して次のような近似を行った。

$$M = \frac{\hbar^2}{2\eta_j S^2} \quad (2)$$

すなわち,超伝導電子の積層面に垂直な方向の質量は重くなる。しかし $T < T_c$ では有効質量近似は成立せず,より厳密な取り扱いが必要となる。擬二次元超伝導体を特徴づけるパラメータは $\xi_z(T)$ と S である。$\xi_z(T)$ と S の大小関係によって4つの領域に分けられる。$T > T_c$ では $\xi_T(T_0) = S/2$ を満たす温度 T_0 を境に高温側は二次元ゆらぎ,低温側は三次元ゆらぎが特徴的であり,このようなゆらぎの"転移"は低次元物質に共通している。さて $T < T_c$ で臨界磁場が面白い挙動を示す。層に垂直方向の $H_{c2}\perp$ の振舞いは Werthammer-Helfand-Hohenberg の理論[14] によってほぼ理解することができる。問題は層に平行方向に外部磁場を加える場合の $H_{c2//}$ の挙動である。理論[15] によれば層間の結合パラメータ r により,

$$r = \left(\frac{4}{\pi}\right) \left(\frac{2\xi_z(0)}{S}\right)^2 \quad (3)$$

2. 擬二次元ジョセフソン結合超伝導体の臨界磁場

r が小さい時（$r \to 0$），$H_{c2//}(T) \propto (T_c-T)^{1/2}$　　二次元性　　(4)

r が大きい時（$r \gg 1$），$H_{c2//}(T) \propto (T_c-T)$　　三次元性　　(5)

である。結合パラメータ r は金属多層膜の積層周期 S の関数であるから，S を変化させることによって $H_{c2//}(T)$ の三次元性から二次元性への（温度を下げてゆくとき）次元性のクロスオーバーを観測できるはずである。その遷移温度 T^* は，$r \simeq 1$ を与える $\xi_z(T^*)=S/\sqrt{2}$ から決められる。この時，

$$H_{c2//}(T) \propto 1/[1-2S^2/\xi_z^2(T)]^{1/2} \qquad (6)$$

であるから，$H_{c2//}(T)$ は T^* で発散してしまうことになる。しかし実際の系では個々の層内でのパウリ常磁性によるクーパー対の破壊，あるいは薄膜が有限の膜厚をもっていることによりこの発散は生じない。$H_{c2//}$ の次元性クロスオーバー現象は次のように理解される。$T^*<T<T_c$ では $\xi_z(T)$ が S よりも長いので，H_{c2} は有効質量理論で与えられる。$T<T^*$ で $\xi_z(T)<S$ となると外部磁場を加えた時，磁束が選択的に層内を避け層間に入り込むため層内の超伝導状態を破壊する効果が弱いと考えられる。図5・1にNb／Geについての H_{c2} の測定結果を示す。明らかに H_{c2} はきわめて異方的であり（$H_{c2//}>H_{c2\perp}$）Ge層の厚さを増加させると異方性も増大する。Ge層が35Åの時 $H_{c2//}$ の次元性のクロスオーバーが生じている。

同様な研究はNb／Cuについても行われた。Chunら[5]は層に対して斜めに外部磁場を加え臨界磁場 $H_{c2}(\theta, T)$ を測定した。

$$H_{c2}(\theta, T) = \frac{\Phi_o}{2\pi\xi_{//}^2(T)[\sin^2\theta+(m/M)\cos^2\theta]^{1/2}} \qquad (7)$$

ここで，θ は外部磁場と層のなす角である。クロスオーバーは $\xi_z(T)$ が Cu 層の厚さ程度になったときに生じた。

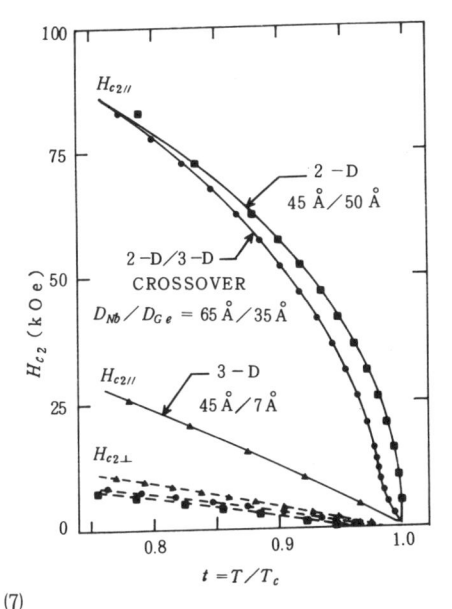

図5・1　Nb／Ge多層膜の超伝導臨界磁場
Ge層の厚さを減少させてゆくと，異方的三次元超伝導体から擬二次元超伝導体へとクロスオーバーする（参考文献6）

第5章 金属人工格子

3. その他の研究

Nb/Ti, Nb/Zr系多層膜については積層周期と超伝導臨界温度 T_c の関係が得られている。図5・2にNb/Zr系について T_c と積層周期の関係を示す。Nb/Ti, Nb/Zrいずれの場合も積層周期を増加させると T_c が減少している。Nb/Cuの場合は T_c はこれと反対に積層周期と共に増加し飽和する。その理由としてはNb-Cu系は共晶系であるため十分偏析した層を形成することができるが、Nb-Ti系の場合には金属間化合物が多くてそうはできないためと考えられている。一方臨界電流密度 J_c についてはPb/Bi系についてRaffyら[9]のグループによって調べられている。

最近、金属多層膜Au/Geが特異な振る舞いを示す超伝導体であることが秋浜[16]によって報じられているがその超伝導発現の物理的理由はいまだ明らかにされていない。一方、Brodsky[17]はAu/Cr/Au, Ag/Pd/Agなど金属超薄膜のサンドイッチ構造をエピタキシャルに作製し、これが新しい超伝導体であることを確認

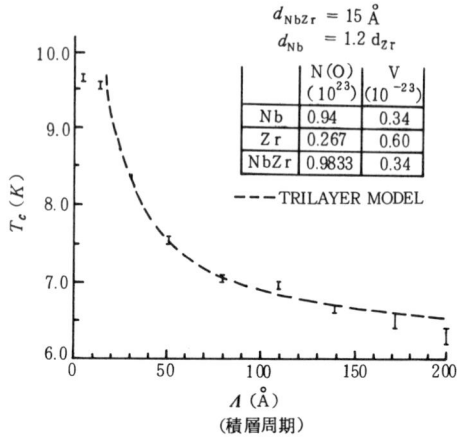

図5・2 Nb/Zr金属多層膜の超伝導臨界温度と積層周期との関係（参考文献8））
$\Lambda \geq 100$Å で、Λ はコヒーレンス距離と同程度になる。

した。Au/Cr/Auの場合Cr層は20Åときわめて薄く、Auでサンドイッチされて高圧相のfcc構造をとっている。fcc Crが超伝導性を示すことはその後、Xu等のバンド計算の結果によっても示された[18]。bcc Crが反強磁性体であることを考えると、Au/Cr/Auが超伝導性を示すことは非常に興味深い。以上見て来たように金属多層膜超伝導体の研究は始まったばかりであり今後どのようなエキゾチックな超伝導体が出現するか楽しみな研究領域である。どのような構造の多層膜を作れば、T_c, H_c, J_c の高い超伝導体が得られるのか、BCS機構以外の機構によるクーパー対の形成を生じさせるにはどうすればよいのかなど積極的な理論的プロポーザルが待たれる。

文　　献

1) M. R. Beasley, H. Geballe, *Phys. Today*, October (1984) p.60
2) S. M. Durbin, J. E. Cunningham, M. E. Mochel, C. P. Flynn, *J. Phys,* **F 11** (1981) L 223 ; S. M. Durbin, C. P. Flynn, *J. Phys.* **F 12** (1982) L 75
3) T. W. Haywood, D. G. Ast, *Phys. Rev.* **B 18** (1978) 2225
4) J. Geerk, M. Gurvitch, D. B. McWhan, J. M. Rowell, *Physica,* **B&C 109** and **110** (1982) 1775
5) I. Banerjee, Q. S. Yang, C. M. Falco, I. K. Schuller, *Sol. State. Comm.*, **41** (1982) 805
6) S. T. Ruggiero, T. W. Barbss Jr., M. R. Beasley, *Phrs. Rev.*, **B 26** (1982) 4894
7) Y. J. Qian, J. Q. Zheng, B. K. Sarma, Q. H. Yang, J. B. Ketterson, J. E. Hilliard, *J. Low Temp Phys.* **49** (1982) 279
8) W. P. Lowe, T. H. Geball, *Phys. Rev.* **B 29** (1984) 4961, T. Claeson, J. B. Boyce, W. P. Lowe, T. H. Geballe, *Phys. Rev.* **B 29** (1984) 4969
9) H. Raffy, J. C. Renard, E. Guyon, *Sol. State. Comm.* **11** (1972) 1679, *ibid*, **14** (1974) 427 ; H. Raffy, E. Guyon, *Physica* **108 B** (1981) 947
10) M. Jalochowski, *Z. Phys.*, **B 56** (1984) 21
11) C. Uher, R. Clarke, G. G. Zheng, I. K. Schuller, *Phys. Rev.*, **B 30** (1984) 453
12) M. R. Beasley, Proc. of the NATO Advanced Study Institutes Programme, International Advenced Course on Percolation, Localization and Superconductivity (1984)
13) W. E. Lawrence, S. Doniach, in Proceedings of the 12 th International Conference on Low-Temperature Physics, ed. by E. Kando (Academic Press of Japan, Kyoto, 1971) 361
14) N. R. Werthammer, E. Helfand, P. C. Hohenberg, *Phys. Rev.* **147** (1966) 295
15) R. A. Klemm, M. R. Beasley, A. Luther, *J. Low Temp. Phys.* **16** (1974) 607
16) 秋浜良三, 物性研だより　23, No.6 (1984) 60
17) M. B. Brodsky, P. Marikar, R. J. Friddle, L. Singer, C. H. Sowers, *Sol. State Comm.* **42** (1982) 675 ; M. B. Brodsky, *Phys. Rev.* **B 25** (1982) 6060
18) J. Xu, A. J. Freeman, T. Jarlborg, M. B. Brodsky, *Phys. Rev.* **B 29** (1984) 1250

第6章　有機人工格子

斎藤充喜*

1. はじめに

　有機化合物を用いて望みどおりの層構造を重ねていくことができるであろうか。できるとしたらその構造で電子は何らかの役割を果たすであろうか。すなわちその人工格子を舞台としてそこで電流，光あるいはその他の信号になりうる現象が発生，変化，あるいは他の種類の現象に変身したりできるであろうか。

　人類は昔から有機物を扱ってきたが，純粋な化合物を分離する方法はなかなか見つからず，有機化学としての発展は遅れたのであった。確かに有機化合物も，無機化合物と同様に周期表にある元素からなるにすぎないということがだんだんとわかるようになったが，ドイツのウェーラーが1828年にシアン化アンモニウムから生命力の介在なしで尿素の合成に成功した後も，有機化合物の合成には生命力が必要だという考えはなかなか打破されなかった。しかしアルコール，酸，染料，医薬が分離されるようになり，分析法，構造論が発展し，特に1856年にイギリスのパーキンが紫色の染料モーヴを作ってから有機化学およびその工業はめざましい発達を始めた。

　本来は生命に由来する物質を有機物と呼んだのであるが，全部をそう呼んだわけではない。石灰岩，大気中の膨大な遊離酸素などはそのうちに入れていない。有機化合物は炭素原子が，それ自身でどんどん結合してさまざまな構造をなすことが基本になっている。そして化学として扱ってきた有機化合物は水に溶けないものが多く，また重合の場合はさておき，割合画然とした分子の形をとっており，電気的に絶縁性のものが多かった。しかし有機化合物はその分子を構成する原子数が割合多く，複雑な構造をとることができる。そのためその分子そのものが複雑な性質，働きをもつ可能性を秘めている。逆の言い方をすれば，分子は多少大きいかもしれないが，それに単位機能を押し込むことができるかもしれないのである。

　有機色素について考えてみよう。それは可視光の一部の波長領域を吸収する性質がある。すると人間の眼にはその補色が見える。染料の場合にはこれがさらに水に溶ける性質をもっており，しかもその分子が繊維に付着したあとで，ある処理をすると，水洗しても洗剤で洗ってもとれなくなる性質をもっていなければならない。このような性質をもつためにはその分子はある程度複雑でなければならないのは当然であろう。

---

*　Mitsuyoshi SAITO　電子技術総合研究所

1. はじめに

　色素のメロシアニンはp型の光伝導体である。そのある種のものは銀塩写真の増感剤として使われている。すなわちその色素の吸収帯に対応するような長波長の光を、バンド・ギャップの大きなハロゲン化銀粒の方は吸収できないが、それに接触しているp型色素の方が吸収し、それによりその伝導帯に電子が上がる。この電子がハロゲン化銀の伝導帯に流れこむと、ハロゲン銀が直接光吸収でうる伝導電子の場合と全く同様に潜像形成に寄与する。これによって感光膜の感光波長領域がひろがると考えられている[1～3]。これに対しn型の色素が接触している場合には、光吸収によって色素からハロゲン化銀の価電子帯に正孔が注入されることにより、伝導電子を再結合によって減らす働きがあり、潜像形成を妨げることになる。このように色素で光吸収によって生ずるキャリアを潜像の形成あるいはその妨害に使うのでなく、電流の形で取り出そうというのが色素太陽池開発の思想である。

　無機結晶半導体であるシリコン結晶の中で、格子点のSi原子と置き換わったB原子はアクセプタとして働くが、ガリウムヒ素結晶のGaの位置に収まったのではアクセプタとしての働きはしてくれない。こういう場合には不純物原子そのものの特性ではなく、それと周囲の母体結晶との関係でアクセプタとかドナーとしての働きが出てくるのである。これに反して有機化合物ではその特性は一般には分子そのものの中だけに起因していると言ってよいであろう。電荷をやりとりすることによって分子間に緊密な関係を生じ、新しい機能が現れる場合にも、特定の2または3分子間のみの相互作用が基本になっている。

　有機化合物からなるものの高度に発達した典型は生物であるが、これは細胞からなり、そこでは細胞膜その他の種々の膜が重要な役割を果たしており、イオンその他の電荷の移動を伴うものも存在している。実際有機化合物の中には割合容易に規則的な層構造を形成できるような機能をもつものが存在する。またもともとは層構造形成能をもたない場合にも、その分子に細工をすることによって、そのような能力を分子に賦与することが割合可能である。まずその典型的な例を具体的に単純な物質で記すことにしよう。

2. 水面上の単分子膜

　洗剤として用いられている石けんの中には直鎖飽和脂肪酸、

$$CH_3(CH_2)_{n-2}-COOH \quad (\text{以下}C_n\text{または}C_n(H)\text{と略記})$$

のナトリウム塩C_n(Na)あるいはカリウム塩C_n(K)で、nが大体6から22までの主として偶数の

注) C_nのカルボキシル基COO^-H^+のH^+が金属イオンMと置き換わるのでC_n(M)のように略記することにする。Baのような2価金属の場合にはH^+が$\frac{1}{2}Ba^{2+}$と置き換わるとすべきであろうが、この場合もC_n(Ba)と略記することにする。なお特に問題ない場合にはC_n(Cd)とC_n(H)はともにC_nと記すこともある。

第6章　有機人工格子

ものが含まれている[注]。これら脂肪酸は層構造を形成しやすい性質をもっている。作ったままの$C_n(H)$はそうではないが，例えばC_{20}のカドミウム石けん$C_{20}(Cd)$を作り，その粉をX線回折装置にかけてみると，それは図6.2.1に示すように，後述のLB膜の回折像とそっくりの像が得られる。ピークの半値幅についての，LB膜で得た経験から，この粉粒は単分子層が6層くらい重なたものよりなると推定される。

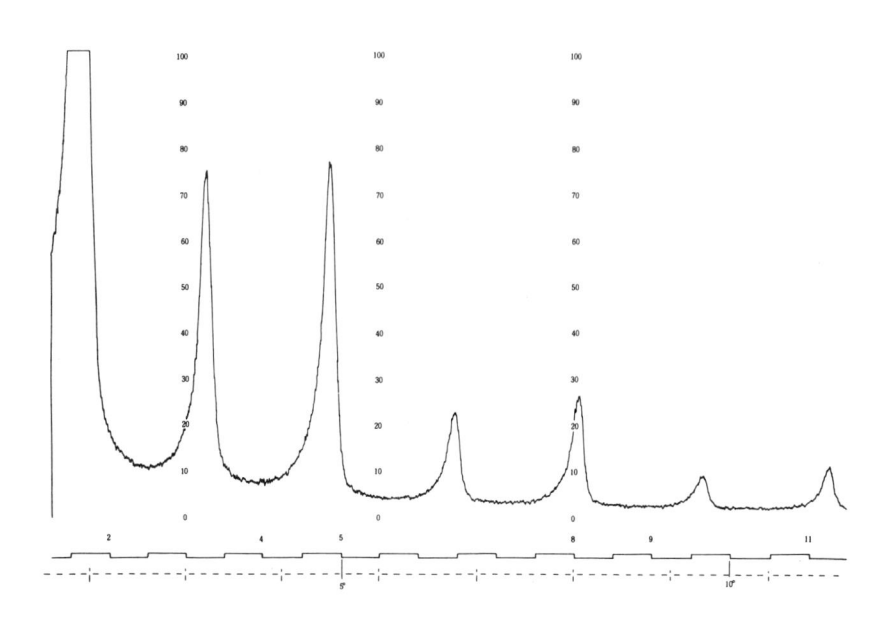

図6.2.1　アラキジン酸カドミウムセッケンの粉のX線
　　　　回折像，横軸は2θ，縦軸のフル・スケールは2×10^3，
　　　　図では1次から7次のピークが見えている。
　　　　$\lambda = 1.54178$ Å　(CuKα)

この脂肪酸$C_n(H)$は$n \geq 15$では比重が1より大きく，水に溶けない固体である。それの分子のカルボキシル基COOHの部分は親水性で，残りの部分（アルキル基）は疎水性の長い炭化水素の直鎖であり，分子は全体としては細長い形をしている。これの$16 \leq n \leq 22$の範囲の$C_n(H)$をクロロフォルムのような揮発性の有機溶媒に溶かして，その液滴を水面上に静かに置くと，それはたちまち周囲にひろがり，分子はばらばらに散り，溶媒がとび去ったあとでは，ちょうど鉄製の縫針などが水面に浮かぶように，親水性の端を水に漬け，疎水性の直鎖を上に立てて水面に浮き，いかにもそれは2次元気体であるかのように動きまわる。この水面を，図6.2.2の水槽Lの枠（固定壁）

2. 水面上の単分子膜

Dと浮子（可動壁）Fの右側面に囲まれた部分の水面としよう。HはFに固着している磁石で，図には描かれていない磁石との相互作用によりFは静止しているとする。Bは水面清掃のための吸引ノズルである。

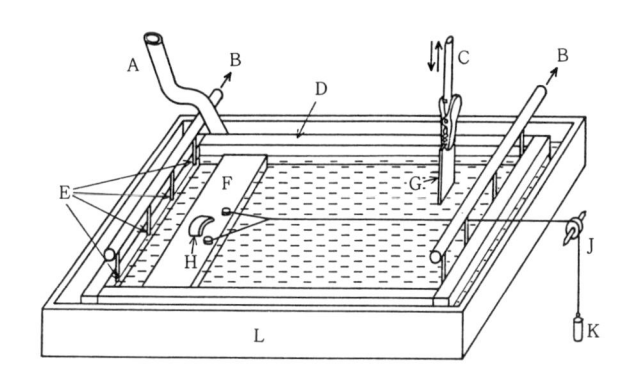

図6.2.2　ラングミュア・ブロジェット膜作製装置の一例

この水面にN個の$C_n(H)$分子がふりまかれているとすると，この分子は熱運動によりD，Fの壁面に圧力を及ぼす。浮子Fについて言えば，両側からの水による圧力はバランスしているから，Fはふりまかれた$C_n(H)$分子によって左方に押される力だけが真の力として残る。この力をFの吃水線の長さで割った値を表面圧（surface pressure）と呼んでいる。Fを磁石で静止させる代わりに，おもりKにかかる重力を利用してFを支えてもよい。水面面積をA，表面圧をFとすれば，Nが充分小さいときには，全分子の占有面積A_0を考慮して補正した2次元理想気体の状態方程式，

$$F(A - A_0) = NkT \quad (1)$$

が成り立つ。浮子は2次元のピストン，枠はシリンダーと見なすことができる。実際の$F - A$等温曲線（$F - A$ isotherm）は大体図6.2.3のa, b, c, dのようになり，(1)式はabに対応している。

bcは液状態で，ここでは分子間力も問

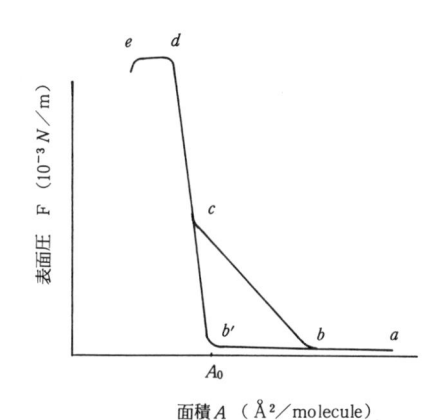

図6.2.3　$F - A$等温曲線

第6章　有機人工格子

題になるので，状態方程式の F の部分にも補正が必要になる。cd は固体膜で，ここまでは分子は水面上に単分子膜（monomolecular layer, monolayer）として存在している。d から先では膜はついに圧力に耐えかねて，しわになり，めくれ上がって折重なり（collapse と呼んでいる），単分子膜の状態ではなくなる。

$F-A$ 曲線の A の方は実際の面積を表わす場合もあるが，それをふりまいた分子数で割って，1分子当たりの面積に換算して目盛ることもある。その場合は dc の延長と横軸との交点 A_0 は表面圧 0 のときの 1 分子の占有面積を表わすことになる。

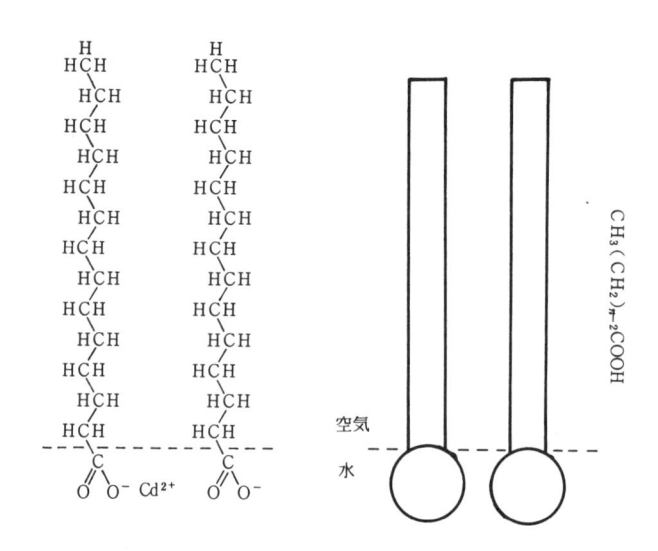

もしもこの水槽の水に金属イオン，特に 2 価のイオンが含まれており，そして水の pH 値を 6 またはそれよりもアルカリ側にもっていくと，$C_n(H)$ は金属塩になり，もっと強い固体単分子膜になることがわかっている。$C_n(Cd)$ 単分子膜が強さの点で特に優れている。例えば水温 20℃ の水槽の水に濃度 4×10^{-4} mol/ℓ の $CdCl_2$ を溶かし，また 5×10^{-5} mol/ℓ 程度 $KHCO_3$ を加え，これと HCl とで水の pH 値を 6.2 付近にしておいて，$C_{20}(H)$ のクロロフォルム溶液をひろげ，クロロフォルムのとんだあとで $F-A$ 曲線を求めてみると，今度は液体状態は観察されず，図 6.1.3 の $ab'cde$ のようになる。図 6.2.4 は水面に浮く分子を C_{14} について描いたものであるが，今後これをその右側の図のように表わすことにしよう。○は親水性のカルボキシル基，□は疎水性のアルキル基を意味する。

図 6.2.4　水面に浮く直鎖飽和脂肪酸の Cd 塩　（実際には重力のため傾くであろうが，圧縮して表面圧を上げると図のように平行にならぶようになるであろう。）

2. 水面上の単分子膜

図6.2.5のMXはメロシアニンの一種で、左側の核にN、右側のロダニン核にO, COOHがあるため親水性である。ふつうは左の核のNにはエチルかメチル基のような短いアルキル基がついているのであるが、ここでは長いステアリル基がついている。これは疎水性である。またCVはトリフェニルメタンという色素の一種クリスタル・ヴァイオレットで、n型の光伝導体であるが、これも疎水性の長いアルキル基がついている。したがってMXもCVも$C_{20}(H)$とほぼ等しい長さの分子になっており、やはり同様に親水基の部分を水に漬けて立ち、水面上に単分子膜を作ることができる。

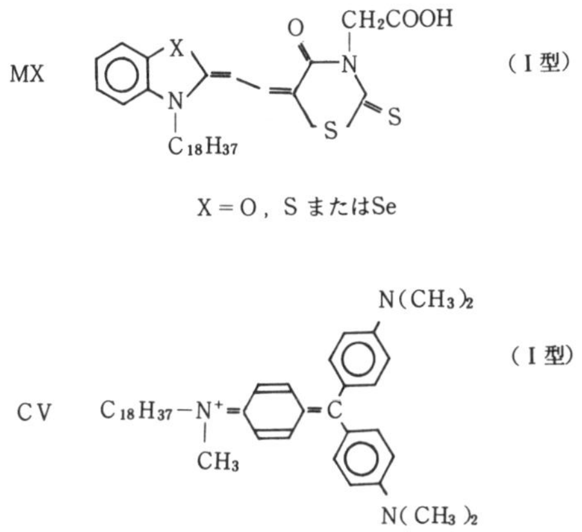

MX (Ⅰ型)

X = O, S または Se

CV (Ⅰ型)

C_{20} $CH_3-(CH_2)_{18}-COOH$

図6.2.5 色素と脂肪酸の例

上のように一般に親水性の端をもち、あとの残こりが疎水性であるような分子は、水の表面張力を下げるという性質から界面活性物質、またミクロの観点から両親媒性物質と呼ばれている。そしてこれは水面上に2次元固体単分子膜を形成する可能性があり、このようなものは後述のように層状の組織体を形成する能力があるとみてよいのであるが、親水性と疎水性のバランスが問題で、親水性が強すぎると分子はどんどん水中に溶け込む可能性があり、弱すぎると横に寝る心配がある。炭化水素のように親水基を全く含まないものは分子が水に漬ける部分をもたず、水に浮いてもよくひろがらず、島状あるいはレンズ状になって浮き、単分子膜として周囲に表面圧を及ぼすようにはならない。

3. LB法による累積膜の形成

図6.2.2の水槽に前節にあげたような条件でCd^{2+}イオンを含む水がはってあるとする。ガラス基板Gを縦にして水中に垂直に立てる。清浄なガラス表面は親水性だからガラス表面付近でメニスカスは上に凹になる。こうしておいてから水面に$C_n(H)$のクロロホルム溶液（濃度～2×10^{-3} mol／ℓ）をひろげ、溶媒がとび去るのを待ってから、おもりKで、図6.2.3の固体膜の状態に相当する適当な表面圧F（例えば$25 \times 10^{-3} N/m$）になるように浮子に力を加える。面積は縮まり、

第6章　有機人工格子

熱運動で動きまわっていた分子はぎっしりと寄り集まって勢揃いして固体単分子膜になり，ガラス基板の表面付近ではメニスカスに沿って単分子膜もめくれ上がり，その一番端は親水基の並ぶ面が基板に接するようになるであろう。静かに基板を引き上げていくと，基板が水から引き出されるにつれて，単分子膜はその親水面を基板側にして図6.3.1(a)(イ)のように基板に付着して上がってくる。次に基板を静かに水中に降ろしていくと，付いた膜の表面は疎水面になっているからメニスカスは今度は下向きに曲がり，水面上の単分子膜の端は疎水面側が基板側に接するようになり，基板が没するにつれ(ロ)のように，2層目が疎水面を基板側にして積重なる。次いで基板を移動させ水から引き出すと，親水面を基板側にして3層目が(ハ)のように付着する。このようにしてえられる単分子多層膜をその考案者の名[4),5)]に因んでラングミュア・ブロジェット膜（Langmuir-Blodgett film）あるいは略してラングミュア膜，LB膜と呼んでいる。またLB法も含め，このように積重なった単分子多層膜（multilayer）は累積膜（built-up film[5)]）と呼んでいる。図6.2.2の装置はKuhnらが改良したLB膜作製装置である[6)]。

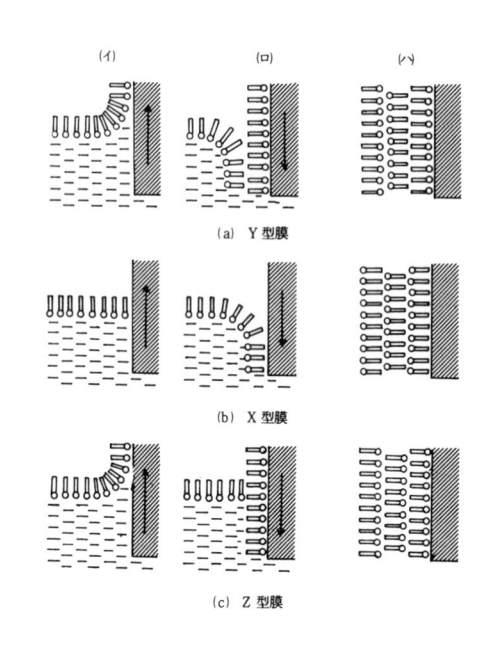

図6.3.1　累積の型

(a) Y型膜
(b) X型膜
(c) Z型膜

図6.3.1(a)の場合は，隣接する2つの層の界面は層の疎水面と疎水面，親水面と親水面が接するのが交互に現われており，Y型膜と呼ばれている[4)]。これに対して，pHが高すぎ，膜が固すぎるときによく起こることであるが，基板上昇のときに膜が滑って累積されず，下降のときのみ累積されてできた膜はX型膜，その逆の場合はZ型膜と呼ばれている。累積されつつあるかどうかは浮子の動き，すなわち面積が減少するかどうかで見当をつけることができる。

累積膜は厚みが一定の規則的な多層構造であるので，X線diffractometerにかけてみるとBraggの式，

$$2d \sin\theta = n\lambda \tag{2}$$

に従うピークが規則正しく多数現れる。nは次数である。$C_n(Cd)$　単分子層の厚みを$l(n)$と

3. ＬＢ法による累積膜の形成

表わすことにすると，Y型膜の場合にはBragg spaceは$d=2l(n)$となり，偶数次のピークはその両隣の奇数次のピークに比べて低くでる。XまたはZ型膜の場合には$d=l(n)$となり，したがってY型の場合の偶数次に相当する位置にだけピークが現れる。

X線回折による研究から$C_n(Cd)$LB膜Y型の場合にはCd^{2+}イオンは親水面の向かい合う一平面内にあることがわかっており，その面間隔は，

$$d = 2l(n) ≒ 5.3 + 2.5n \quad 〔Å〕 \tag{3}$$

となることがわかっている[7]。C_{20}のカドミウム石ケンの回折像図6.2.1も，したがってY型構造と考えられ，図の7次のピークから求めると$d=55Å$となる。$C_{20}(Cd)$LB膜の単分子層の厚味の2倍とほぼ一致している。

LB膜はAl蒸着膜の上にも形成させることができる。また疎水性基板では下降から累積することになる。Alを蒸着したガラス基板上に$C_n(Cd)$単分子m層膜を作り，その上にまたAg電極を蒸着したサンドイッチ構造を以後，$G/Alm(C_n(Cd))/Ag$と書くことにしよう。このようなサンドイッチ構造で$C_n(Cd)$LB膜の電気容量Cを測定してみると，$1/C$ vs mは室温，窒素温度ともによい直線関係を示している[8),9)]。mを固定して$l(n)$のnを変えた場合にも$1/C$ vs nは直線である。$C_{20}(Cd)$，$C_{18}(Cd)$，$C_{16}(Cd)$の比誘電率はそれぞれ約2.5，2.8，3.1である。Cは低周波の鋸歯状波電圧で測定するのが便利である[3)]。Cの測定で，ミクロな欠陥等のため全層または一部の層が短絡あるいは陥没しているかどうかを判定できる。これに対してX線回折はマクロに見て層構造をしているかどうかの判定手段である。

またサンドイッチ構造で測った法線方向電気伝導度$σ$は，単分子膜すなわち1層膜の場合，$l(n)$に対して指数関数的に減少し，低電界のトンネル電流jに対する式，

$$σ = \left(\frac{jl}{V}\right)_{V=0} = b \exp(-2αl) \tag{4}$$

に従うことがわかった[8),10)]。ここで，

$$α = (2mφ/ℏ^2)^{1/2}$$
$$b = e^2 α/(2πh)$$
$$φ_1 = φ_1 - κ, \quad φ_2 = φ_2 - κ$$
$$φ = \left(\frac{2}{3} \frac{φ_1^{3/2} - φ_2^{3/2}}{φ_1 - φ_2}\right)^2$$

であり，$φ_1$，$φ_2$は両電極の仕事関数，$κ$は$(C_n(Cd))$の電子親和力，したがって$φ_1$，$φ_2$はそれぞれの電極のフェルミ準位から測ったC_n 1層膜のバリアの高さである。$Al/1(C_n(Cd))/Al$と$Al/1(C_n(Cd))/Au$では$φ=2.3$ eV，$α=0.8Å^{-1}$であることがわかった。

多層膜$Al/m(C_n(Cd))/Al$では層数mを固定し，$l(n)$のnを変えると，印加する正弦波電圧（$f ≦ 10^{-1}$ Hz）の周波数を$f→0$としたときの法線方向コンダクタンス$G(0)$は，

183

第6章 有機人工格子

$$G(0) \propto \exp[-2\alpha l(n)] \qquad (5)$$

となり、$\alpha = 0.75 \text{Å}^{-1}$ がえられた[11]。またnを固定してmを変えると$G(0) \propto m^{-1}$ となることがわかった。すなわち多層膜では、

$$\sigma = \sigma_0 \exp[-2\alpha l(n)] \qquad (6)$$

であるが、単分子膜の場合と違ってσ_0は温度依存性があり、

$$\sigma_0 \propto \exp\left(-\frac{A}{T^{1/2}}\right) \qquad (7)$$

であることがわかった[12]。電気伝導の機構は次のように考えられている[9]。

多層膜の各単分子層は法線方向に並んだアルキル鎖のため絶縁体的なポテンシャル障壁である。各単分子層間には親水面の向き合う界面と疎水面の向き合う界面があるが、そのどっちの界面にも電気伝導に寄与する準位が存在する。電子は大部分の時間を1枚の界面内で過ごし、動きまわっており、たまに隣接の界面の空準位へトンネルでホッピングする。その際、電子にとってエネルギーの一致するような行先の準位は法線方向にあるとは限らず、存在確率は斜め方向にかえって大になるが、距離の遠い分だけトンネルしにくくなる。しかし熱励起でエネルギ差をかせぐことができると、割合近くにも行先を見つけることが可能である。このようなモデル[13],[14]を用いて実験事実(6)、(7)と同じ形の式がえられている。

Jonscherら[15]は親水基COO^-をドナー中心と思い、疎水界面には準位はないとするモデルを考えているが、これでは2分子層を一気にホップすることになる。(6)式のαが単分子膜の(5)式のαの値に近いということは1層をホップすると考える方が妥当である。

2種類の$C_n(Cd)$を混合した場合の単分子多層膜の$G(0)$についても(5)式と類似の関係がえられた。Alを蒸着したガラス基板上に、C_{16}とC_{20}をモル比$x:(1-x)$で混合したものの7層膜を作り、その上にAlを蒸着したサンドイッチ構造$G/Al/7(C_{16}^x - C_{20}^{1-x})/Al$の$G(0)$を$G(0)_x$と表わし、$x$を0から1まで変えて$G(0)_x$を測定し、$\log G(0)_x$を$<n>=16x+20(1-x)$に対してプロットしてみたら直線になった。すなわち$G(0)_x = G(0)_0^{1-x} G(0)_1^x$を意味する。換言すれば混合膜の$G(0)_x$はあたかも$Al/7(C_{<n>})/Al$という純粋膜の$G(0)$のように振舞うことがわかったのである[16]。

機能性LB膜の簡単な例としては色素LB膜が考えられる。例えば図6.2.5のMXそのままでもよいが、これをC_{20}と混合すると、もっと容易にLB膜にできる。ガラス基板のAl蒸着面上にモル比$[MX]:[C_{20}] = a:b$で混合した単分子m層膜を作り、その上にAgを蒸着したサンドイッチ構造を$G/Al/m(MX^a - C_{20}(Cd)^b)/Ag$と書くことにする。このような色素入り膜の場合には色素の光吸収に対応する光吸収帯が存在する。また光伝導性を示し、電極金属によってはショットキー型のフォトダイオードになり、光起電力が観察される。

一般にn型色素はAlに対して、p型色素はAgに対してオーム性接触をし、n型色素はAgに、

3. LB法による累積膜の形成

p型色素はAlに対して非オーム性接触をすることが経験的に知られている[17]。したがってAl／7（MO^1-C_{20}（Cd）^{5}）／Ag構造ではp型色素入り膜とAlとの間がactiveな接触で，膜が正，Alが負であるような極性の光起電力が発生する。またAl／3（CV^1-C_{20}（Cd）^{5}）／4（MO^1-C_{20}（Cd）^{5}）／Agといったようなp-n接合も可能で，この場合はMOの入ったp型膜側，すなわちAg電極が正であるような光起電力が発生する[18],[19]。このダイオードの場合，p型領域とCVを含むn型領域とでは，光を吸収してキャリアを発生する波長領域は異なっているので，両領域のキャリアの振舞を分離して観察することができる。そこで両領域の間に色素の入らない絶縁層を挿入した構造Al／3（CV^1-C_{20}（Cd）^{5}）／m（C_{20}（Cd））／4（MO^1-C_{20}（Cd）^{5}）／Agで，絶縁層mを変えてキャリアの減衰を観察したところ，それぞれの領域から発生したキャリアによる電流は厚み$d=m+2$が増すにつれて，

$$I \propto \exp(-d/L)$$

の形で減少するが，このLが両者の場合で異なることがわかった。このことは両者が違う種類のキャリア，すなわちp領域で発生するのは電子，n領域で発生するのは正孔であることを反映していると考えられる。これでこの種の膜に電子も正孔も電流に寄与すること，しかもC_{20}（Cd）LB膜に注入さえ行われれば，そこを電子も正孔も流れることができるということがわかったのである[19],[20]。

図6.2.5のMX，CVでは機能性を有するactiveな部分は親水基側にある。疎水基側にすることも場合によっては可能で，図6.3.2のPY（ピレンに長鎖アルキル・カルボン酸を付けたp型分子）はその例で，この種のものは疎水界面の特性に変化を与えると考えられる。前者をⅠ型，後者をⅡ型と呼ぼう[21]。またactiveな原子団が長鎖アルキルの途中にくっついたり，入ったりするもの（Ⅲ型）も考えられるわけで，図のAN（アントラセンを入れている）はその例で，このようなものは電気伝導の向上が期待される。またアルキル鎖をできるだけ短くして，単分子層としての安定性は多少犠牲にしても，機能を発揮させようという軽置換型成膜分子（lightly substituted film-forming molecules）も考えられる[22]。PE（ペリレン誘導体）はその例である。

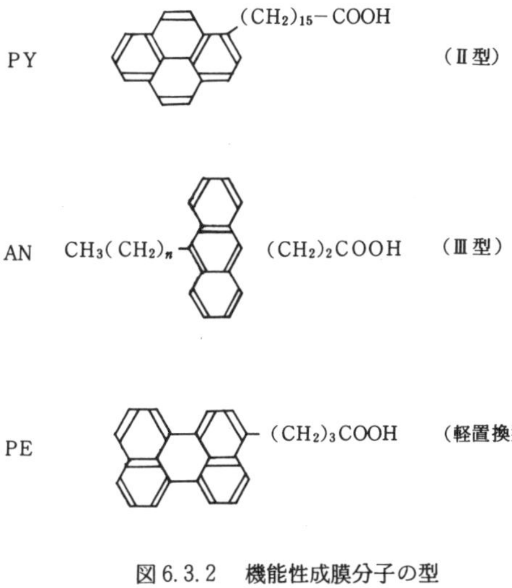

ANは$3 \leq n \leq 11$で成膜に成功して

PY　（Ⅱ型）　$(CH_2)_{15}-COOH$

AN　$CH_3(CH_2)_n$　$(CH_2)_2COOH$　（Ⅲ型）

PE　$(CH_2)_3COOH$　（軽置換型）

図6.3.2　機能性成膜分子の型

第6章 有機人工格子

いるが[23]，n が3か4くらいに小さいと軽置換型と言ってよい。

4. その他の単分子多層膜形成法

タンパク質その他の生体から抽出した物質もLB膜にすることができる。どこが親水性でどこが疎水性なのかわからないような分子までLB膜になっている例があるので，今のところ完全な予測は不可能で，できるかできないかはやってみてわかることである。また $F-A$ 曲線で液体状態に対応する表面圧の場合でも累積できているものもある。これまでは基板を垂直に立てて単分子層を付着させていく方法を述べてきたが，これ以外にも類似の方法があるので紹介する。

4.1 水平付着法

筆書，水墨画に古来用いられてきた墨は油煙に膠をまぜて練り固めたもので，水をつけてすると墨汁になる。この墨汁に松やにの煮汁を少し加えるとなおよい。これを筆先につけ，水面上に少量を静かに浮かせると，それは水面上を円形にひろがる。その墨の円の中心に松やにの煮汁を別の筆先から置くと，これも墨を周囲に押し分けて円形にひろがる。その中心に墨汁を……と交互に行うと，水面には一連の同心円状の墨汁の輪ができる。水槽を静かに少し動かすと水流が生じて微妙な乱れ模様になる。和紙をその水面にそっと置いて引上げると模様が紙に移しとられる。これが「墨流し」と言われる技法で，平安時代から行われ，江戸中期には布を染めるのにも使われるようになり，墨のほかに藍，紅も交えるようになった。これと似たやり方で水面上の単分子膜を基板に累積していこうというのが水平付着法である[24],[25]。

基板を下向きにほとんど水平にして下し，水面上の単分子膜に，一端から静かに接触させ，基板に単分子膜を付着させてから，このわずかに傾けた状態で引き上げるのであるが，この単分子膜が移されたためなくなった水面に向かって周辺から成膜分子が流入し，乱れてさらに付着するのを防ぐために，水面に接触させた基板の周囲を仕切り板で囲み，残りの水面の分子をノズルで吸い取って基板の周囲には成膜分子が残らないようにしてから，基板を水面から引離す。次にまた小枠で水面上の単分子膜を小割にして基板を接触させ……と順次同様にして層を重ねていくのである。このようにすると水槽の小枠外の単分子膜を乱さないですむわけで，水面上の単分子膜を有効に利用できる。

この方法はタンパク質にも適用できる。その他，極性の弱い分子にも有効で，また液体状態の単分子膜を累積するのも容易であり，X型膜を作ることが可能である。

4.2 液相吸着法

溶液中から固体表面に単分子層が吸着するのを利用して，これを重合する，その表面を活性化す

4. その他の単分子多層膜形成法

ることによって，その上にまた単分子層を吸着させ，それを重合するということを繰返すことによって累積する方法である（図6.4.1）[26]〜[28]。

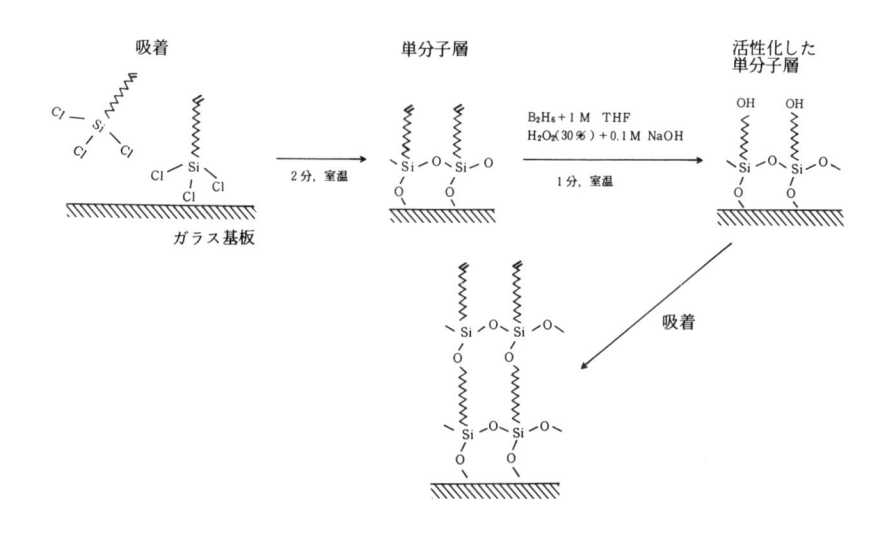

図6.4.1 液相吸着法

$C_n(H)$ のカルボキシル基の代わりに $SiCl_3$ が付いており，他の端はHが2個とれて2重結合になっている分子，

$$CH_2 = CH-(CH_2)_n-SiCl_3 \quad (TSと略す)$$

の，例えば $n=16$ のものの四塩化炭素溶液と n -ヘクサデカンのクロロフォルム溶液とを混合する。これにガラス（Al_2O_3 または Si でもよい）の基板を1〜2分間浸し，引き出す。TSは $SiCl_3$ の部分を基板に付けた単分子層になるが，溶液内の微量の水分の作用でHClが抜け，Si-O-Si の形で隣接分子の Si が結ばれる（すなわち重合する）。これをジボランのテトラヒドロフラン溶液と水酸化ナトリウムの過酸化水素溶液で処理すると末端の2重結合がなくなり，そこにOH基が付いている。再びこれをTSの溶液に浸すと2層目ができる。この方法では基板を動かす装置があまり問題にならず，また基板の形が自由でよいのが有利である。

4.3 蒸着法

2項の冒頭でも述べたように両親媒性分子は層状構造を形成する潜在的能力をもっている。シャボン玉の膜も層状で，ふくらませて大きくするときには層数が減るので，厚みはdiscreteに減少する。針をさして割れるときも，その最初は層がむけていく。実際真空蒸着の場合にも層構造にな

第6章　有機人工格子

る場合のあることが報告されている[29],[30]。

$C_{18}(Zn)$を0.5 nm/分くらいの速さでゆっくり蒸着する。その蒸着された表面は，膜を増やしていくと，膜厚に対して周期的に親水的になったり疎水的になったりと変化しており，その周期は大体C_{18}の分子長の2倍である。X線回折等の結果も含めて，分子はやはり配向しており，Y型の層構造をしていると結論されている。ただし，蒸着の初期の段階で，1層がまだ完全に形成されないうちにあちこちで2層目の形成が始まっているようで，この付近では表面エネルギーの膜厚に対する周期性ははっきりしていない。3層目からは，その層が完全に形成されてから次の層の形成が行われている。

また$C_{10}(H)$のアルキル基のHをすべてFに変えた形のもの，$CF_3(CF_2)_8-COOH$を蒸着すると，親水性のガラス表面に単分子膜はできるが，それから先は，表面が撥水・撥油性になって，とんできた分子ははねつけられ，蒸着時間を長くしても多層膜にはならない[30]。

5. 有機人工格子の応用

有機人工格子形成のために使えそうな手法は今のところ大体，以上のようなものと考えられる。厚み方向に非常に規則的に重ねられること，中に機能性分子をとり込むことができることから，エレクトロニクスの分野でも非常に有望と考えられる。

累積膜は軟X線のgratingとして用いられている[31]。またラジオアイソトープの放射線の一様な面源としての応用も考えられている[33]。

タンパク質に重金属が吸着しやすいことを利用して精密なプリント配線技術に応用しようというがある[34]。また薄膜ウェーブガイドとして使おうという試みもある[35]。光電変換装置としてELの試みがある[36]。これは図6.3.2のANの$n=3$の場合で光らせることに成功している。太陽電池への応用も考えられる。鉄分の少ないSiは世界的に不足すると予想されるので多様な材料選択が必要であろう。フォトクロミズムを利用するディスプレイへの応用も有望であろう。

一様な厚みの絶縁膜としてMIS FETへの応用は当然考えられることである[37],[42]。その延長としてIの部分またはMの部分を機能性LB膜にして各種のセンサーを目指すのも当然であろう。

色素LB膜が熱，酸アルカリで会合したり，会合状態がこわれたりすることによる光吸収，光伝導の変化も面白い課題であろう[43]。電気伝導についてはまだ解明されなければならない点が山積みしている。もっと理想的に完全な単分子多層膜が得られたらD. Bohm，R.H. Davisら，L. V. Iogansenの夢見たdouble-barrierによる共鳴トンネルも観測でき，デバイスになりうるのであろうか。

5. 有機人工格子の応用

雑誌 *Thin Solid Films*, 68-1, 1～288 (May 1, 1980) はLB膜の特集号である。これは次の単行本になっている。W. A. Barlow (ed.) "Langmuir-Blodgett Films" (Elsevier 1980) 国際注文番号はISBN 0-444-41901-2　また同じく **99**-1/2/3 1～329 (Jan. 14, 1983) は第1回LB膜国際会議の報告である。本はG. G. Roberts et al. (eds.), "Langmuir-Blodgett Films, 1982 (Elsevier, 1983) ISBN 0-444-42173 である。

文　献

1) N. F. Mott et al., " Electronic Processes in Ionic Crystals " Oxford (1940)
2) R. W. Gurney et al., *Proc. Roy. Soc.*, **A 164**, 151 (1938)
3) 斎藤充喜 "有機コーティング" 近代編集社, 第7章 (1985)
4) K. B. Blodgett, *J. Am. Chem. Soc.*, **57**, 1007 (1935)
5) K. B. Blodgett et al., *Phys. Rev.*, **51**, 964 (1937)
6) H. Kuhn et al., " Techniques of Chemistry " (A. Weissenberger et al., ed.) vol II, Part **3 B**, Wiley, New York, 1972, p. 577
7) A. Matsuda et al., *J. Appl. Phys.*, **48**, 771 (1977)
8) B. Mann et al., *J. Appl. Phys.*, **42**, 4398 (1971)
9) M. Sugi et al., *Mol. Cryst. Liq. Cryst.*, **50**, 183 (1979)
10) E. E. Polymeropoulos, *J. Appl. Phys.*, **48**, 2404 (1977)
11) M. Sugi et al., *Appl. Phys. Lett.*, **27**, 559 (1975)
12) M. Sugi et al., *Chem. Phys., Lett.*, **45**, 163 (1979)
13) A. Miller et al., *Phys. Rev.*, **120**, 745 (1960)
14) N. F. Mott, *Phil. Mag.*, **19**, 835 (1969)
15) M. H. Nathoo et al., *J. Phys. C*, **4**, L 301 (1971)
16) S. Iizima et al., *Appl. Phys. Lett.*, **29**, 548 (1976)
17) H. Meier, " Organic Semiconductors ", Verlag Chemie, Weinheim, 1974
18) M. Saito et al., *Thin Solid Films*, **100**, 117 (1983)
19) 斎藤 et al., 電気学会研究会資料, EFM-83-30, p. 19 (1983)
20) M. Saito et al., *Jpn. J. Appl. Phys.*, **24**, 336 (1985)
21) M. Sugi et al., *Bul. Electrotech. Lab.*, **43**, 625 (1979)
22) P. S. Vincett et al., *Thin Solid Films*, **68**, 135 (1980)
23) P. S. Vincett et al., *Thin Solid Films*, **60**, 265 (1979)
24) 福田 et al., "新実験化学講座 18 " p. 439 (丸善, 1977)
25) K. Fukuda et al., *J. Colloid Interface Sci.*, **54**, 430 (1976)
26) J. Sagiv, *J. Am. Chem Soc.*, **102**, 92 (1980)

27) L. Netzer et al., *J. Am. Chem. Soc.*, **105**, 674 (1983)
28) L. Netzer et al., *Thin Solid Films*, **99**, 235 (1983)
29) M. Mitsuya et al., *J. Colloid Interface Sci.*, **92**, 291 (1983)
30) 三矢 et al., 電気学会研究会資料, EIM-84-49, p.31 (1984)
31) R. Frans et al., *Rev. Sci. Instr.*, **36**, 230 (1965)
32) M. W. Charles et al., *J. Sci. Instr.*, **44**, 976 (1967)
33) 水野 et al., "応用物理", **45**, 514 (1976)
34) J. H. McAlear et. al. "Digest of Tech. Papers," p.82 (Symp, VLSI Tech. 1981)
35) C. W. Pitt et al., *Thin Solid Films*, **68**, 101 (1980)
36) G. G. Roberts et al., *Solid State Commun.*, **32**, 683 (1979)
37) P. S. Vincett et al., *Thin Solid Films*, **68**, 135 (1980)
38) J. Tanguy, *Thin Solid Films*, **13**, 33 (1972)
39) G. G. Roberts et al., *Electron. Lett.*, **13**, 581 (1977)
40) G. G. Roberts et al., *Solid State Electron. Dev.*, **2**, 169 (1978)
41) M. C. Petty et al., *Electron. Lett.*, **15**, 335 (1979)
42) J. P. Lloyd et al., *Thin Solid Films*, **99**, 297 (1983)
43) 斎藤 et al., "電気学会研究会資料", ETM-84-46 (1984)

第7章 その他の人工格子（インターカレーション）

内田慎一*

1. はじめに

　この章で取り上げる物質群は，他の章で扱っているものとは異なって人工格子という名にふさわしくないかもしれない。むしろ合成金属（synthetic metals）と呼ばれる場合が多い。人工とか合成という語は厳密に区別されているわけではなく，合成という場合は，自然界においても条件さえ揃えば同じものができるというニュアンスで用いられる。しかしながら後で紹介するグラファイト・インターカレーション化合物（以下ＧＩＣと略記する）の１つC_8Kを考えた場合，グラファイトという層状の形態をとる炭素結晶が自然界でカリウム蒸気に接し，カリウム原子が層間に規則的に挿入されることはきわめて稀な事象であろう。

　さらにこのカリウム挿入層を炭素層の任意の枚数ごとに規則正しく挿入積層させる（ステージ構造）ことは，人為的な意志なくしては不可能である。この章は，ＧＩＣを中心とした上記の範疇に属す物質群を対象にする。

　これらの物質が世界中で多くの研究者の注目を集め始めたのは1970年代以降である。これらの物質を合成することは多くの場合，たとえば超高真空のような特別な大規模な装置を必要としない。したがって，ある物質が最初に合成された年次をたどるとかなり昔にさかのぼるという場合も多い。10年ほど前からの研究の活発化は，高温超伝導物質開発という刺激的な目的意識が引き金になっている。約20年前に，通常のＢＣＳ機構とはちがう超伝導機構がW.A.Little[1]およびV.L.Ginzburg[2]により提唱され常温以上の温度での超伝導が予言された。以下に登場する物質はすべて彼等が高温超伝導の可能性として示した構造を具現している。

　最初に紹介するＧＩＣは，超伝導以外にも水素の貯蔵とか，軽量かつ大容量の２次電池としての応用面での重要性がある。また物性物理の面からは，従来の物質とはまったく異なった新しい性質を示す金属（exotic metals）[3]としてその代表的な存在である。

　次に取り上げるのは，グラファイト以外の１次元または２次元的な構造をもつ物質を母体としたインターカレーション化合物あるいはそれに類するもので高温超伝導という観点から対象を選んだ。

　W.A.LittleやV.L.Ginzburgの予言に反して高温超伝導は現在のところ実現していない。その実現を妨げているのは，その当時には，ほとんど意識されたことのない新しい物理現象の出現である。

---

*　Shinichi UCHIDA　東京大学　工学部　物理工学科

第7章 その他の人工格子（インターカレーション）

これらは低次元金属に特徴的に現われ超伝導に不利な状況を作り出す一方，新奇な物理現象として現代の物性物理の主要な分野を形成している。第3節以下でこれら電荷密度波（charge density wave）および電子局在といった現象を簡単に解説する。

2. グラファイト・インターカレーション化合物

GICについての研究は，ここ数年，基礎と応用の両面からますます活発になっている。炭素の層状結晶体グラファイト（黒鉛とも呼ばれる）を母体として数百種にも及ぶ原子，分子が挿入され多様な物質群が形成されている。GICを特徴づけるのは，その多様性ももちろん，ステージ構造，電荷移動など通常の金属ではみられない性質である。その合成法も含めて，これらの性質そして応用についてやや詳しく解説する。個々のさらに詳しい内容については，これまでに書かれたいくつかの総説で補うことができる[4),5)]。

2.1 グラファイト

同じく炭素の結晶として知られるダイヤモンドと並びグラファイトは日常生活に馴染み深いものである。身近なものとして鉛筆の芯，ゴルフクラブのシャフトなどに使用されている。グラファイトは図7.2.1に示すような蜂の巣構造の炭素原子層が積み重なった結晶である。このような層状構造をもつものには，TaS_2やTiS_2といった遷移金属のカルコゲン化合物などがある。これらに共通なのは，層内の強い結合に対して層間の結合が非常に弱いことである。したがって層間に異種の物質を容易に挿入することができる。化学的には，IV族の炭素から成るため両性であり，正負両イオンを受け入れることができ，これが多様性の要因である。GICは，グラファイトと挿入物質との間の電子のやりとり―電荷移動―により形成される。

電子構造をみると，層内では炭素原子の4つの価電子のうち3個がsp^2混成軌道（σ軌道）にはいり共有結合に携わる。残りの1個の電子はπ軌道にはいり，隣りのπ軌道との重なりによりエネルギーバンドを形成する。層間の結合がないとグラファイトはエネルギーギャップが零の半導体になる。しかし層間の弱い結合によりバンド間に僅かな重なりが生じ，現実の物質は電子と正孔を同数（2×10^{18} cm^{-3}）含む半金属となる。

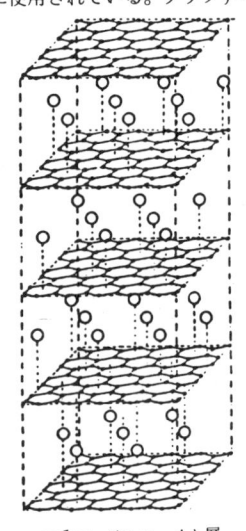

図7.2.1 グラファイト結晶に挿入されたカリウム原子（第1ステージC_8Kの結晶構造を示している。）

2. グラファイト・インターカレーション化合物

2.2 挿入物質（インターカラント）

層間に挿入される物質も必然的に層状構造をとる。この挿入物質とグラファイトとの間の電荷移動がGICの形成に本質的で，電子がどちらの向きに移動するかでGICは2つの種類に大別されている。1つは，リチウム，カリウムなどのアルカリ金属のように電子をグラファイトに供給するもので，ドナー型GICと呼ばれている。他は，ハロゲン分子，HNO_3などの酸素酸のような電子をグラファイトから奪うアクセプター型GICと呼ばれる。

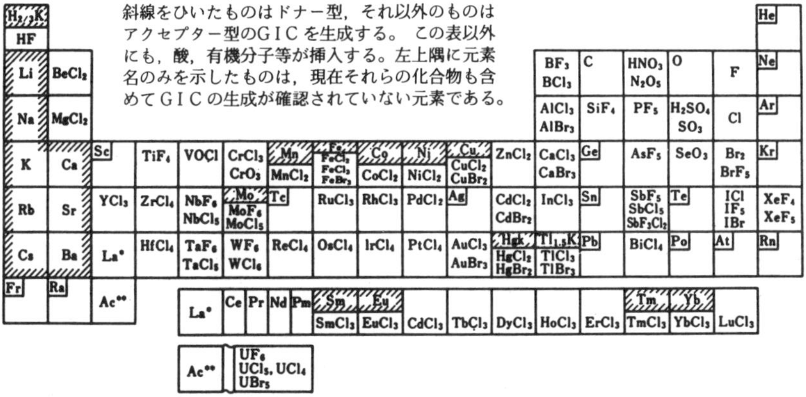

図7.2.2　GIC挿入物質の一覧表

これら挿入物質は数百種類に及び，周期律表の大半の元素を単独あるいは化合物の形で挿入することが可能である。さらに挿入された物質層の層間に別の物質を挿入することも可能で，これを3元系GICと呼ぶ。その例として，カリウムGIC（C_8K）に水素ガスを接触させたときにできる組成C_8KH_xのもの，また水銀との組み合せのC_4KHgが知られている。後者は超伝導を示すGICの1つである。

2.3 ステージ構造

GICを人工格子の仲間に入れる最大の理由は，そのステージ構造の存在にある。図7.2.1にカリウム原子をグラファイト1層ごとに挿入させた場合の構造を示す。カリウム原子は層間で規則的な面内構造をとっている。カリウムは層で炭素8個当たり1個の割合で最密六方格子の層を形成している。組成式C_8Kで表示するのはこのためである。

GICの特徴は，カリウム原子層をグラファイト層と交互に積層させるだけでなく，炭素層N枚ごとにカリウムを1層挿入し超格子型の積層構造を作ることができる点にある。これをステージ構造といい，合成されたものを第Nステージ化合物と呼ぶ。C_8Kは第1ステージに対応し，第2ステ

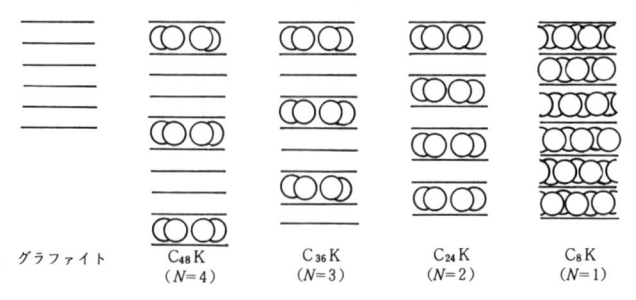

第7章　その他の人工格子（インターカレーション）

グラファイト　　$C_{48}K$　　$C_{36}K$　　$C_{24}K$　　C_8K
　　　　　　　$(N=4)$　$(N=3)$　$(N=2)$　$(N=1)$

図7.2.3　GICのステージ構造（カリウムの場合について，ステージ数 $N=1$ から4までを示す。）

ージ以上の化合物は $C_{12n}K$ （ $n=2$, 3, 4, ……）で表わされる。これらの積層配列を図7.2.3に示す。現在までに最高第13ステージまでの化合物が報告されている。

アルカリ金属のGICは図7.2.4に示すような蒸気反応法により作成される。この「人工格子」は，このような簡単な装置で，アルカリ金属とグラファイト部分の温度差，$T_G - T_M$ を制御するだけで望みの超周期すなわちステージ構造を得ることができるという特徴をもつ。図7.2.4にカリウムGICのステージ数と温度差の関係が示されている[6]。これからわかるように，整数ステージの純粋相のみが存在し，異なるステージ数の混ざった混合相は存在しない。

ドナー型のアルカリ金属GICの場合，自由電子の濃度はステージ数の大きいものほど小さくなる。これは，ステージ数の大きいGICでは挿入物質の濃度が小さくなり，その分グラファイトへの電荷移動量が減少するからである。

グラファイト（温度 T_G）　　カリウム（温度 T_M）

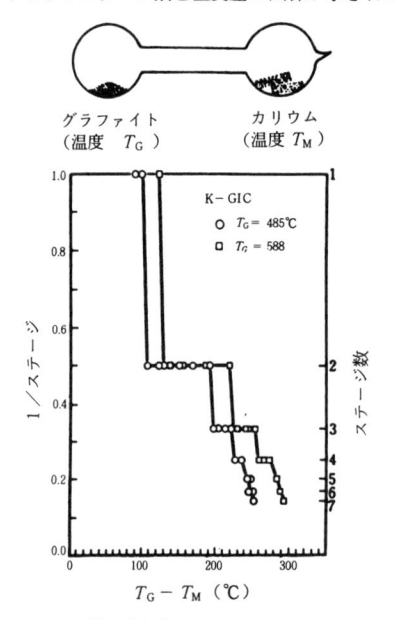

K-GIC
○ $T_G = 485$℃
□ $T_G = 588$

図7.2.4　蒸気反応法によるカリウムGICの合成（グラファイトの温度 T_G を一定にして，カリウムの温度 T_M を変化させたときに起こるステージ数の変化を示す[6]。）

Rb-GIC
$n=3$　$n=2$　$n=1$

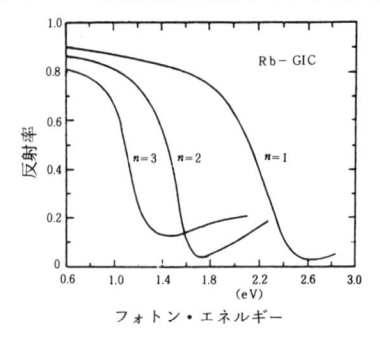

図7.2.5　ルビジウム（Rb）GICの反射スペクトル（金属的なプラズマ・エッジは，ステージ数の増加，$n=1$ から $n=3$ に伴い低エネルギー側にシフトする[7]。）

図7.2.5に示した光の反射スペクトル[7]は，このようなステージ構造および電荷移動といったGICの特徴を如実に反映している。

2.4 合成法

GICの多様性を反映してその合成法も多様である[8]。その代表的なものは前節で触れた蒸気反応法である。いずれの方法でも反応条件として温度，反応物質の蒸気圧，濃度が重要な要素である。一方グラファイト試料についても，その結晶性の程度が問題になる。これを黒鉛化度と呼んでおり，一般に黒鉛化度の大きい試料ほどGICを合成しやすい。キッシュグラファイトと呼ばれる，炭素を固溶した溶融金属鉄から作られる試料は，黒鉛化度の高いものの代表で，低いものとしては，ガラスカーボンや電子ビーム蒸着炭素膜などがある。物性測定に広く用いられているものは，高温熱処理をして作られるパイログラファイト（highly oriented pyrolytic graphite, HOPG）で，これは高純度で比較的単結晶に近い構造をもつ。

2.4.1 蒸気反応法（two-bulb法）

原理はすでに図7.2.4に示したように，パイレックスガラス管の異なる場所に挿入物質とグラファイト試料を置いて真空下で封入する。制御するのは，2つの部分の温度およびその温度差で，これによって反応温度や挿入物質濃度すなわちステージ数が決定される。この方法は特にアルカリ金属GIC合成に広く用いられる。

2.4.2 混合法

グラファイトと液相の挿入物質とを直接接触させて反応させる。反応速度が大きく多量のGIC合成に威力を発揮する。ステージ数の制御は，反応物質とグラファイトの仕込み量の比で行う。

2.4.3 加圧法

バリウム等のアルカリ土類金属をはじめ高融点金属のGIC合成に用いられる。グラファイト微粉末とこれらの粉末を混合し，10～20 kbarに加圧後長時間加熱を行う。

2.4.4 電気化学法

グラファイト試料を一方の電極とし，対極に白金などを用い，これらを挿入物質を含む電解質溶液につけ電流を流すことにより合成する。電流量をモニターすることにより反応の進行程度を知ることができ，また電解電圧によりステージ数を制御できる。

2.4.5 アクセプター型GICの合成

臭素のように室温付近で気相の物質は，グラファイトと直接接触させることによりGICを生成する。気体の圧力を制御することで任意のステージ数をもつ化合物を合成できる。この方法を適用できるのは，AsF_5 等反応性の高い物質や硝酸などがある。硝酸の場合は，液相中でも生成できる。

金属ハロゲン化物，たとえば $FeCl_3$ の場合は，蒸気反応法が用いられることが多く，各種の酸を

はじめ電気化学法での合成も多く試みられている。

2.5 電荷移動

挿入物質とグラファイト間の電荷移動は，ＧＩＣの形成に本質的であり，ＧＩＣの物理的性質に大きな影響を及ぼす。代表的なアルカリ金属ＧＩＣ，C_8Kにおける電荷移動を考えてみる。この場合の電荷移動は，カリウムの $4s$ 軌道から形成されるエネルギーバンドからグラファイトの π 軌道バンドへの電子の移動とみることができる。電荷移動は，カリウムのフェルミ準位がグラファイト（Ｃ）のフェルミ準位より高いことから起こる。電子がＫからＣへ移動して行くに伴い，Ｋのフェルミ準位は下がり，Ｃの準位は上昇する。同時にＫは正に帯電しＣは負に帯電するのでクーロン相互作用でポテンシャルエネルギーが下がりＫのバンドの底が下降する。したがってＫ１原子当たり f 個（$0<f\leq1$）の電子がＣに移ったところで両者のフェルミ準位が一致しそれ以上の電荷移動が起こらなくなる。詳しい計算によると，C_8K の場合は $f \cong 0.6$ [9]で，この結果，半金属グラファイトの正孔は消失し電子濃度が増加する。一方カリウムにも１原子当たり0.4個の電子が残り，カリウム金属としての性格を残すことになる。高ステージＧＩＣにおいては，種々の実験から電荷移動は100%（$f=1$）で挿入原子は完全にイオン化していると考えられている[10]。

電荷移動によってもたらされるグラファイト層の電荷濃度や電荷分布の変化は，光の反射スペクトルだけでなく，帯磁率[11]や電気伝導度[12]にも影響を与える。図7.2.6は室温での層方向の電気伝導度（$\sigma_{//}$）のステージ数依存性を示したものである。おおむねどのＧＩＣも $\sigma_{//}$ は，あるステージ数まではそれほど変化せず，それを越えると減少し始める。電気伝導度はキャリヤ濃度 n と移動度 μ との積で表わされる。

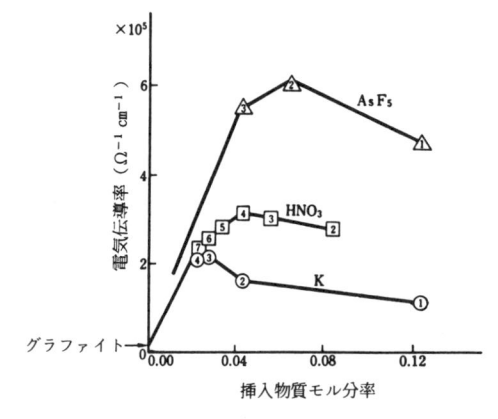

図7.2.6 代表的なＧＩＣの電気伝導度のステージ数による変化（伝導度は室温における層に平行方向の値で図中の数字がステージ数を表わす[12]。）

ステージ数の増加とともに n が減少するということは前にも述べたが，最初のうちは n の減少を補償する形で μ が増加する。高ステージでの $\sigma_{//}$ の減少は次のように考えると説明できる。ステージ数 N のＧＩＣでは，N 枚の炭素層にキャリヤが一様に分布するのではなく，挿入物質に隣接する炭素層に集中し，内部に行くほどその濃度が小さくなるという図7.2.7に示すような分布をしてい

ると考える。このことは，理論的にも実験的にも確認されている。このような分布の下では，内部の炭素層ほどその電気伝導度はグラファイトの値に近くなる。したがって内部炭素層を多数含む高ステージGICほど電気伝導度が小さくなる。

2.6 GICの超伝導と磁性

GICの超伝導は，C_8K，C_8CsおよびC_8Rbについて初めて見出された[13]。転移温度はミリKの領域でかな

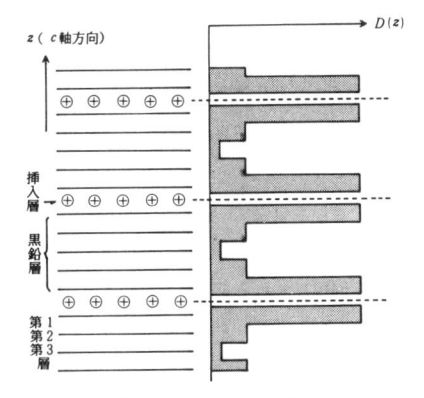

図7.2.7 高ステージ（$N=5$）GICの層に垂直方向の電荷分布$D(z)$の計算値

り低いが，グラファイトもアルカリ金属もそれ自身超伝導を示さないことから注目されている。超伝導に特有なマイスナー効果も特徴的で磁場の方向によって異なった振舞を示す[14]。磁場を印加して超伝導が破れる様子を調べると，磁場が層に垂直な場合は，徐々に磁場が侵入し可逆的な破れを示す。すなわち第Ⅱ種超伝導体として振舞う。一方磁場が層に平行な場合は，ヒステリシスを伴った急激な破れ方をして第Ⅰ種超伝導体の様相を示す。

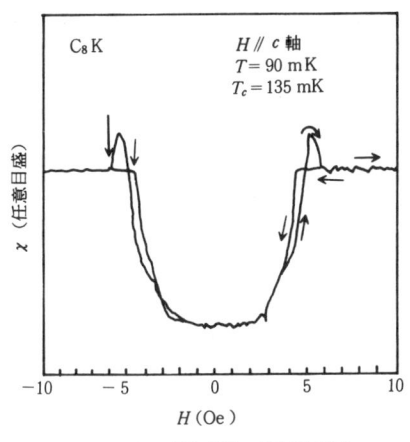

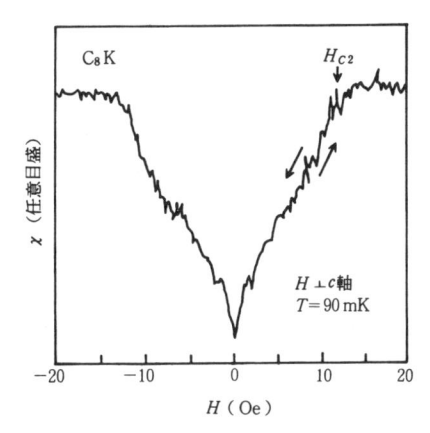

(a) 層に平行磁場の超伝導転移　　(b) 層に垂直磁場の超伝導転移

図7.2.8 C_8Kの超伝導における帯磁率（χ）－磁場曲線[14]

この系の超伝導に対する物理的興味は，グラファイトの性格をもった2次元的電子とアルカリ金属の性格をもった3次元電子のいずれが超伝導を担っているのかということであった。この問題に対する完全な解答は未だえられていないが，挿入原子層の3次元電子が主導的な役割を果している

第7章　その他の人工格子（インターカレーション）

と考えられている。しかしマイスナー効果の特異な異方性を理解するには2次元的電子も3次元電子につられて超伝導状態になっていると考える必要がある。

最近になって、アルカリ金属に水銀やタリウムを加えて挿入した3元GICが超伝導を示すことが見出され——たとえばC_8KHg——転移温度が1〜2Kと比較的高いことがわかった[15]。しかし高ステージアルカリ金属GICやアクセプター型GICでは超伝導はみつかっていない。前者でみつかっていないという事実は、前節（2.5）で述べたことからもわかるように、アルカリ金属の3次元電子が超伝導を支配しているという推測を支持している。

磁性について簡単に触れると、グラファイト自体、大きな軌道反磁性（ランダウ反磁性＋α）を持つことで知られているが、アルカリ金属GICでは、逆に大きな軌道常磁性が見出される[11]。直観的理解は難しいが、π電子バンドの特異な構造とインターカレーションによるフェルミ準位の増大に関係している現象である。

軌道磁性は磁性としては弱いものであるが、挿入物質として、スピンをもった遷移金属や希土類原子を導入すると強磁性がグラファイト上で展開される。挿入物質の種類により、強磁性が実現したり反強磁性が実現したりする。最大の興味は、磁性スピンが2次元的に配列するという低次元磁性にあり、新しい磁性の分野を拓くものとして期待されている[16]。

2.7　応用

GICは、グラファイトへの物質の出入りととらえることができる。この観点から電池電極材料や水素などの物質貯蔵などへの応用が注目される。

2.7.1　電池への応用

電池には一次電池と二次電池がある。乾電池として日常使われているものは一次電池であり、充電により元の電圧を回復できるものが二次電池である。今日実用上最も重要な位置を占めているのは、自動車のバッテリーとして使われている鉛蓄電池である。この電池の欠点は、硫酸を電解液とし、重金属鉛を電極として使っているので大型かつ重量が大きいということである。GICを利用すれば、電池を軽量かつ小型にできる可能性がある。

具体的例として、陰極材料としてリチウムが最も適している。リチウムは最も軽い金属であると同時に、電気容量が大きく（〜3.83A・h／g）、標準起電力も-3.045Vで金属の中では最も大きい負の値をもつ。GICを電池に応用しようという最大の動機は、このリチウムを利用できるという点にある。リチウムを陰極、グラファイトを陽極としてリチウムを含む電解液を用いると、次のようなインターカレーション反応が$x=0$から$x=1$まで自発的に進行する。

$$x\,Li^+ + x\,e^- + <C_n> \rightarrow <Li_xC_n>$$

これは電池の放電過程に対応する。この反応では電極で化学結合の破壊や原子の再配列が起こらないので反応は可逆的になる。外部から電流を送り込むとGIC中のリチウムが層間を抜け出て陽

極から陰極へ戻る（デインターカレーション）。これは充電反応である。このような魅力的な電池の実用化に際しての問題は，電解液あるいは電解質として何を選ぶかということであり，最適な電解質物質の模索が現在も続けられている。

2.7.2 水素の貯蔵

アルカリ金属GICは，常温で水素（H_2）を吸収し3元GICを生成する。たとえば第1ステージC_8KはH_2を吸収しC_8KH_xを，第2ステージ$C_{24}K$は$C_{24}K(H_2)_2$という組成のGICを生成する。$C_{24}K$は特異な性質をもち，水素以外の気体をほとんど吸収しないという分子をふるいにかける作用を示す[17]。上記の組成からわかるように，水素分子はグラファイト中に固体の密度で収容されるので水素吸収量がきわめて大きい。たとえば100gの$C_{24}K$は，標準圧力，温度下で13.7 ℓ もの水素を貯蔵できる。さらに特筆すべきは，その水素同位体効果で，カリウムGICの場合，同一条件下での重水素（D_2）吸収量が水素吸収量に比べて1桁程度大きいという結果が報告されている[18]。すなわち同位体分離への応用の可能性が示されている。

2.7.3 その他の応用

上記以外にもいくつかの応用が考えられているが，ここではGICに限らず，インターカレーション操作そのものを新物質合成に利用する試みを紹介する。これはインターカレーションの逆反応を利用して層状のシリコンやゲルマニウムを合成しようというものである[19]。上記の元素は炭素と同じIV族に属するが，ダイヤモンド型構造の結晶のみが自然界に存在し，グラファイトのような層状結晶は人工的にも実現していない。カルシウムとの2元系結晶$CaSi_2$，$CaGe_2$という結晶が存在し，その中では，シリコンやゲルマニウムは波打ってはいるが蜂の巣状の層構造をとっている。したがってカルシウム原子をデインターカレートすれば層状シリコン，層状ゲルマニウムが合成される可能性があり，その努力が継続されている。

3. その他のインターカレーション化合物

3.1 遷移金属ジカルコゲナイド

遷移金属（M）とカルコゲン（X）――硫黄，セレン，テルル――の1：2化合物MX_2は層状物質の一大集団を形成する。非常に多様性のある物質群で，半導体（MoS_2など）から超伝導金属（$NbSe_2$など）まで幅広い性質を示す。構造は，金属原子層を両側からカルコゲン層がサンドイッチする形でMX_2 1層を成し，弱いファン・デル・ワールス（van der waals）力で積層する。層内は共有結合性が強く，結合は層内で完全に閉じていて非常に安定で不活性な表面が露出する。GICの場合と同様な，インターカレーションの特徴を共有するが，M－X間の結合が強固で閉じているので，電荷移動はあまり顕著ではなく，ステージ構造も観測されない。その代りポリタイプと呼ばれるMX_2自身の積層構造のバリエーションが存在する。

第7章　その他の人工格子（インターカレーション）

図7.3.1　遷移金属ダイカルコゲナイドの構造と
ピリジンを挿入したTaS$_2$の構造

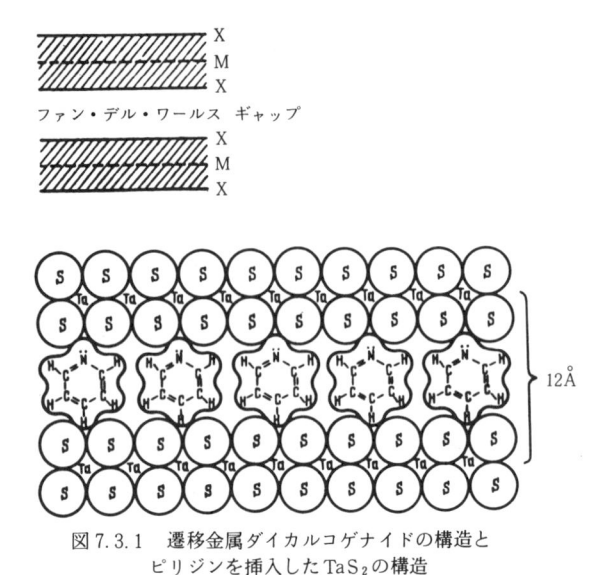

3.2　電荷密度波

　金属MX$_2$の最大の特徴は，積層に関してだけでなく，層内でも電荷密度波（CDW）と呼ばれる超周期構造を作ることである。これは物理的現象であって，人工的に直接制御できる構造ではない。金属状態に内在する要因（不安定性）が誘発する現象である。

　金属の電子状態は，フェルミエネルギーあるいはフェルミ面で特徴づけられる。今1つのエネルギーバンドに多数の電子を収容することを考える。電子はフェルミ統計に従う粒子であるから，パウリの排他律に従い，1つの状態を2つの電子が同時に占有することができない。したがって，あるエネルギーより低い状態がすべて他の電子によって占有されているとき，次の電子はエネルギーの高い状態にはいらざるをえない。金属というのは，このようにバンドの途中のあるエネルギーのところまで電子を充填した状態である。このエネルギーをフェルミエネルギー（E_F）といい，逆格子空間におけるE_Fの等エネルギー面をフェルミ面と呼ぶ。

　金属中の電子は，このように止むを得ずエネルギーの高い状態をとらされているので，よりエネルギーの低い状態に移行しようとする傾向を内在するのである。通常の3次元金属では，この傾向がほとんど表に現われないが，低次元金属においては，それが現われてくる場合が多い。とくにMX$_2$の場合のように，電子と格子の相互作用が強い系では，格子の助けをかりて電子系がエネルギーの低い状態に移行する。これがCDWと呼ばれる状態で，電子はフェルミ面を一部または全部消失させることにより安定化する。この状態は，電子がちょうどE_Fのところにエネルギーギャップを

3. その他のインターカレーション化合物

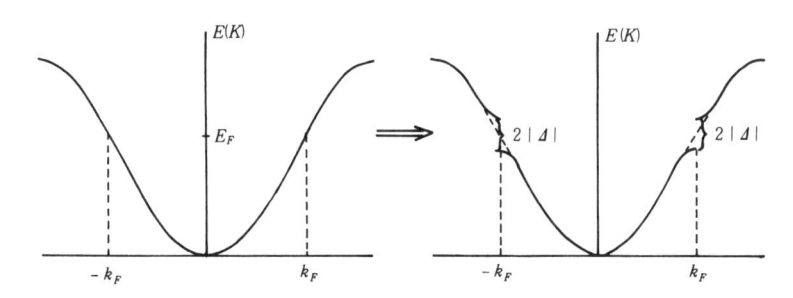

図7.3.2 電子エネルギーの分散関係（正常状態（左図）では，フェルミエネルギー（E_F）まで電子が占有している。ＣＤＷ転移によりE_Fの位置にエネルギーギャップ（$2\mathit{\Delta}$）が生じ電子はすべてギャップの下の状態に落ち込みエネルギーをかせぐ。）

作るようにその密度を空間的に周期的に変動させて実現する。それに伴って格子の方にも同じ周期の変形が起こり超周期構造が2次元面内に出現する。TaS_2や$NbSe_2$などがＣＤＷを起こすMX_2の代表的なものである。

3.3 MX_2インターカレーション化合物

リチウムのインターカレーション化合物は，ＧＩＣの場合と同様に電池への応用が試みられている。MX_2としては$ZrSe_2$とTiS_2が有望視されている。MX_2が新物質として脚光を浴びたのは，ＣＤＷの発見とともに，そのインターカレーション化合物の超伝導がきっかけを作った。TaS_2（2Hポリタイプ）は転移温度$T_C = 0.7$Kの超伝導体である。この系は約80KでＣＤＷが発生してフェルミ面の一部が破壊されるのでT_Cが低い。ところがこれに有機化合物のピリジンを挿入するとT_Cは3.5Kへと著しく上昇する。

この構造は，金属のTaS_2層が両側から誘電体ピリジンにはさまれた形になっているので，V.L. Ginzburgが予言した高温超伝導体モデルに近い状況が実現したのではないかと考えられた。V.L. GinzburgやW.A. Littleが提唱した超伝導機構は，通常の格子振動——フォノン——を媒介としたものではなく，金属の周囲の媒質（分子性結晶または半導体）の電気分極——それを量子化したものをエキシトンという——を介して電子間の引力を考えるというものである。

しかしながらTaS_2の超伝導は通常のＢＣＳ機構によるもので，インターカレーションの効果はＣＤＷを抑圧しT_Cを上昇させるという結論が支配的になった。エキシトン機構の実現を妨げている原因はピリジンの分極エネルギーが5eVと大きいことにあると考えられている。このエネルギーが大きいことは高いT_Cに有利なようにみえるが，電子間のクーロン斥力も大きくしてしまい超伝導の実現を抑えてしまう。このような理由で，MX_2に有機分子をインターカレートしても高温超伝導の実現は困難であろうという結論になった[20]。それならば分極エネルギーすなわちエキシトン・エネ

第7章 その他の人工格子（インターカレーション）

ルギーの小さな物質ではさもうということで，層状半導体のMoS_2や$MoSe_2$と層状金属のTaS_2や$NbSe_2$とを交互に積層させた超格子を作る試みが始められている[21]。

3.4 1次元的インターカレーション化合物

最後にやや特殊なものを2例とりあげる。厳密にはインターカレーション化合物の範疇にははいらないかもしれないが，ある母結晶に外部から作用を与え新しい性質を引き出すという広い意味で，またごく最近の話題ということでここに紹介する。

3.4.1 モリブデン・ブロンズ

ペロブスカイト構造をもつモリブデン酸化物MoO_3にアルカリ金属を挿入したものを総称している。MoO_3は絶縁体であるが，アルカリ金属からの電荷移動により金属に変化する。しかも金属伝導の径路が1次元的なものになる場合が多い。1次元的な金属は，2次元の場合よりもさらに不安定でCDW転移を起こしやすい。その代表的なものが組成式$K_{0.3}MoO_3$で表わされるブルーブロンズで，約180 KでCDWが発生し，それ以下の温度では半導体になってしまう[22]。

ブルーブロンズの新しい性質は，CDW相での著しい非線型伝導現象である。半導体へ転移したことで減少した電気伝導度が，僅かの電場を加えることにより（〜0.1V／cm）元の金属的な伝導度を回復する。この非線型伝導に付随して，電流に交流成分が発生したり，ヒステリシス効果，メモリー作用など超伝導のジョセフソン接合においてみられるのと類似の現象が現われる。同様な現象は，1次元的金属のTaS_3や$NbSe_3$といった遷移金属化合物においてもみられ，CDW全体が並進運動を起こすということで説明されている。このCDWの運動というのは超伝導に対するBCS理論が出る前に提唱されていたフレーリッヒ（Fröhlich）伝導機構[23]そのものの実現である。

3.4.2 転位（dislocation）に沿っての伝導

結晶を塑性変形させると，結晶中に多くの転位が生成される。転位は，結合すべき相手の原子を失った不対結合（dangling bond）が線状に並んだもので，不純物原子などがその近くに集まりやすい。この性質を利用して金属原子を半導体あるいはイオン結晶中の転位に沿って挿入拡散させ1次元的な金属を実現するという発想がある[24]。これは，W.A. Little の提案した高温超伝導体モデルに近い構造である。現在のところ未だ発想だけの域を出ていないが，圧力クエンチされた塩化銅CuClでの高温超伝導的な現象が[25]，このような転位の構造が実現したために起こったのではないかという説がある。

4. おわりに

この章では，GICを中心とした「人工」格子を取り上げた。これらに共通しているのは，その合成に大規模な装置が必要なく，比較的容易に生成できることである。その目標とするところは，

3. その他のインターカレーション化合物

従来の金属ではみられない新しい性質を有する物質の開発である。通常の3次元金属とは違うものということから必然的に1次元，2次元的な物質群が登場してくる。しかし低次元性というのは，その目標の1つの超伝導にとって両刃の剣である。前節までに紹介したCDWの他に，電子の局在の問題が低次元では顕著に現われてくる[26]。

局在の問題は，結晶中の不純物や欠陥の影響として現われるもので，3次元の場合に比べ低次元系で顕著になるというのは直観的に明らかであろう。局在は純粋に量子力学現象で，自由電子のような空間的に拡がった波動関数が，不純物等による散乱の効果により空間的に局在したものに移行してしまう現象である。局在傾向が強くなると，電子間のクーロン反発力が大きくなり，超伝導にとって不利な状況になる。しかし電子局在現象も悲観的な面よりむしろ量子ホール効果[27]などの新しい性質と結びついていることが多く発見され，CDWと同様，最近の物性研究の活発な分野の1つになっている。

このように最大の目標である高温超伝導が未だ実現していないということが新物質開発の原動力となり，その過程で次々と新しい現象，性質がみつけ出されているというのが，この章で取り上げた分野の特徴である。

文　献

1) W. A. Little, *Phys. Rev.*, **134**, 1416 (1964).
2) V. L. Ginzburg, *Phys. Lett.*, **13**, 101 (1964).
3) 田沼静一，"エキゾチック メタルズ"，アグネ技術センター，(1983).
4) M. S. Dresselhaus, G. Dresselhaus, *Adv. Phys.*, **30**, 139 (1981).
5) 上村洸，大野隆央，"物理学最前線7，エキゾティックメタルGIC"，共立 (1984).
6) R. Nishitani, Y. Uno, H. Suematsu, *Phys. Rev.*, **B 27**, (1983).
7) L. R. Hanlon, E. R. Falardeau, D. Guérard, J. E. Fischer, *Mater. Sci. Eng.*, **31**, 161 (1977).
8) 高橋洋一，"伝導性低次元物質の化学"，学会出版センター，p. 168 (1983).
9) T. Ohno, K. Nakao, H. Kamimura, *J. Phys. Soc. Jpn.*, **47**, 1125 (1979).
10) S. A. Solin, *Mater. Sci. Eng.*, **31**, 153 (1977).
11) S. A. Safran, F. J. DiSalvo, *Phys. Rev.*, **B 20**, 4889 (1979).
12) J. E. Fischer, T. E. Thompson, *Physics Today*, **31**, 36 (1978).
13) N. B. Hannay, T. H. Geballe, B. T. Matthias, K. Andres, P. Schmidt, D. MacNair, *Phys. Rev. Lett.*, **14**, 225 (1965).
14) Y. Koike, S. Tanuma, H. Suematsu, K. Higuchi, *J. Phys. Chem. Solids*, **41**, 1111 (1980).
15) Y. Iye, S. Tanuma, *Phys. Rev.*, **B 25**, 4583 (1982).

第7章 その他の人工格子（インターカレーション）

16) 鈴木正継, 池田宏信, 文献3) p. 219.
17) K. Watanabe, T. Kondo, M. Soma, T. Onishi, K. Tamaru, *Proc. R. Soc.*, **A 333**, 51 (1973).
18) 高橋洋一, 化学と工業, **34**, 91 (1981).
19) 山中昭司, 文献3) p. 147.
20) V. L. Ginzburg, "High-Temperature Superconductivity", Plenum (1982).
21) A. Koma, *Proc. Internat. Conf. Physics of Semiconductors*, San Fransisco, 1984.
22) 為ケ井強, 堤喜登美, 鹿児島誠一, 佐藤正俊, 固体物理, **19**, 42 (1984).
23) H. Fröhlich, *Proc. R. Soc.*, **223**, 296 (1954).
24) H. Fukuyama, *J. Phys. Soc. Jpn.*, **51**, 1709 (1982).
25) N. B. Brandt, S. V. Kuvshinnikov, A. P. Rusakov, V. M. Semenov, *Sov. Phys. JETP Lett.*, **27**, 33 (1978).
26) 福山秀敏, "物理学最前線2, アンダーソン局在", 共立 (1983).
27) K. von Klitzing, G. Dorda, M. Pepper, *Phys. Rev. Lett.*, **45**, 494 (1980).

《CMC テクニカルライブラリー》発行にあたって

　弊社は、1961年創立以来、多くの技術レポートを発行してまいりました。これらの多くは、その時代の最先端情報を企業や研究機関などの法人に提供することを目的としたもので、価格も一般の理工書に比べて遙かに高価なものでした。

　一方、ある時代に最先端であった技術も、実用化され、応用展開されるにあたって普及期、成熟期を迎えていきます。ところが、最先端の時代に一流の研究者によって書かれたレポートの内容は、時代を経ても当該技術を学ぶ技術書、理工書としていささかも遜色のないことを、多くの方々が指摘されています。

　弊社では過去に発行した技術レポートを個人向けの廉価な普及版《CMC テクニカルライブラリー》として発行することとしました。このシリーズが、21世紀の科学技術の発展にいささかでも貢献できれば幸いです。

2000年12月

株式会社　シーエムシー出版

人 工 格 子 の 基 礎　　(B679)

1985年　3月25日　初　版　第1刷発行
2003年　2月27日　普及版　第1刷発行

監　修　　権田　俊一
発行者　　島　健太郎　　　　　　　　　Printed in Japan
発行所　　株式会社　シーエムシー出版
　　　　　東京都千代田区内神田1-4-2（コジマビル）
　　　　　電話 03（3293）2061

〔印刷〕　株式会社創英　　　　　　　　©S.Gonda, 2003

定価は表紙に表示してあります。
落丁・乱丁本はお取替えいたします。

ISBN4-88231-786-9　C3043

☆本書の無断転載・複写複製（コピー）による配布は、著者および出版社の権利の侵害になりますので、小社あて事前に承諾を求めて下さい。

CMCテクニカルライブラリー のご案内

動物細胞培養技術と物質生産
監修／大石道夫
ISBN4-88231-772-9　　　　　　　B665
A5判・265頁　本体 3,400円＋税（〒380円）
初版 1986年1月　普及版 2002年9月

構成および内容：培養動物細胞による物質生産の現状と将来／動物培養細胞の育種技術／大量培養技術／生産有用物質の分離精製における問題点／有用物質生産の現状（ウロキナーゼ・モノクローナル抗体・α型インターフェロン・β型インターフェロン・γ型インターフェロン・インターロイキン2・B型肝炎ワクチン・OH-1・CSF・TNF）　他
執筆者：大石道夫／岡本祐之／羽倉明　他 29名

ポリマーセメントコンクリート／ポリマーコンクリート
著者／大濱嘉彦・出口克宜
ISBN4-88231-770-2　　　　　　　B663
A5判・275頁　本体 3,200円＋税（〒380円）
初版 1984年2月　普及版 2002年9月

構成および内容：コンクリート・ポリマー複合体（定義・沿革）／ポリマーセメントコンクリート（セメント・セメント混和用ポリマー・消泡剤・骨材・その他の材料）／ポリマーコンクリート（結合材・充てん剤・骨材・補強剤）／ポリマー含浸コンクリート（防水性および耐凍結融解性・耐薬品性・耐摩耗性および耐衝撃性・耐熱性および耐火性・難燃性・耐候性　他）／参考資料　他

繊維強化複合金属の基礎
監修／大藏明光・著者／香川　豊
ISBN4-88231-769-9　　　　　　　B662
A5判・287頁　本体 3,800円＋税（〒380円）
初版 1985年7月　普及版 2002年8月

構成および内容：繊維強化金属とは／概論／構成材料の力学特性（変形と破壊・定義と記述方法）／強化繊維とマトリックス（強さと統計・確率論）／強化機構／複合材料の強さを支配する要因／新しい強さの基準／評価方法／現状と将来動向（炭素繊維強化金属・ボロン繊維強化金属・SiC繊維強化金属・アルミナ繊維強化金属・ウイスカー強化金属）　他

ハイブリッド複合材料
監修／植村益次・福田　博
ISBN4-88231-768-0　　　　　　　B661
A5判・334頁　本体 4,300円＋税（〒380円）
初版 1986年5月　普及版 2002年8月

構成および内容：ハイブリッド材の種類／ハイブリッド化の意義とその応用／ハイブリッド基材（強化材・マトリックス）／成形と加工／ハイブリッドの応用／諸特性／応用（宇宙機器・航空機・スポーツ・レジャー）／金属基ハイブリッドとスーパーハイブリッド／軟質軽量心材をもつサンドイッチ材の力学／展望と課題　他
執筆者：植村益次／福田博／金原勲　他 10名

光成形シートの製造と応用
著者／赤松　清・藤本健郎
ISBN4-88231-767-2　　　　　　　B660
A5判・199頁　本体 2,900円＋税（〒380円）
初版 1989年10月　普及版 2002年8月

構成および内容：光成形シートの加工機械・作製方法／加工の特徴／高分子フィルム・シートの製造方法（セロファン・ニトロセルロース・硬質塩化ビニル）／製造方法の開発（紫外線硬化キャスティング法）／感光性樹脂（構造・配合・比重と屈折率・開始剤）／特性および応用／関連特許／実験試作法　他

高分子のエネルギービーム加工
監修／田附重夫／長田義仁／嘉悦　勳
ISBN4-88231-764-8　　　　　　　B657
A5判・305頁　本体 3,900円＋税（〒380円）
初版 1986年4月　普及版 2002年7月

構成および内容：反応性エネルギー源としての光・プラズマ・放射線／光による高分子反応・加工（光重合反応・高分子の光崩壊反応・高分子表面の光改質法・光硬化性塗料およびインキ・光硬化接着剤・フォトレジスト材料・光計測　他）プラズマによる高分子反応・加工／放射線による高分子反応・加工（放射線照射装置　他）
執筆者：田附重夫／長田義仁／嘉悦勳　他 35名

機能性色素の応用
監修／入江正浩
ISBN4-88231-761-3　　　　　　　B654
A5判・312頁　本体 4,200円＋税（〒380円）
初版 1996年4月　普及版 2002年6月

構成および内容：機能性色素の現状と展望／色素の分子設計理論／情報記録用色素／情報表示用色素（エレクトロクロミック表示用・エレクトロルミネッセンス表示用）／写真用色素／有機非線形光学材料／バイオメディカル用色素／食品・化粧品用色素／環境クロミズム色素　他
執筆者：中村振一郎／里村正人／新村敦　他 22名

コーティング・ポリマーの合成と応用
ISBN4-88231-760-5　　　　　　　B653
A5判・283頁　本体 3,600円＋税（〒380円）
初版 1993年8月　普及版 2002年6月

構成および内容：コーティング材料の設計の基礎と応用／顔料の分散／コーティングポリマーの合成（油性系・セルロース系・アクリル系・ポリエステル系・メラミン系・ポリウレタン系・シリコン系・フッ素系・無機系）／汎用コーティング／重防食コーティング／自動車・木工・レザー他
執筆者：桐生春雄／増田初蔵／伊藤義勝　他 13名

※ 書籍をご購入の際は、最寄りの書店にご注文いただくか、㈱シーエムシー出版のホームページ（http://www.cmcbooks.co.jp/）にてお申し込み下さい。

CMCテクニカルライブラリーのご案内

バイオセンサー
監修／軽部征夫
ISBN4-88231-759-1　　　　　　　B652
A5判・264頁　本体3,400円＋税（〒380円）
初版1987年8月　普及版2002年5月

構成および内容：バイオセンサーの原理／酵素センサー／微生物センサー／免疫センサー／電極センサー／FETセンサー／フォトバイオセンサー／マイクロバイオセンサー／圧電素子バイオセンサー／医療／発酵工業／食品／工業プロセス／環境計測／海外の研究開発・市場　他
執筆者：久保いずみ／鈴木博章／佐野恵一　他16名

カラー写真感光材料用高機能ケミカルス
－写真プロセスにおける役割と構造機能－
ISBN4-88231-758-3　　　　　　　B651
A5判・307頁　本体3,800円＋税（〒380円）
初版1986年7月　普及版2002年5月

構成および内容：写真感光材料工業とファインケミカル／業界情況／技術開発動向／コンベンショナル写真感光材料／色素拡散転写法／銀色素漂白法／乾式銀塩写真感光材料／写真用機能性ケミカルスの応用展望／増感系・エレクトロニクス系・医薬分野への応用　他
執筆者：新井厚明／安達慶一／藤田眞作　他13名

セラミックスの接着と接合技術
監修／速水諒三
ISBN4-88231-757-5　　　　　　　B650
A5判・179頁　本体2,800円＋税（〒380円）
初版1985年4月　普及版2002年4月

構成および内容：セラミックスの発展／接着剤による接着／有機接着剤・無機接着剤・超音波はんだ／メタライズ／高融点金属法・銅化合物法・銀化合物法・気相成長法・厚膜法／固相液相接着／固相加圧接着／溶融接合／セラミックスの機械的接合法／将来展望　他
執筆者：上野力／稲野光正／門倉秀公　他10名

ハニカム構造材料の応用
監修／先端材料技術協会・編集／佐藤孝
ISBN4-88231-756-7　　　　　　　B649
A5判・447頁　本体4,600円＋税（〒380円）
初版1995年1月　普及版2002年4月

構成および内容：ハニカムコアの基本・種類・主な機能・製造方法／ハニカムサンドイッチパネルの基本設計・製造・応用／航空機／宇宙機器／自動車における防音材料／鉄道車両／建築マーケットにおける利用／ハニカム溶接構造物の設計と構造解析、およびその実施例　他
執筆者：佐藤孝／野口元／田所真人／中谷隆　他12名

ホスファゼン化学の基礎
著者／梶原鳴雪
ISBN4-88231-755-9　　　　　　　B648
A5判・233頁　本体3,200円＋税（〒380円）
初版1986年4月　普及版2002年3月

構成および内容：ハロゲンおよび疑ハロゲンを含むホスファゼンの合成／$(NPCl_2)_3$から部分置換体$N_3P_3Cl_{6-n}R_n$の合成／$(NPR_2)_3$の合成／環状ホスファゼン化合物の用途開発／$(NPCl_2)_3$の重合／$(NPCl_2)_n$重合体の構造とその性質／ポリオルガノホスファゼンの性質／ポリオルガノホスファゼンの用途開発　他

二次電池の開発と材料

ISBN4-88231-754-0　　　　　　　B647
A5判・257頁　本体3,400円＋税（〒380円）
初版1994年3月　普及版2002年3月

構成および内容：電池反応の基本／高性能二次電池設計のポイント／ニッケル-水素電池／リチウム系二次電池／ニカド蓄電池／鉛蓄電池／ナトリウム-硫黄電池／亜鉛-臭素電池／有機電解液系電気二重層コンデンサ／太陽電池システム／二次電池回収システムとリサイクルの現状　他
執筆者：髙村勉／神田基／山木準一　他16名

プロテインエンジニアリングの応用
編集／渡辺公綱／熊谷泉
ISBN4-88231-753-2　　　　　　　B646
A5判・232頁　本体3,200円＋税（〒380円）
初版1990年3月　普及版2002年2月

構成および内容：タンパク質改変諸例／酵素の機能改変／抗体とタンパク質工学／キメラ抗体／医薬と合成ワクチン／プロテアーゼ・インヒビター／新しいタンパク質作成技術とアロプロテイン／生体外タンパク質合成の現状／タンパク質工学におけるデータベース　他
執筆者：太田由己／榎本淳／上野川修一　他13名

有機ケイ素ポリマーの新展開
監修／櫻井英樹
ISBN4-88231-752-4　　　　　　　B645
A5判・327頁　本体3,800円＋税（〒380円）
初版1996年1月　普及版2002年1月

構成および内容：現状と展望／研究動向事例（ポリシラン合成と物性／カルボシラン系分子／ポリシロキサンの合成と応用／ゾル－ゲル法とケイ素系高分子／ケイ素系高耐／生体外夕熱性高分子材料／マイクロパターニング／ケイ素系感光材料）／ケイ素系高耐熱性材料へのアプローチ　他
執筆者：吉田勝／三治敬信／石川満夫　他19名

※書籍をご購入の際は、最寄りの書店にご注文いただくか、㈱シーエムシー出版のホームページ（http://www.cmcbooks.co.jp/）にてお申し込み下さい。

CMCテクニカルライブラリーのご案内

水素吸蔵合金の応用技術
監修／大西敬三
ISBN4-88231-751-6　　　　　　　B644
A5判・270頁　本体3,800円＋税（〒380円）
初版1994年1月　普及版2002年1月

構成および内容：開発の現状と将来展望／標準化の動向／応用事例（余剰電力の貯蔵／冷凍システム／冷暖房／水素の精製・回収システム／Ni・MH二次電池／燃料電池／水素の動力利用技術／アクチュエーター／水素同位体の精製・回収／合成触媒）
執筆者：太田時男／兜森俊樹／田村英雄　他15名

メタロセン触媒と次世代ポリマーの展望
編集／曽我和雄
ISBN4-88231-750-8　　　　　　　B643
A5判・256頁　本体3,500円＋税（〒380円）
初版1993年8月　普及版2001年12月

構成および内容：メタロセン触媒の展開（発見の経緯／カミンスキー触媒の修飾・担持・特徴）／次世代ポリマーの展望（ポリエチレン／共重合体／ポリプロピレン）／特許からみた各企業の研究開発動向　他
執筆者：柏典夫／潮村哲之助／植木聡　他4名

バイオセパレーションの応用
ISBN4-88231-749-4　　　　　　　B642
A5判・296頁　本体4,000円＋税（〒380円）
初版1988年8月　普及版2001年12月

構成および内容：食品・化学品分野（サイクロデキストリン／甘味料／アミノ酸／核酸／油脂精製／γ-リノレン酸／フレーバー／果汁濃縮・清澄化　他）／医薬品分野（抗生物質／漢方薬効成分／ステロイド発酵の工業化）／生化学・バイオ医薬分野　他
執筆者：中村信之／菊池啓明／宗像豊尅　他26名

バイオセパレーションの技術
ISBN4-88231-748-6　　　　　　　B641
A5判・265頁　本体3,600円＋税（〒380円）
初版1988年8月　普及版2001年12月

構成および内容：膜分離（総説／精密濾過膜／限外濾過法／イオン交換膜／逆浸透膜）／クロマトグラフィー（高性能液体／タンパク質のHPLC／ゲル濾過／イオン交換／疎水性／分配吸着　他）／電気泳動／遠心分離／真空・加圧濾過／エバポレーション／超臨界流体抽出　他
執筆者：仲川勤／水野高志／大野省太郎　他19名

特殊機能塗料の開発
ISBN4-88231-743-5　　　　　　　B636
A5判・381頁　本体3,500円＋税（〒380円）
初版1987年8月　普及版2001年11月

構成および内容：機能化のための研究開発／特殊機能塗料（電子・電気機能／光学機能／機械・物理機能／熱機能／生態機能／放射線機能／防食／その他）／高機能コーティングと硬化法（造膜法／硬化法）
◆**執筆者**：笠松寛／鳥羽山満／桐生春雄／田中丈之／荻野芳夫

バイオリアクター技術
ISBN4-88231-745-1　　　　　　　B638
A5判・212頁　本体3,400円＋税（〒380円）
初版1988年8月　普及版2001年12月

構成および内容：固定化生体触媒の最新進歩／新しい固定化法（光硬化性樹脂／多孔質セラミックス／絹フィブロイン）／新しいバイオリアクター（酵素固定化分離機能膜／生成物分離／多段式不均一系／固定化植物細胞／固定化ハイブリドーマ）／応用（食品／化学品／その他）
◆**執筆者**：田中渥夫／飯田高三／牧島亮男　他28名

ファインケミカルプラントFA化技術の新展開
ISBN4-88231-747-8　　　　　　　B640
A5判・321頁　本体3,400円＋税（〒380円）
初版1991年2月　普及版2001年11月

構成および内容：総論／コンピュータ統合生産システム／FA導入の経済効果／要素技術（計測・検査／物流／FA用コンピュータ／ロボット）／FA化のソフト（粉体プロセス／多目的バッチプラント／パイプレスプロセス）／応用例（ファインケミカル／食品／薬品／粉体）　他
◆**執筆者**：高松武一郎／大島榮次／梅田富雄　他24名

生分解性プラスチックの実際技術
ISBN4-88231-746-X　　　　　　　B639
A5判・204頁　本体2,500円＋税（〒380円）
初版1992年6月　普及版2001年11月

構成および内容：総論／開発展望（バイオポリエステル／キチン・キトサン／ポリアミノ酸／セルロース／ポリカプロラクトン／アルギン酸／PVA／脂肪族ポリエステル／糖類／ポリエーテル／プラスチック化木材／油脂の崩壊性／界面活性剤）／現状と今後の対策　他
◆**執筆者**：赤松清／持田晃一／藤井昭治　他12名

※書籍をご購入の際は、最寄りの書店にご注文下さるか、㈱シーエムシー出版のホームページ（http://www.cmcbooks.co.jp/）にてお申し込み下さい。

CMCテクニカルライブラリー のご案内

環境保全型コーティングの開発

ISBN4-88231-742-7 B635
A5判・222頁 本体 3,400 円＋税（〒380 円）
初版 1993 年 5 月 普及版 2001 年 9 月

◆構成および内容：現状と展望／規制の動向／技術動向（塗料・接着剤・印刷インキ・原料樹脂）／ユーザー（VOC排出規制への具体策・有機溶剤系塗料から水系塗料への転換・電機・環境保全よりみた木工塗装・金属缶）／環境保全への合理化・省力化ステップ 他
◆執筆者：笠松寛／中村博忠／田邊幸男 他 14 名

強誘電性液晶ディスプレイと材料
監修／福田敦夫

ISBN4-88231-741-9 B634
A5判・350頁 本体 3,500 円＋税（〒380 円）
初版 1992 年 4 月 普及版 2001 年 9 月

◆構成および内容：次世代液晶とディスプレイ／高精細・大画面ディスプレイ／テクスチャーチェンジパネルの開発／反強誘電性液晶のディスプレイへの応用／次世代液晶化合物の開発／強誘電性液晶材料／ジキラル型強誘電性液晶化合物／スパッタ法による低抵抗 ITO 透明導電膜 他
◆執筆者：李繼／神辺純一郎／鈴木康 他 36 名

高機能潤滑剤の開発と応用

ISBN4-88231-740-0 B633
A5判・237頁 本体 3,800 円＋税（〒380 円）
初版 1988 年 8 月 普及版 2001 年 9 月

◆構成および内容：総論／高機能潤滑剤（合成系潤滑剤・高機能グリース・固体潤滑と摺動材・水溶性加工油剤）／市場動向／応用（転がり軸受用グリース・OA関連機器・自動車・家電・医療・航空機・原子力産業）
◆執筆者：岡部平八郎／功刀俊夫／三嶋優 他 11 名

有機非線形光学材料の開発と応用
編集／中西八郎・小林孝嘉
　　　中村新男・梅垣真祐

ISBN4-88231-739-7 B632
A5判・558頁 本体 4,900 円＋税（〒380 円）
初版 1991 年 10 月 普及版 2001 年 8 月

◆構成および内容：〈材料編〉現状と展望／有機材料／非線形光学特性／無機系材料／超微粒子系材料／薄膜，バルク，半導体系材料〈基礎編〉理論・設計・測定／機構〈デバイス開発編〉波長変換／EO変調／光ニュートラルネットワーク／光パルス圧縮／光ソリトン伝送／光スイッチ 他
◆執筆者：上宮崇文／野上隆／小谷正博 他 88 名

超微粒子ポリマーの応用技術
監修／室井宗一

ISBN4-88231-737-0 B630
A5判・282頁 本体 3,800 円＋税（〒380 円）
初版 1991 年 4 月 普及版 2001 年 8 月

◆構成および内容：水系での製造技術／非水系での製造技術／複合化技術〈開発動向〉乳化重合／カプセル化／高吸水性／フッ素系／シリコーン樹脂〈現状と可能性〉一般工業分野／医療分野／生化学分野／化粧品分野／情報分野／ミクロゲル／PP／ラテックス／スペーサ 他
◆執筆者：川口春馬／川瀬進／竹内勉 他 25 名

炭素応用技術

ISBN4-88231-736-2 B629
A5判・300頁 本体 3,500 円＋税（〒380 円）
初版 1988 年 10 月 普及版 2001 年 7 月

◆構成および内容：炭素繊維／カーボンブラック／導電性付与剤／グラファイト化合物／ダイヤモンド／複合材料／航空機・船舶用 CFRP／人工歯根材／導電性インキ・塗料／電池・電極材料／光応答／金属炭化物／炭窒化チタン系複合セラミックス／SiC・SiC-W 他
◆執筆者：嶋崎勝乗／遠藤守信／池上巌 他 32 名

宇宙環境と材料・バイオ開発
編集／栗林一彦

ISBN4-88231-735-4 B628
A5判・163頁 本体 2,600 円＋税（〒380 円）
初版 1987 年 5 月 普及版 2001 年 8 月

◆構成および内容：宇宙開発と宇宙利用／生命科学／生命工学〈宇宙材料実験〉融液の凝固におよぼす微小重力の影響／単相合金の凝固／多相合金の凝固／高品位半導体単結晶の育成と微少重力の利用／表面張力誘起対流実験〈SL-1の実験結果〉半導体の結晶成長／金属凝固／流体運動 他
◆執筆者：長友信人／佐藤温重／大島泰郎 他 7 名

機能性食品の開発
編集／亀和田光男

ISBN4-88231-734-6 B627
A5判・309頁 本体 3,800 円＋税（〒380 円）
初版 1988 年 11 月 普及版 2001 年 9 月

◆構成および内容：機能性食品に対する各省庁の方針と対応／学界と民間の動き／機能性食品への発展が予想される素材／フラクトオリゴ糖／大豆オリゴ糖／イノシトール／高機能性健康飲料／ギムネマ・シルベスタ／企業化する問題点と対策／機能性食品に期待するもの 他
◆執筆者：大山超／稲葉博／岩元睦夫／太田明一 他 21 名

※ 書籍をご購入の際は、最寄りの書店にご注文いただくか、
㈱シーエムシー出版のホームページ（http://www.cmcbooks.co.jp/）にてお申し込み下さい。

CMCテクニカルライブラリー のご案内

植物工場システム
編集／高辻正基
ISBN4-88231-733-8　　　　　　　　B626
A5判・281頁　本体 3,100円＋税　（〒380円）
初版 1987年11月　普及版 2001年6月

構成および内容：栽培作物別工場生産の可能性／野菜／花き／薬草／穀物／養液栽培システム／カネコのシステム／クローン増殖システム／人工種子／馴化装置／キノコ栽培技術／種菌生産／栽培装置とシステム／施設園芸の高度化／コンピュータ利用　他

◆執筆者：阿部芳巳／渡辺光男／中山繁樹 他23名

液晶ポリマーの開発
編集／小出直之
ISBN4-88231-731-1　　　　　　　　B624
A5判・291頁　本体 3,800円＋税　（〒380円）
初版 1987年6月　普及版 2001年6月

構成および内容：〈基礎技術〉合成技術／キャラクタリゼーション／構造と物性／レオロジー 〈成形加工技術〉射出成形技術／成形機械技術／ホットランナシステム技術 〈応用〉光ファイバ用被覆材／高強度繊維／ディスプレイ用材料／強誘電性液晶ポリマー　他

◆執筆者：浅田忠裕／烏海弥和／茶谷陽三 他16名

イオンビーム技術の開発
編集／イオンビーム応用技術編集委員会
ISBN4-88231-730-3　　　　　　　　B623
A5判・437頁　本体 4,700円＋税　（〒380円）
初版 1989年4月　普及版 2001年6月

構成および内容：イオンビームと個体との相互作用／発生と輸送／装置／イオン注入による表面改質技術／イオンミキシングによる表面改質技術／薄膜形成表面被覆技術／表面除去加工技術／分析評価技術／各国の研究状況／日本の公立研究機関での研究状況　他

◆執筆者：藤本文範／石川順三／上條栄治 他27名

エンジニアリング プラスチックの成形・加工技術
監修／大柳　康
ISBN4-88231-729-X　　　　　　　　B622
A5判・410頁　本体 4,000円＋税　（〒380円）
初版 1987年12月　普及版 2001年6月

構成および内容：射出成形／成形条件／装置／金型内流動解析／材料特性／熱硬化性樹脂の成形／樹脂の種類／成形加工の特徴／成形加工法の基礎／押出成形／コンパウンティング／フィルム・シート成形／性能データ集／スーパーエンプラの加工に関する最近の話題　他

◆執筆者：高野菊雄／岩橋俊之／塚原　裕 他6名

新薬開発と生薬利用 II
監修／糸川秀治
ISBN4-88231-728-1　　　　　　　　B621
A5判・399頁　本体 4,500円＋税　（〒380円）
初版 1993年4月　普及版 2001年9月

構成および内容：新薬開発プロセス／新薬開発の実態と課題／生薬・漢方製剤の薬理・薬効（抗腫瘍薬・抗炎症・抗アレルギー・抗菌・抗ウイルス）／天然素材の新食品への応用／生薬の品質評価／民間療法・伝統薬の探索と評価／生薬の流通機構と需給　他

◆執筆者：相山律夫／大島俊幸／岡田稔 他14名

新薬開発と生薬利用 I
監修／糸川秀治
ISBN4-88231-727-3　　　　　　　　B620
A5判・367頁　本体 4,200円＋税　（〒380円）
初版 1988年8月　普及版 2001年7月

構成および内容：生薬の薬理・薬効／抗アレルギー／抗菌・抗ウイルス作用／新薬開発のプロセス／スクリーニング／商品の規格と安定性／生薬の品質評価／甘草／生姜／桂皮素材の探索と流通／日本・世界での生薬素材の探索／流通機構と需要／各国の薬用植物の利用と活用　他

◆執筆者：相山律夫／赤須通範／生田安喜良 他19名

ヒット食品の開発手法
監修／太田静行・亀和田光男・中山正夫
ISBN4-88231-726-5　　　　　　　　B619
A5判・278頁　本体 3,800円＋税　（〒380円）
初版 1991年12月　普及版 2001年6月

構成および内容：新製品の開発戦略／消費者の嗜好／アイデア開発／食品調味／食品包装／官能検査／開発のためのデータバンク 〈ヒット食品の具体例〉果汁グミ／スーパードライ 〈ロングヒット食品開発の秘密〉カップヌードル エバラ焼き肉のたれ／減塩醤油　他

◆執筆者：小杉直輝／大形　進／川合信行 他21名

バイオマテリアルの開発
監修／筏　義人
ISBN4-88231-725-8　　　　　　　　B618
A5判・539頁　本体 4,900円＋税　（〒380円）
初版 1989年9月　普及版 2001年5月

構成および内容：〈素材〉金属／セラミックス／合成高分子／生体高分子 〈特性・機能〉力学特性／細胞接着能／血液適合性／骨組織結合性／光屈折・酸素透過能 〈試験・認可〉滅菌法／表面分析法 〈応用〉臨床検査系／歯科系／心臓外科系／代謝系　他

◆執筆者：立石哲也／藤沢　章／澄田政哉 他51名

※書籍をご購入の際は、最寄りの書店にご注文いただくか、㈱シーエムシー出版のホームページ（http://www.cmcbooks.co.jp/）にてお申し込み下さい。

CMCテクニカルライブラリーのご案内

半導体封止技術と材料
著者／英 一太
ISBN4-88231-724-9　　　　B617
A5 判・232 頁　本体 3,400 円＋税 （〒380 円）
初版 1987 年 4 月　普及版 2001 年 7 月

構成および内容：〈封止技術の動向〉IC パッケージ／ポストモールドとプレモールド方式／表面実装〈材料〉エポキシ樹脂の変性／硬化／低応力化／高信頼性 VLSI セラミックパッケージ〈プラスチックチップキャリヤ〉構造／加工／リード／信頼性試験〈GaAs〉高速論理素子／GaAs ダイ／MCV〈接合技術と材料〉TAB 技術／ダイアタッチ　他

トランスジェニック動物の開発
著者／結城 惇
ISBN4-88231-723-0　　　　B616
A5 判・264 頁　本体 3,000 円＋税 （〒380 円）
初版 1990 年 2 月　普及版 2001 年 7 月

構成および内容：誕生と変遷／利用価値〈開発技術〉マイクロインジェクション法／ウイルスベクター法／ES 細胞法／精子ベクター法／トランスジーンの発現／発現制御系〈応用〉遺伝子解析／病態モデル／欠損症動物／遺伝子治療モデル／分泌物利用／組織、臓器利用／家畜／課題〈動向・資料〉研究開発企業／特許／実験ガイドライン　他

水処理剤と水処理技術
監修／吉野善彌
ISBN4-88231-722-2　　　　B615
A5 判・253 頁　本体 3,500 円＋税 （〒380 円）
初版 1988 年 7 月　普及版 2001 年 5 月

構成および内容：凝集剤と水処理プロセス／高分子凝集剤／生物学的凝集剤／濾過助剤と水処理プロセス／イオン交換体と水処理プロセス／有機イオン交換体／排水処理プロセス／吸着剤と水処理プロセス／水処理分離膜と水処理プロセス　他
◆執筆者：三上八州家／鹿野武彦／倉根隆一郎　他 17 名

食品素材の開発
監修／亀和田光男
ISBN4-88231-721-4　　　　B614
A5 判・334 頁　本体 3,900 円＋税 （〒380 円）
初版 1987 年 10 月　普及版 2001 年 5 月

構成および内容：〈タンパク系〉大豆タンパクフィルム／卵タンパク〈デンプン系と畜血液〉プルラン／サイクロデキストリン〈新甘味料〉フラクトオリゴ糖／ステビア〈健食新素材〉EPA／レシチン／ハーブエキス／コラーゲン／キチン・キトサン　他
◆執筆者：中島庸介／花岡讓一／坂井和夫　他 22 名

老人性痴呆症と治療薬
編集／朝長正徳・齋藤 洋
ISBN4-88231-720-6　　　　B613
A5 判・233 頁　本体 3,000 円＋税 （〒380 円）
初版 1988 年 8 月　普及版 2001 年 4 月

構成および内容：記憶のメカニズム／記憶の神経的機構／老人性痴呆の発症機構／遺伝子・染色体の異常／脳機構に影響を与える生体内物質／神経伝達物質／甲状腺ホルモンスクリーニング法／脳循環・脳代謝試験／予防・治療へのアプローチ　他
◆執筆者：佐藤昭夫／黒澤美枝子／浅香昭雄　他 31 名

感光性樹脂の基礎と実用
監修／赤松 清
ISBN4-88231-719-2　　　　B612
A5 判・371 頁　本体 4,500 円＋税 （〒380 円）
初版 1987 年 4 月　普及版 2001 年 5 月

構成および内容：化学構造と合成法／光反応／市販されている感光性樹脂モノマー、オリゴマーの概説／印刷板／感光性樹脂凸版／フレキソ版／塗料／光硬化型塗料／ラジカル重合型塗料／インキ／UV 硬化システム／UV 硬化型接着剤／歯科衛生材料　他
◆執筆者：吉村 延／岸本芳男／小伊勢雄次　他 8 名

分離機能膜の開発と応用
編集／仲川 勤
ISBN4-88231-718-4　　　　B611
A5 判・335 頁　本体 3,500 円＋税 （〒380 円）
初版 1987 年 12 月　普及版 2001 年 3 月

構成および内容：〈機能と応用〉気体分離膜／イオン交換膜／透析膜／精密濾過膜〈キャリア輸送膜の開発〉固体電解質／液膜／モザイク荷電膜／機能性カプセル膜〈装置化と応用〉酸素富化膜／水素分離膜／浸透気化法による有機混合物の分離／人工腎臓／人工肺　他
◆執筆者：山田純男／佐田俊勝／西田 治　他 20 名

プリント配線板の製造技術
著者／英 一太
ISBN4-88231-717-6　　　　B610
A5 判・315 頁　本体 4,000 円＋税 （〒380 円）
初版 1987 年 12 月　普及版 2001 年 4 月

構成および内容：〈プリント配線板の原材料〉〈プリント配線基板の製造技術〉硬質プリント配線板／フレキシブルプリント配線板〈プリント回路加工技術〉フォトレジストとフォト印刷／スクリーン印刷〈多層プリント配線板〉構造／製造法／多層成型〈廃水処理と災害環境管理〉高濃度有害物質の廃棄処理　他

※書籍をご購入の際は、最寄りの書店にご注文いただくか、㈱シーエムシー出版のホームページ(http://www.cmcbooks.co.jp/)にてお申し込み下さい。

≫ **CMCテクニカルライブラリー** のご案内 ≪

汎用ポリマーの機能向上とコストダウン ISBN4-88231-715-X　　　　　　B608 A5判・319頁　本体3,800円+税（〒380円） 初版1994年8月　普及版2001年2月	構成および内容：〈新しい樹脂の成形法〉射出プレス成形（SPモールド）／プラスチックフィルムの最新製造技術〈材料の高機能化とコストダウン〉超高強度ポリエチレン繊維／耐候性のよい耐衝撃性PVC〈応用〉食品・飲料用プラスティック包装材料／医療材料向けプラスチック材料　他 ◆執筆者：浅井治海／五十嵐聰／高木否都志　他32名
クリーンルームと機器・材料 ISBN4-88231-714-1　　　　　　B607 A5判・284頁　本体3,800円+税（〒380円） 初版1990年12月　普及版2001年2月	構成および内容：〈構造材料〉床材・壁材・天井材／ユニット式〈設備機器〉空気清浄／温湿度制御／空調機器／排気処理機器材料／微生物制御〈清浄度測定評価（応用別）〉医薬(GMP)／医療／半導体〈今後の動向〉自動化／防災システムの動向／省エネルギ／清掃（維持管理）　他 ◆執筆者：依田行夫／一和田眞次／鈴木正身　他21名
水性コーティングの技術 ISBN4-88231-713-3　　　　　　B606 A5判・359頁　本体4,700円+税（〒380円） 初版1990年12月　普及版2001年2月	構成および内容：〈水性ポリマー各論〉ポリマー水性化のテクノロジー／水性ウレタン樹脂／水系UV・EB硬化樹脂〈水性コーティング材の製法と処法化〉常温乾燥コーティング／電着コーティング〈水性コーティング材の周辺技術〉廃水処理技術／泡処理技術　他 ◆執筆者：桐生春雄／鳥羽山満／池林信彦　他14名
レーザ加工技術 監修／川澄博通 ISBN4-88231-712-5　　　　　　B605 A5判・249頁　本体3,800円+税（〒380円） 初版1989年5月　普及版2001年2月	構成および内容：〈総論〉レーザ加工技術の基礎事項〈加工用レーザ発振器〉CO_2レーザ〈高エネルギービーム加工〉レーザによる材料の表面改質技術〈レーザ化学加工・生物加工〉レーザ光化学反応による有機合成〈レーザ加工周辺技術〉〈レーザ加工の将来〉　他 ◆執筆者：川澄博通／永井治彦／末永直行　他13名
臨床検査マーカーの開発 監修／茂手木皓喜 ISBN4-88231-711-7　　　　　　B604 A5判・170頁　本体2,200円+税（〒380円） 初版1993年8月　普及版2001年1月	構成および内容：〈腫瘍マーカー〉肝細胞癌の腫瘍／肺癌／婦人科系腫瘍／乳癌／甲状腺癌／泌尿器腫瘍／造血器腫瘍〈循環器系マーカー〉動脈硬化／虚血性心疾患／高血圧症〈糖尿病マーカー〉糖質／脂質／合併症〈骨代謝マーカー〉〈老化度マーカー〉　他 ◆執筆者：岡崎伸生／有吉　寛／江崎　治　他22名
機能性顔料 ISBN4-88231-710-9　　　　　　B603 A5判・322頁　本体4,000円+税（〒380円） 初版1991年6月　普及版2001年1月	構成および内容：〈無機顔料の研究開発動向〉酸化チタン・チタンイエロー／酸化鉄系顔料〈有機顔料の研究開発動向〉溶性アゾ顔料（アゾレーキ）〈用途展開の現状と将来展望〉印刷インキ／塗料〈最近の顔料分散技術と顔料分散機の進歩〉顔料の処理と分散性　他 ◆執筆者：石村安雄／風間孝夫／服部俊雄　他31名
バイオ検査薬と機器・装置 監修／山本重夫 ISBN4-88231-709-5　　　　　　B602 A5判・322頁　本体4,000円+税（〒380円） 初版1996年10月　普及版2001年1月	構成および内容：〈DNAプローブ法-最近の進歩〉〈生化学検査試薬の液状化-技術的背景〉〈蛍光プローブと細胞内環境の測定〉〈臨床検査用遺伝子組み換え酵素〉〈イムノアッセイ装置の現状と今後〉〈染色体ソーティングとDNA診断〉〈アレルギー検査薬の最新動向〉〈食品の遺伝子検査〉　他 ◆執筆者：寺岡　宏／髙橋豊三／小路武彦　他33名
カラーPDP技術 ISBN4-88231-708-7　　　　　　B601 A5判・208頁　本体3,200円+税（〒380円） 初版1996年7月　普及版2001年1月	構成および内容：〈総論〉電子ディスプレイの現状〈パネル〉AC型カラーPDP／パルスメモリー方式DC型カラーPDP〈部品加工・装置〉パネル製造技術とスクリーン印刷／フォトプロセス／露光装置／PDP用ローラーハース式連続焼成炉〈材料〉ガラス基板／蛍光体／透明電極材料　他 ◆執筆者：小島健博／村上宏／大塚晃／山本敏裕　他14名

※ 書籍をご購入の際は、最寄りの書店にご注文いただくか、㈱シーエムシー出版のホームページ(http://www.cmcbooks.co.jp/)にてお申し込み下さい。

CMCテクニカルライブラリー のご案内

防菌防黴剤の技術
監修/井上嘉幸
ISBN4-88231-707-9　　　　　　　　B600
A5判・234頁　本体3,100円＋税（〒380円）
初版1989年5月　普及版2000年12月

構成および内容：〈防菌防黴剤の開発動向〉〈防菌防黴剤の相乗効果と配合技術〉防菌防黴剤の併用効果／相乗効果を示す防菌防黴剤／相乗効果の作用機構〈防菌防黴剤の製剤化技術〉水和剤／可溶化剤／発泡製剤〈防菌防黴剤の応用展開〉繊維用／皮革用／塗料用／接着剤用／医薬品用　他
◆執筆者：井上嘉幸／西村民男／高麗寛記　他23名

快適性新素材の開発と応用
ISBN4-88231-706-0　　　　　　　　B599
A5判・179頁　本体2,800円＋税（〒380円）
初版1992年1月　普及版2000年12月

構成および内容：〈繊維編〉高風合ポリエステル繊維（ニューシルキー素材）／ピーチスキン素材／ストレッチ素材／太陽光蓄熱保温繊維素材／抗菌・消臭繊維／森林浴効果のある繊維〈住宅編、その他〉セラミック系人造木材／圧電・導電複合材料による制振新素材／調光窓ガラス　他
◆執筆者：吉田敬一／井上裕光／原田隆司　他18名

高純度金属の製造と応用
ISBN4-88231-705-2　　　　　　　　B598
A5判・220頁　本体2,600円＋税（〒380円）
初版1992年11月　普及版2000年12月

構成および内容：〈金属の高純度化プロセスと物性〉高純度化法の概要／純度表〈高純度金属の成形・加工技術〉高純度金属の複合化／粉体成形による高純度金属の利用／高純度銅の線材化／単結晶化・非晶化／薄膜形成〈応用展開の可能性〉高耐食性鋼材および鉄材／超電導材料／新合金／固体触媒〈高純度金属に関する特許一覧〉　他

電磁波材料技術とその応用
監修/大森豊明
ISBN4-88231-100-3　　　　　　　　B597
A5判・290頁　本体3,400円＋税（〒380円）
初版1992年5月　普及版2000年12月

構成および内容：〈無機系電磁波材料〉マイクロ波誘電体セラミックス／光ファイバ〈有機系電磁波材料〉ゴム／アクリルナイロン繊維〈様々な分野への応用〉医療／食品／コンクリート構造物診断／半導体製造／施設園芸／電磁波接着・シーリング材／電磁波防護服　他
◆執筆者：白崎信一／山田朗／月岡正至　他24名

自動車用塗料の技術
ISBN4-88231-099-6　　　　　　　　B596
A5判・340頁　本体3,800円＋税（〒380円）
初版1989年5月　普及版2000年12月

構成および内容：〈総論〉自動車塗装における技術開発〈自動車に対するニーズ〉〈各素材の動向と前処理技術〉〈コーティング材料開発の動向〉防錆対策用コーティング材料〈コーティングエンジニアリング〉塗装装置／乾燥装置〈周辺技術〉コーティング材料管理　他
◆執筆者：桐生春雄／鳥羽山満／井出正／岡襄二　他19名

高機能紙の開発
監修/稲垣寛
ISBN4-88231-097-X　　　　　　　　B594
A5判・286頁　本体3,400円＋税（〒380円）
初版1988年8月　普及版2000年12月

構成および内容：〈機能紙用原料繊維〉天然繊維／化学・合成繊維／金属繊維〈バイオ・メディカル関係機能紙〉動物関連用／食品工業用〈エレクトリックペーパー〉耐熱絶縁紙／導電紙〈情報記録用紙〉電解記録紙〈湿式法フィルターペーパー〉ガラス繊維濾紙／自動車用濾紙　他
◆執筆者：尾鍋史彦／篠木孝典／北村孝雄　他9名

新・導電性高分子材料
監修/雀部博之
ISBN4-88231-096-1　　　　　　　　B593
B5判・245頁　本体3,200円＋税（〒380円）
初版1987年2月　普及版2000年11月

構成および内容：〈基礎〉ソリトン、ポーラロン、バイポーラロン／導電性高分子における非線形励起と荷電状態／イオン注入によるドーピング／超イオン導電体（固体電解質）〈応用編〉高分子バッテリー／透明導電性高分子／導電性高分子を用いたデバイス／プラスティックバッテリー　他
◆執筆者：A.J.Heeger／村田恵三／石黒武彦　他11名

導電性高分子材料
監修/雀部博之
ISBN4-88231-095-3　　　　　　　　B592
B5判・318頁　本体3,800円＋税（〒380円）
初版1983年11月　普及版2000年11月

構成および内容：〈導電性高分子の技術開発〉〈導電性高分子の基礎理論〉共役系高分子／有機一次元導電体／光伝導性高分子／導電性複合高分子材料／Conduction Polymers〈導電性高分子の応用技術〉導電性フィルム／透明導電性フィルム／導電性ゴム／導電性ペースト　他
◆執筆者：白川英樹／吉野勝美／A.G.MacDiamid　他13名

※書籍をご購入の際は、最寄りの書店にご注文いただくか、㈱シーエムシー出版のホームページ（http://www.cmcbooks.co.jp/）にてお申し込み下さい。

CMCテクニカルライブラリー のご案内

クロミック材料の開発
監修／市村　國宏
ISBN4-88231-094-5　　　　　　B591
A5判・301頁　本体 3,000円＋税（〒380円）
初版 1989年6月　普及版 2000年11月

構成および内容：〈材料編〉フォトクロミック材料／エレクトロクロミック材料／サーモクロミック材料／ピエゾクロミック金属錯体〈応用編〉エレクトロクロミックディスプレイ／液晶表示とクロミック材料／フォトクロミックメモリメディア／調光フィルム　他
◆執筆者：市村國宏／入江正浩／川西祐司　他25名

コンポジット材料の製造と応用
ISBN4-88231-093-7　　　　　　B590
A5判・278頁　本体 3,300円＋税（〒380円）
初版 1990年5月　普及版 2000年10月

構成および内容：〈コンポジットの現状と展望〉〈コンポジットの製造〉微粒子の複合化／マトリックスと強化材の接着／汎用繊維強化プラスチック（FRP）の製造と成形〈コンポジットの応用〉プラスチック複合材料の自動車への応用／鉄道関係／航空・宇宙関係　他
◆執筆者：浅井治海／小石眞純／中尾富士夫　他21名

機能性エマルジョンの基礎と応用
監修／本山　卓彦
ISBN4-88231-092-9　　　　　　B589
A5判・198頁　本体 2,400円＋税（〒380円）
初版 1993年11月　普及版 2000年10月

構成および内容：〈業界動向〉国内のエマルジョン工業の動向／海外の技術動向／環境問題とエマルジョン／エマルジョンの試験方法と規格〈新材料開発の動向〉最近の大粒径エマルジョンの製法と用途／超微粒子ポリマーラテックス〈分野別の最近応用動向〉塗料分野／接着剤分野　他
◆執筆者：本山卓彦／葛西壽一／滝沢稔　他11名

無機高分子の基礎と応用
監修／梶原　鳴雪
ISBN4-88231-091-0　　　　　　B588
A5判・272頁　本体 3,200円＋税（〒380円）
初版 1993年10月　普及版 2000年11月

構成および内容：〈基礎編〉前駆体オリゴマー、ポリマーから酸素ポリマーの合成／ポリマーから非酸化物ポリマーの合成／無機－有機ハイブリッドポリマーの合成／無機高分子化合物とバイオリアクター〈応用編〉無機高分子繊維およびフィルム／接着剤／光・電子材料　他
◆執筆者：木村良晴／乙咩重男／阿部芳宜　他14名

食品加工の新技術
監修／木村　進・亀和田光男
ISBN4-88231-090-2　　　　　　B587
A5判・288頁　本体 3,200円＋税（〒380円）
初版 1990年6月　普及版 2000年11月

構成および内容：'90年代における食品加工技術の課題と展望／バイオテクノロジーの応用とその展望／21世紀に向けてのバイオリアクター関連技術と装置／食品における乾燥技術の動向／マイクロカプセル製造および利用技術／微粉砕技術／高圧による食品の物性と微生物の制御　他
◆執筆者：木村進／貝沼圭二／播磨幹夫　他20名

高分子の光安定化技術
著者／大澤　善次郎
ISBN4-88231-089-9　　　　　　B586
A5判・303頁　本体 3,800円＋税（〒380円）
初版 1986年12月　普及版 2000年10月

構成および内容：序／劣化概論／光化学の基礎／高分子の光劣化／光劣化の試験方法／光劣化の評価方法／高分子の光安定化／劣化防止概説／各論－ポリオレフィン、ポリ塩化ビニル、ポリスチレン、ポリウレタン他／光劣化の応用／光崩壊性高分子／高分子の光機能化／耐放射線高分子　他

ホットメルト接着剤の実際技術
ISBN4-88231-088-0　　　　　　B585
A5判・259頁　本体 3,200円＋税（〒380円）
初版 1991年8月　普及版 2000年8月

構成および内容：〈ホットメルト接着剤の市場動向〉〈HMA材料〉EVA系ホットメルト接着剤／ポリオレフィン系／ポリエステル系〈機能性ホットメルト接着剤〉〈ホットメルト接着剤の応用〉〈ホットメルトアプリケーター〉〈海外におけるHMAの開発動向〉　他
◆執筆者：永田宏二／宮本禮次／佐藤勝亮　他19名

バイオ検査薬の開発
監修／山本　重夫
ISBN4-88231-085-6　　　　　　B583
A5判・217頁　本体 3,000円＋税（〒380円）
初版 1992年4月　普及版 2000年9月

構成および内容：〈総論〉臨床検査薬の技術／臨床検査機器の技術〈検査薬と検査機器〉バイオ検査薬用の素材／測定系の最近の進歩／検出系と機器
◆執筆者：片山善章／星野忠／河野均也／稲荘和子／藤巻道男／小栗豊子／猪狩淳／渡辺文夫／磯部和正／中井利昭／高橋豊三／中島憲一郎／長谷川明／舟橋真一　他9名

※書籍をご購入の際は、最寄りの書店にご注文いただくか、(株)シーエムシー出版のホームページ（http://www.cmcbooks.co.jp/）にてお申し込み下さい。

CMCテクニカルライブラリーのご案内

紙薬品と紙用機能材料の開発
監修／稲垣　寛
ISBN4-88231-086-4　　　　　　B582
A5判・274頁　本体3,400円＋税（〒380円）
初版 1988年12月　普及版 2000年9月

◆構成および内容：〈紙用機能材料と薬品の進歩〉紙用材料と薬品の分類／機能材料と薬品の性能と用途〈抄紙用薬品〉パルプ化から抄紙工程までの添加薬品／パルプ段階での添加薬品〈紙の2次加工薬品〉加工紙の現状と加工薬品／加工用薬品〈加工技術の進歩〉他
◆執筆者：稲垣寛／尾鍋史彦／西尾信之／平岡誠　他20名

機能性ガラスの応用
ISBN4-88231-084-8　　　　　　B581
A5判・251頁　本体2,800円＋税（〒380円）
初版 1990年2月　普及版 2000年8月

◆構成および内容：〈光学的機能ガラスの応用〉光集積回路とニューガラス／光ファイバー〈電気・電子的機能ガラスの応用〉電気用ガラス／ホーロー回路基盤〈熱的・機械的機能ガラスの応用〉〈化学的・生体機能ガラスの応用〉〈用途開発展開中のガラス〉他
◆執筆者：作花済夫／栖原敏明／高橋志郎　他26名

超精密洗浄技術の開発
監修／角田　光雄
ISBN4-88231-083-X　　　　　　B580
A5判・247頁　本体3,200円＋税（〒380円）
初版 1992年3月　普及版 2000年8月

◆構成および内容：〈精密洗浄の技術動向〉精密洗浄技術／洗浄メカニズム／洗浄評価技術〈超精密洗浄技術〉ウェハ洗浄技術／洗浄用薬品〈CFC-113と1,1,1-トリクロロエタンの規制動向と規制対応状況〉国際法による規制スケジュール／各国国内法による規制スケジュール　他
◆執筆者：角田光雄／斉木篤／山本方彦／大部一夫他10名

機能性フィラーの開発技術
ISBN4-88231-082-1　　　　　　B579
A5判・324頁　本体3,800円＋税（〒380円）
初版 1990年1月　普及版 2000年7月

◆構成および内容：序／機能性フィラーの分類と役割／フィラーの機能制御／力学的機能／電気・磁気的機能／熱的機能／光・色機能／その他機能／表面処理と複合化／複合材料の成形・加工技術／機能性フィラーへの期待と将来展望
◆執筆者：村上謙吉／由井浩／小石真純／山田英夫他24名

高分子材料の長寿命化と環境対策
監修／大澤　善次郎
ISBN4-88231-081-3　　　　　　B578
A5判・318頁　本体3,800円＋税（〒380円）
初版 1990年5月　普及版 2000年7月

◆構成および内容：プラスチックの劣化と安定性／ゴムの劣化と安定性／繊維の構造と劣化、安定化／紙・パルプの劣化と安定化／写真材料の劣化と安定化／塗膜の劣化と安定化／染料の退色／エンジニアリングプラスチックの劣化と安定化／複合材料の劣化と安定化　他
◆執筆者：大澤善次郎／河本圭司／酒井英紀　他16名

吸油性材料の開発
ISBN4-88231-080-5　　　　　　B577
A5判・178頁　本体2,700円＋税（〒380円）
初版 1991年5月　普及版 2000年7月

◆構成および内容：〈吸油（非水溶液）の原理とその構造〉ポリマーの架橋構造／一次架橋構造とその物性に関する最近の研究〈吸油性材料の開発〉無機系／有機系吸油性材料〈吸油性材料の応用と製品〉吸油性材料／不織布系吸油性材料／固化型　油吸着材　他
◆執筆者：村上謙吉／佐藤悌治／岡部凜　他8名

消泡剤の応用
監修／佐々木　恒孝
ISBN4-88231-079-1　　　　　　B576
A5判・218頁　本体2,900円＋税（〒380円）
初版 1991年5月　普及版 2000年7月

◆構成および内容：泡・その発生・安定化・破壊／消泡理論の最近の展開／シリコーン消泡剤／バイオプロセスへの応用／食品製造への応用／パルプ製造工程への応用／抄紙工程への応用／繊維加工への応用／塗料、インキへの応用／高分子ラテックスへの応用　他
◆執筆者：佐々木恒孝／高橋葉子／角田淳　他14名

粘着製品の応用技術
ISBN4-88231-078-3　　　　　　B575
A5判・253頁　本体3,000円＋税（〒380円）
初版 1989年1月　普及版 2000年7月

◆構成および内容：〈材料開発の動向〉粘着製品の材料／粘着剤／下塗剤〈塗布技術の最近の進歩〉水系エマルジョンの特徴およびその塗工装置／最近の製品製造システムとその概説〈粘着製品の応用〉電気・電子関連用粘着製品／自動車用粘着製品／医療用粘着製品　他
◆執筆者：福沢敬司／西田幸平／宮崎正常　他16名

※書籍をご購入の際は、最寄りの書店にご注文いただくか、㈱シーエムシー出版のホームページ（http://www.cmcbooks.co.jp/）にてお申し込み下さい。

━━━ **CMCテクニカルライブラリー** のご案内 ━━━

複合糖質の化学
監修／小倉 治夫
ISBN4-88231-077-5　　　　　　　　　B574
A5判・275頁　本体3,100円＋税（〒380円）
初版1989年6月　普及版2000年8月

◆構成および内容：KDOの化学とその応用／含硫シアル酸アナログの化学と応用／シアル酸誘導体の生物活性とその応用／ガングリオシドの化学と応用／セレブロシドの化学と応用／糖脂質糖鎖の多様性／糖タンパク質鎖の癌性変化／シクリトール類の化学と応用　他
◆執筆者：山川民夫／阿知波一雄／池田潔　他15名

プラスチックリサイクル技術

ISBN4-88231-076-7　　　　　　　　　B573
A5判・250頁　本体3,000円＋税（〒380円）
初版1992年1月　普及版2000年7月

◆構成および内容：廃棄プラスチックとリサイクル促進／わが国のプラスチックリサイクルの現状／リサイクル技術と回収システムの開発／資源・環境保全製品の設計／産業別プラスチックリサイクル開発の現状／樹脂別形態別リサイクリング技術／企業・業界の研究開発動向他
◆執筆者：本多淳祐／遠藤秀夫／柳澤孝成／石倉豊他14名

分解性プラスチックの開発
監修／土肥 義治
ISBN4-88231-075-9　　　　　　　　　B572
A5判・276頁　本体3,500円＋税（〒380円）
初版1990年9月　普及版2000年6月

◆構成および内容：〈廃棄プラスチックによる環境汚染と規制の動向〉〈廃棄プラスチック処理の現状と課題〉〈分解性プラスチックスの開発技術〉生分解性プラスチックス／光分解性プラスチックス〈分解性の評価技術〉〈研究開発動向〉〈分解性プラスチックの代替可能性と実用化展望〉他
◆執筆者：土肥義治／山中唯義／久保直紀／柳澤孝成他9名

ポリマーブレンドの開発
編集／浅井 治海
ISBN4-88231-074-0　　　　　　　　　B571
A5判・242頁　本体3,000円＋税（〒380円）
初版1988年6月　普及版2000年7月

◆構成および内容：〈ポリマーブレンドの構造〉物理的方法／化学的方法〈ポリマーブレンドの性質と応用〉汎用ポリマーどうしのポリマーブレンド／エンジニアリングプラスチックどうしのポリマーブレンド／各工業におけるポリマーブレンド／ゴム工業におけるポリマーブレンド　他
◆執筆者：浅井治海／大久保政芳／井上公雄　他25名

自動車用高分子材料の開発
監修／大庭 敏之
ISBN4-88231-073-2　　　　　　　　　B570
A5判・274頁　本体3,400円＋税（〒380円）
初版1989年12月　普及版2000年7月

◆構成および内容：〈外板、塗装材料〉自動車用SMCの技術動向と課題、RIM材料〈内装材料〉シート表皮材料、シートパッド〈構造用樹脂〉繊維強化先進複合材料、GFRP板ばね〈エラストマー材料〉防振ゴム、自動車用ホース〈塗装・接着材料〉鋼板用塗料、樹脂用塗料、構造用接着剤他
◆執筆者：大庭敏之／黒川滋樹／村田佳生／中村脺他23名

不織布の製造と応用
編集／中村 義男
ISBN4-88231-072-4　　　　　　　　　B569
A5判・253頁　本体3,200円＋税（〒380円）
初版1989年6月　普及版2000年4月

◆構成および内容：〈原料編〉有機系・無機系・金属系繊維、バインダー、添加剤〈製法編〉エアレイパルプ法、湿式法、スパンレース法、メルトブロー法、スパンボンド法、フラッシュ紡糸法〈応用編〉衣料、生活、医療、自動車、土木・建築、ろ過関連、電気・電磁波関連、人工皮革他
◆執筆者：北村孝雄／萩原勝男／久保栄一／大垣豊他15名

オリゴマーの合成と応用

ISBN4-88231-071-6　　　　　　　　　B568
A5判・222頁　本体2,800円＋税（〒380円）
初版1990年8月　普及版2000年6月

◆構成および内容：〈オリゴマーの最新合成法〉〈オリゴマー応用技術の新展開〉ポリエステルオリゴマーの可塑剤／接着剤・シーリング材／粘着剤／化粧品／医薬品／歯科用材料／凝集・沈殿剤／コピー用トナーバインダー他
◆執筆者：大河原信／塩谷啓一／廣瀬拓治／大橋徹也／大月裕／大見賀広芳／土岐宏俊／松原次男／富田健一他7名

DNAプローブの開発技術
著者／髙橋 豊三
ISBN4-88231-070-8　　　　　　　　　B567
A5判・398頁　本体4,600円＋税（〒380円）
初版1990年4月　普及版2000年5月

◆構成および内容：〈核酸ハイブリダイゼーション技術の応用〉研究分野、遺伝病診断、感染症、法医学、がん研究・診断他への応用〈試料DNAの調製〉濃縮・精製の効率化他〈プローブの作成と分離〉〈プローブの標識〉放射性、非放射性標識他〈新しいハイブリダイゼーションのストラテジー〉〈診断用DNAプローブと臨床微生物検査〉他

※書籍をご購入の際は、最寄りの書店にご注文いただくか、
㈱シーエムシー出版のホームページ（http://www.cmcbooks.co.jp/）にてお申し込み下さい。

CMCテクニカルライブラリー のご案内

ハイブリッド回路用厚膜材料の開発
著者／英 一太
ISBN4-88231-069-4　　　　　　　B566
A5判・274頁　本体3,400円＋税（〒380円）
初版1988年5月　普及版2000年5月

◆構成および内容：〈サーメット系厚膜回路用材料〉〈厚膜回路におけるエレクトロマイグレーション〉〈厚膜ペーストのスクリーン印刷技術〉〈ハイブリッドマイクロ回路の設計と信頼性〉〈ポリマー厚膜材料のプリント回路への応用〉〈導電性接着剤、塗料への応用〉ダイアタッチ用接着剤／導電性エポキシ樹脂接着剤によるSMT他

植物細胞培養と有用物質
監修／駒嶺 穆
ISBN4-88231-068-6　　　　　　　B565
A5判・243頁　本体2,800円＋税（〒380円）
初版1990年3月　普及版2000年5月

◆構成および内容：有用物質生産のための大量培養－遺伝子操作による物質生産／トランスジェニック植物による物質生産／ストレスを利用した二次代謝物質の生産／各種有用物質の生産－抗腫瘍物質／ビンカアルカロイド／ベルベリン／ビオチン／シコニン／アルブチン／チクル／色素他
◆執筆者：高山眞策／作田正明／西荒介／岡崎光雄他21名

高機能繊維の開発
監修／渡辺 正元
ISBN4-88231-066-X　　　　　　　B563
A5判・244頁　本体3,200円＋税（〒380円）
初版1988年8月　普及版2000年4月

◆構成および内容：〈高強度・高耐熱〉ポリアセタール〈無機系〉アルミナ／耐熱セラミック〈導電性・制電性〉芳香族系／有機系〈バイオ繊維〉医療用繊維／人工皮膚／生体筋と人工筋〈吸水・撥水・防汚繊維〉フッ素加工〈高風合繊維〉超高収縮・高密度素材／超極細繊維他
◆執筆者：酒井紘／小松民邦／大田康雄／飯塚登志他24名

導電性樹脂の実際技術
監修／赤松 清
ISBN4-88231-065-1　　　　　　　B562
A5判・206頁　本体2,400円＋税（〒380円）
初版1988年3月　普及版2000年4月

◆構成および内容：染色加工技術による導電性の付与／透明導電膜／導電性プラスチック／導電性塗料／導電性ゴム／面発熱体／低比重高導電プラスチック／繊維の帯電防止／エレクトロニクスにおける遮蔽技術／プラスチックハウジングの電磁遮蔽／微生物と導電性／他
◆執筆者：奥田昌宏／南忠男／三谷雄二／斉藤信夫他8名

形状記憶ポリマーの材料開発
監修／入江 正浩
ISBN4-88231-064-3　　　　　　　B561
A5判・207頁　本体2,800円＋税（〒380円）
初版1989年10月　普及版2000年3月

◆構成および内容：〈材料開発編〉ポリイソプレン系／スチレン・ブタジエン共重合体／光・電気誘起形状記憶ポリマー／セラミックスの形状記憶現象〈応用編〉血管外科的分野への応用／歯科用材料／電子配線の被覆／自己制御型ヒーター／特許・実用新案他
◆執筆者：石井正雄／唐牛正夫／上野桂二／宮崎修一他

光機能性高分子の開発
監修／市村 國宏
ISBN4-88231-063-5　　　　　　　B560
A5判・324頁　本体3,400円＋税（〒380円）
初版1988年2月　普及版2000年3月

◆構成および内容：光機能性包接錯材／高耐久性有機フォトミック材料／有機DRAW記録体／フォトクロミックメモリ／PHB材料／ダイレクト製版材料／CEL材料／光化学治療用光増感剤／生体触媒の光固定化他
◆執筆者：松田実／清水茂樹／小関健一／城田靖彦／松井文雄／安藤栄司／岸井典之／米沢輝彦他17名

DNAプローブの応用技術
著者／髙橋 豊三
ISBN4-88231-062-7　　　　　　　B559
A5判・407頁　本体4,600円＋税（〒380円）
初版1988年2月　普及版2000年3月

◆構成および内容：〈感染症の診断〉細菌感染症／ウイルス感染症／寄生虫感染症〈ヒトの遺伝子診断〉出生前の診断／遺伝病の治療〈ガン診断の可能性〉リンパ系新生物のDNA再編成〈諸技術〉フローサイトメトリーの利用／酵素的増幅法を利用した特異的塩基配列の遺伝子解析〈合成オリゴヌクレオチド〉他

多孔性セラミックスの開発
監修／服部 信・山中 昭司
ISBN4-88231-059-7　　　　　　　B556
A5判・322頁　本体3,400円＋税（〒380円）
初版1991年9月　普及版2000年3月

◆構成および内容：多孔性セラミックスの基礎／素材の合成（ハニカム・ゲル・ミクロポーラス・多孔質ガラス）／機能（耐火物・断熱材・センサ・触媒）／新しい多孔体の開発（バルーン・マイクロサーム他）
◆執筆者：直野博光／後藤誠史／牧島亮男／作花済夫／荒井弘通／中原佳子／守屋善郎／細野秀雄他31名

※書籍をご購入の際は、最寄りの書店にご注文いただくか、㈱シーエムシー出版のホームページ（http://www.cmcbooks.co.jp/）にてお申し込み下さい。

CMCテクニカルライブラリーのご案内

エレクトロニクス用機能メッキ技術
著者／英　一太
ISBN4-88231-058-9　　　　　　　　　B555
A5判・242頁　本体2,800円＋税（〒380円）
初版1989年5月　普及版2000年2月

◆構成および内容：連続ストリップメッキラインと選択メッキ技術／高スローイングパワーはんだメッキ／酸性硫酸銅浴の有機添加剤のコント／無電解金メッキ〈応用〉プリント配線板／コネクター／電子部品および材料／電磁波シールド／磁気記録材料／使用済み無電解メッキ浴の廃水・排水処理他

機能性化粧品の開発
監修／髙橋　雅夫
ISBN4-88231-057-0　　　　　　　　　B554
A5判・342頁　本体3,800円＋税（〒380円）
初版1990年8月　普及版2000年2月

◆構成および内容：Ⅱアイテム別機能の評価・測定／Ⅲ機能性化粧品の効果を高める研究／Ⅳ生体の新しい評価と技術／Ⅴ新しい原料、微生物代謝産物、角質細胞間脂質、ナイロンパウダー、シリコーン誘導体他
◆執筆者：尾沢達也／高野勝弘／大郷保治／福田英憲／赤堀敏之／萬秀憲／梅田達也／吉田酵他35名

フッ素系生理活性物質の開発と応用
監修／石川　延男
ISBN4-88231-054-6　　　　　　　　　B552
A5判・191頁　本体2,600円＋税（〒380円）
初版1990年7月　普及版1999年12月

◆構成および内容：〈合成〉ビルディングブロック／フッ素化／〈フッ素系医薬〉合成抗菌薬／降圧薬／高脂血症薬／中枢神経系用薬／〈フッ素系農薬〉除草剤／殺虫剤／殺菌剤／他
◆執筆者：田口武夫／梅本照雄／米田徳彦／熊井清作／沢田英夫／中山雅陽／大髙博／塚本悟郎／芳賀隆弘

マイクロマシンと材料技術
監修／林　輝
ISBN4-88231-053-8　　　　　　　　　B551
A5判・228頁　本体2,800円＋税（〒380円）
初版1991年3月　普及版1999年12月

◆構成および内容：マイクロ圧力センサー／細胞およびDNAのマニュピュレーション／Si-Si接合技術と応用製品／セラミックアクチュエーター／ph変化形アクチュエーター／STM・応用加工他
◆執筆者：佐藤洋一／生田幸士／杉山進／鷲津正夫／中村哲郎／高橋貞行／川崎修／大西一正他16名

UV・EB硬化技術の展開
監修／田畑　米穂　編集／ラドテック研究会
ISBN4-88231-052-X　　　　　　　　　B549
A5判・335頁　本体3,400円＋税（〒380円）
初版1989年9月　普及版1999年12月

◆構成および内容：〈材料開発の動向〉〈硬化装置の最近の進歩〉紫外線硬化装置／電子硬化装置／エキシマレーザー照射装置〈最近の応用開発の動向〉自動車部品／電気・電子部品／光学／印刷／建材／歯科材料他
◆執筆者：大井吉晴／実松徹司／柴田藹治／中村茂／大庭敏夫／西久保忠臣／滝本靖之／伊達宏和他22名

特殊機能インキの実際技術
ISBN4-88231-051-1　　　　　　　　　B548
A5判・194頁　本体2,300円＋税（〒380円）
初版1990年8月　普及版1999年11月

◆構成および内容：ジェットインキ／静電トナー／転写インキ／表示機能性インキ／装飾機能インキ／熱転写／導電性／磁性／蛍光・蓄光／減感／フォトクロミック／スクラッチ／ポリマー厚膜材料他
◆執筆者：木下晃男／岩田靖久／小林邦昌／寺山道男／相原次郎／笠置一彦／小浜信行／高尾道生他13名

プリンター材料の開発
監修／髙橋　恭介・入江　正浩
ISBN4-88231-050-3　　　　　　　　　B547
A5判・257頁　本体3,000円＋税（〒380円）
初版1995年8月　普及版1999年11月

◆構成および内容：〈プリンター編〉感熱転写／バブルジェット／ピエゾインクジェット／ソリッドインクジェット／静電プリンター・プロッター／マグネトグラフィ〈記録材料・ケミカルス編〉他
◆執筆者：坂本康治／大西勝／橋本憲一郎／碓井稔／福田隆／小鍛治恕雄／中沢享／杉崎裕他11名

機能性脂質の開発
監修／佐藤　清隆・山根　恒夫
　　　岩田　槇夫・森　弘之
ISBN4-88231-049-X　　　　　　　　　B546
A5判・357頁　本体3,600円＋税（〒380円）
初版1992年3月　普及版1999年11月

◆構成および内容：工業的バイオテクノロジーによる機能性油脂の生産／微生物反応・酵素反応／脂肪酸と高級アルコール／混酸型油脂／機能性食用油／改質油／リポソーム用リン脂質／界面活性剤／記録材料／分子認識場としての脂質膜／バイオセンサ構成素子他
◆執筆者：菅野道廣／原健次／山口道広他30名

※書籍をご購入の際は、最寄りの書店にご注文いただくか、㈱シーエムシー出版のホームページ（http://www.cmcbooks.co.jp/）にてお申し込み下さい。